高等学校省级规划教材

——土木工程专业系列教材

建设工程监理

（附案例分析）

何夕平　主　编

孙昌玲
姚传勤　副主编

合肥工业大学出版社

内容提要

《建设工程监理(附案例分析)》是高等学校省级规划教材——土木工程专业系列教材中的一册。本书着重介绍了建设工程监理的主要理论和实际运作方法，共分10章，包括：建设工程监理的概念和相关法律法规；监理工程师；工程监理企业；监理组织；监理规划；建设工程监理目标控制；组织协调；合同管理；风险管理；信息管理和建设工程监理案例分析。本书按照当前最新法规、标准规范的有关要求编写，内容新颖、实用、可操作性强。同时，针对监理工作中经常遇到的问题和处理方法编成14个案例并加以分析，以指导读者尽快掌握建设工程监理的主要内容和工作方法，提高分析问题和解决问题的能力。

本书除了用于土木工程、工程管理等专业的教材之外，还可作为有关工程技术人员的参考书。

图书在版编目(CIP)数据

建设工程监理(附案例分析)/何夕平主编.—合肥市：合肥工业大学出版社，2005.8(2015.7重印)
ISBN 978-7-81093-299-8

Ⅰ.建... Ⅱ.何... Ⅲ.建设工程—监理管理—高等学校—教材 Ⅳ.TU712

中国版本图书馆CIP数据核字(2005)第091682号

建设工程监理(附案例分析)

主编：何夕平　　　责任编辑：陈淮民

出　版　合肥工业大学出版社
地　址　合肥市屯溪路193号
邮　编　230009
电　话　总编室：0551-62903038
　　　　发行部：0551-62903198
网　址　www.hfutpress.com.cn
E-mail　hfutpress@163.com
版　次　2005年8月第1版
印　次　2015年7月第7次印刷
开　本　787毫米×1092毫米　1/16
印　张　14.5
字　数　357千字
发　行　全国新华书店
印　刷　合肥市星光印务有限责任公司

ISBN 978-7-81093-299-8　　定价：25.00元

前　言

随着我国基本建设事业的快速发展，社会主义建设市场的逐渐完善，监理单位已成为工程建设领域的三大主体之一。由于监理行业是为建设单位提供专业化项目管理服务的，因此，只有综合素质较高的人员才能胜任这一工作。为了培养合格的人才进入监理领域，近年来在土木工程、工程管理等一些专业，许多高等院校都开设了建设工程监理课程，本书正是为了满足这一教学需要而编写的。

建设工程监理的内容非常丰富，涉及到的知识面很广。在编写过程中，我们注重介绍国家最新的建设监理制度的法律、法规，系统地介绍建设工程监理的基本概念、主要工作内容、系列文件资料和基本知识。同时，紧密结合监理的实际工作，把实际工作中经常遇到的问题，编成案例加以分析，以便读者尽快理解和掌握建设工程监理的主要内容和工作方法，提高分析问题和解决问题的能力，并指导实际工作。

全书共分 10 章，内容包括建设工程监理与相关法律法规、监理工程师和工程监理企业、监理组织和监理规划、监理的目标控制、建设工程风险管理、监理合同管理和组织协调、监理的信息管理以及建设工程监理案例分析等。

本书由何夕平任主编，孙昌玲、姚传勤任副主编。各章节编写分工如下：安徽建筑工业学院何夕平编写第 1 章、第 6 章(6.1 节)、第 8 章(8.4、8.5、8.6 节)、第 10 章；合肥工业大学孙昌玲编写第 6 章(6.4 节)、第 7 章；安徽理工大学姚传勤编写第 2 章、第 6 章(6.3 节)；安徽建筑工业学院陈燕编写第 4 章、第 9 章；安徽建筑工业学院陈立编写第 3 章(3.4、3.5、3.6 节)、第 5 章、第 6 章(6.2 节)；皖西学院吴雁生编写第 3 章(3.1、3.2、3.3 节)、第 8 章(8.1、8.2、8.3 节)；案例分析由何夕平、孙昌玲、姚传勤、陈燕、陈立合编，全书由何夕平统一定稿。编者均具有多年的建设工程监理经验。

在编写过程中编者所在各院校对本书的编写给予了大力支持和帮助，在此表示衷心的感谢。

由于编者水平有限，时间仓促，书中缺点和错误在所难免，恳请专家、学者和广大读者批评指正。Email：hxp@aiai.edu.cn。谢谢。

编　者

2005 年 7 月

目　　录

第1章 建设工程监理与相关法律法规

1.1 建设工程监理的基本概念

1.1.1 建设工程监理的产生

1.1.1.1 国外建设工程监理的产生

建设工程监理在国外一些经济发达的国家，已有较长的历史，也积累了一套完整的科学的管理体系。欧美及亚洲经济发达国家，对建设工程实施监理早已成为一种惯例。世界银行、亚洲开发银行等国际金融机构和一些发达国家贷款项目，都把实施建设工程监理作为贷款必备条件之一。

建设工程监理起源于产业革命发生以前的欧洲。16世纪前欧洲的建筑师实际就是总营造师。他们帮助业主做设计、采购材料、雇用工匠，并组织、管理工程的施工。16世纪后，欧洲出现了华丽的花型建筑，立面设计比较讲究，社会上对建筑技术的要求也越来越高。为适应社会的需要，建筑师队伍出现了专业分工：一部分建筑师专门从事设计；一部分专门从事施工；还有一部分建筑师专门向社会传授技艺，为业主提供建筑咨询，或受聘于业主，专门监督、管理施工——这就是建设工程监理的萌芽。

18世纪60年代的英国产业革命大大地促进了整个欧洲的城市化和工业化的发展进程，社会大兴土木，建筑业空前繁荣。由于工程建设规模越来越大，建筑技术日趋复杂，所以业主也越来越感到单靠自已来监督、管理工程已力不从心，建设工程监理的必要性开始为人们所共识。

19世纪初，为了维护业主、设计者、施工者等各方面的经济利益，加快工程进度，明确各方的责任界限，英国政府于1830年以法律形式颁布了总承包合同制度，要求每个建设项目由一个承包商总包。这项制度的执行，导致了工程招标交易方式的出现，促进了建设工程监理的发展。

自20世纪50年代末、60年代初开始，随着科学技术的进步，以及工业、国防建设的需要和人民生活水平的不断提高，需要建设许多大型和巨型工程，如航天工程、大型水利水电工程、核电站、大型钢铁工程、大型石化企业以及新兴城市开发等等。这些项目投资巨大且技术复杂，无论投资者还是承建者都难以承担由于投资不当或项目管理失误而造成的巨大损失。这就迫使项目建设单位在投资决策前聘请有经验的工程咨询机构进行项目建设前的可行性论证工作，在此基础上再进行决策。从项目前期至项目建成，业主全都委托监理咨询公司，让其实施全过程监理，包括项目的发起和策划、项目的实施以及项目建成运营等。监理咨询公司充分利用自己的专业优势向业主提供各种有益的咨询建议，使得工程项目以最少的投入获得最多的产出，大大提高了建设工程项目的经济效益和社会效益。

70年代以来，西方发达国家的监理制度向法制化、程序化发展，颁布许多与之相关的法律、法规，对监理的内容、方法以及从事监理的社会组织做了详尽的规定。咨询监理制度逐步成为工程建设组织体系的一个重要部分。在工程建设活动中，形成了业主、承包商和监理企业“三足鼎立”的基本格局。

进入80年代以后，监理制度在国际上得到了很大的发展。一些发展中国家，也开始采用发达国家的做法，并结合本国的实际开展了监理活动。不少国家都加入了国际咨询工程师联合会（FIDIC），FIDIC真正成为了一个国际性组织。世界银行和亚洲、非洲开发银行等国际金融组织，也都把实行监理制度作为提供建设贷款的条件之一。现在，建设工程监理已成为进行工程建设的国际惯例。

1.1.1.2 我国建设工程监理的产生和发展

（1）我国建设工程监理产生的背景

从1949年新中国成立一直到20世纪80年代，我国的基本建设活动一直是按照计划经济的模式进行，即由国家统一安排项目计划，国家统一财政拨款。当时，项目管理通常采用两种形式：对于一般建设工程，由建设单位自己组成筹建机构，自行管理；对于重大建设工程，则从与该工程相关的单位抽调人员组成工程建设指挥部，由指挥部进行管理，当工程建成投入使用后，原有的工程管理机构就地解散。不容否认，这种体制在我国集中有限财力、物力和人力进行经济建设，建立我国的工业体系和国民经济体系方面，起到了积极的作用。然而，由于建设单位无须承担经济风险，而且相当一部分管理人员不具备建设工程管理的知识和经验，造成我国建设工程管理水平长期在低水平徘徊，那个时期里概算超估算、预算超概算、结算超预算和工程不能按期交工的现象较为普遍。

20世纪80年代以后，我国从计划经济体制逐渐向社会主义市场经济体制过渡，对外开放，对内搞活。我国在基本建设领域进行了一系列的重大改革，主要表现在投资主体多元化、投资有偿使用、投资包干责任制、工程招标投标制等；建设单位必须承担投资风险，承担管理责任。而传统的项目管理模式根本无法做到这一点。

政府有关部门对我国解放后几十年建设工程管理实践进行了反思和总结，并对国外工程管理制度与管理方法进行了考察，认识到建设单位的工程项目管理是一项专门的学问，需要一大批专门的机构和人才，建设单位的工程项目管理应当走专业化、社会化的道路。为此，建设部于1988年颁布了“关于开展建设监理工作的通知”，明确提出要建立建设监理制度。建设监理制作为工程建设领域的一项改革举措，旨在改变陈旧的工程管理模式，建立专业化、社会化的建设监理机构，协助建设单位做好项目管理工作，以提高建设水平和投资效益。

（2）我国建设工程监理的发展

我国建设工程监理的发展大体分为以下几个阶段：

①建设工程监理的前期阶段（1982—1988年）

我国的建设工程监理是通过世界银行贷款项目的实施引入的。在引进外资的过程中，世界银行等国际金融组织把按照国际惯例进行的项目管理即实行监理制度作为贷款的必备条件。为了赢得外资，我国在世行贷款等项目上引入了建设监理制度。最早实行这一制度的是1984年开工的云南鲁布革水电站引水隧道工程。在这以后，我国许多利用外资、外贷建筑的工程项目，都按照这一国际惯例组织建设，多数由外国监理单位承担监理。以工程施工承包合同为依据，按FIDIC管理模式对工程项目进行以工程进度、施工质量和工程费用控制为目标的现场施工监督和建设项目管理。

②建设工程监理的试点阶段（1988—1993年）

建设部1988年7月颁布了《关于开展建设监理工作的通知》，1988年11月颁布《关于开展建设监理试点工作的若干意见》，确定了北京、上海、天津、南京、宁波、沈阳、哈尔滨、深圳8市和能源部、交通部两部的水电和公路系统作为全国开展建设监理工作的试点单位。1989年7月建设部又颁布了《建设监理试行规定》，随后又颁布了一系列建设监理行政文件，推进了我国工程项目建设领域改革试点工作的进程。

③建设工程监理的稳步发展阶段（1993—1995年）

经过几年的建设监理试点工作，建设部于1993年5月在天津召开了第五次全国建设监理工作会议，会议分析了全国建设监理工作的形势，总结了试点工作特别是“八市二部”试点工作的经验，对各地区、各部门建设监理工作给予了充分肯定。建设部决定在全国结束建设监理试点工作，从当年转入稳步发展阶段。

④建设工程监理的全面推行阶段（1996年至今）

因为建设工程监理制度在我国起步较晚，有些部门和单位对实行建设工程监理认识不足，一些应当实行建设监理的项目没有实行建设监理，有些监理单位行为不规范，没有完全发挥建设工程监理的作用。为了完善和规范建设工程监理制度，1995年12月，建设部在北京召开了第六次全国建设监理工作会议。会议总结了7年来建设监理工作的成绩和经验，对下一步的监理工作进行了全面部署，同时颁发了《工程建设监理规定》（自1996年1月1日实施）和《工程建设监理合同示范文本》。这次会议的召开，标志着我国建设监理工作进入全面推行阶段。为了更进一步完善我国的建设监理制，1997年12月全国人民代表大会通过了《中华人民共和国建筑法》。2000年1月10日国务院第25次常务会议通过了《建设工程质量管理条例》，明确了建设工程监理的法律地位。2001年1月17日建设部制定了《建设工程监理范围和规模标准规定》，要求在规定的范围内必须强制性地实行建设监理。2003年11月12日国务院第28次常务会议通过了《建设工程安全生产管理条例》。2004年12月1日建设部制定了《建筑施工企业安全生产管理机构设置及专职安全生产管理人员配备办法》和《危险性较大工程安全专项施工方案编制及专家论证审查办法》等。随着建设工程监理向着法制化、规范化的方向发展，建设工程监理在我国得到全面推行，并有了飞快的发展和进步。

1.1.2　建设工程监理的概念

1.1.2.1　建设工程监理的定义

建设工程监理是指具有相应资质的工程监理企业受建设单位的委托，依据国家批准的工程项目建设文件，有关工程建设的法律、法规和建设工程监理合同及其他工程建设合同，代表建设单位对承建单位的建设行为实施监控的一种专业化服务活动。

1.1.2.2　建设工程监理企业与工程建设各方的关系

我国现行工程建设管理体制是在政府有关部门（多是建设行政主管部门）的监督管理下，由工程监理企业、建设单位（业主）和承建单位三个建设活动实体直接参加的管理体制。建设工程监理与各方的关系如图1-1所示。

（1）工程监理企业

是指具备法人资格，具有监理资质证书、取得营业执照的依法从事建设工程监理业务活动的经济组织。它通过监理工程师实施对承建单位的监督和管理。建设单位和工程监理企业通过监理委托合同确定委托和被委托的关系。

（2）建设单位

也称业主或项目法人，拥有建设工程规模、标准、功能，以及选择承包商和监理企业等的决定权。它是委托监理的一方。

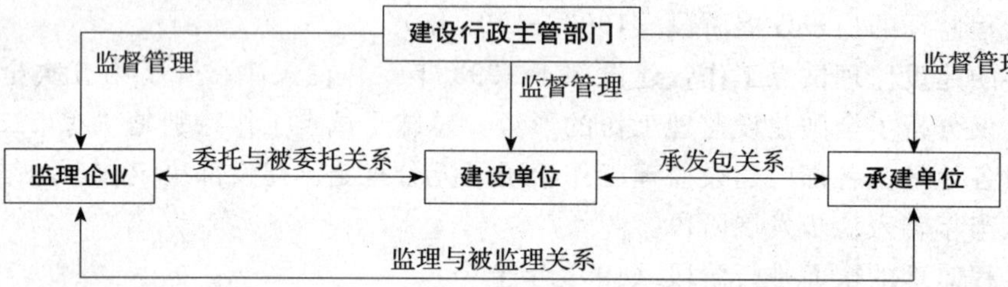

图 1-1　建设工程监理与各方的关系

（3）承建单位

也称承建商或承包商，是工程项目建造实施的经济组织。建设单位与承建单位之间是发包与承包的合同关系，承建单位应按承包合同规定的内容，实施工程项目建设活动。

工程监理企业（通过监理工程师实施）与承建单位之间的关系属于监理与被监理的关系，承建单位的一切工程活动都必须得到监理工程师的批准，必须接受监理工程师的监督和管理。

监理企业和承建商虽都受聘于业主，但他们二者之间无直接合同，发生何种“关系”及其“身份”问题都在监理合同和施工合同中明确地规定下来。一项工程都是由各自相对独立又相互制约的业主、监理企业和承包商三者共同完成的，所以说正确地认识和准确地处理各方的关系是建设工程项目顺利进行的关键。

1.1.2.3　监理概念要点

（1）建设工程监理的行为主体

建设工程监理的行为主体是工程监理企业。只有工程监理单位才能按照独立、自主的原则，以“公正的第三方”的身份开展建设工程监理活动。非监理单位进行的监督活动都不能称为建设工程监理，如以下两种情况：建设单位自己派人对工程建设进行的监督管理，可称为“自行管理”；建设行政主管部门及其授权机构对工程建设的监督管理，则属于强制性的“行政管理”（或称之为“上级管理”），这是一种政府（行政）行为。

（2）建设工程监理实施的前提

建设工程监理实施的前提是建设单位的委托和授权，建设单位与建设工程监理企业应当依法订立书面建设工程委托监理合同。只有建设单位在监理合同中对工程监理企业进行委托与授权，工程监理企业才能根据建设单位的授权，在委托的范围内对承建单位的工程建设活动实施监督管理。

（3）建设工程监理的依据

建设工程监理的依据包括工程建设文件、有关的法律法规规章和标准规范、建设工程委托监理合同和有关的建设工程合同。建设工程监理是具有明确依据的、合法的、科学的监督管理活动。建设工程委托监理合同和有关的建设工程合同是建设工程监理的最直接依据。工程监理企业只能在监理合同委托的范围内开展监理工作，履行其与建设单位所签订的有关建设工程合同。

（4）建设工程监理的对象

建设工程监理的对象是承建单位的建设行为。建设工程项目是工程建设的对象，建设单位是工程项目的法人，是管理主体；承建单位是工程项目实施的主体，从事工程项目的直接建造活动；建设工程监理企业是直接为工程项目提供管理服务的行业，是工程项目管理服务的主体。显然，监理单位、建设单位和承建单位都是以建设工程项目作为载体及活动对象的。根据委托监理合同和有关文件，建设工程监理的对象即为承建单位的建设行为。

目前，我国建设工程监理主要集中在建设工程项目的实施阶段，工程建设监理的对象包括勘察设计单位、施工建造单位、材料设备供应单位等，与他们形成监理与被监理关系，协助建设单位在计划的投资、进度、质量控制目标内，顺利完成建设项目。

1.1.3 建设工程监理的性质与作用

1.1.3.1 建设工程监理的性质

（1）服务性

建设工程监理的服务性是由监理的业务性质决定的。因为按照建设工程监理的定义，建设工程监理实际上是工程监理企业为建设单位提供专业化管理服务的，即代表建设单位进行项目管理，协助建设单位在计划的目标内将建设工程项目顺利建成并投入使用。建设工程监理的服务性，决定了工程监理企业并不是取代建设单位的建设管理活动，而仅是为建设单位提供专业化服务，因此，工程监理企业不具有建设工程重大问题的决策权，而只是在委托与授权范围内代表建设单位进行项目管理。

目前，我国建设工程监理的服务性具有单一性特点，即其服务对象只有建设单位，不像国际上公认的建设项目管理咨询可以为需要管理服务的建设单位、设计单位或者承包单位提供服务。

（2）科学性

科学性是由建设工程监理制的基本目的决定的。建设单位委托监理的目的就是通过工程监理企业代表其进行科学管理，从而顺利实现其项目目标。因此，作为工程监理企业，只有通过科学的思想、方法和手段，才能完成建设单位委托的工作。

（3）独立性

独立性是由建设工程监理的工作特点所决定的。虽然工程监理企业是代表建设单位来进行项目管理，但是工程监理企业必须根据科学管理的要求，独立地作出判断和进行工作，将科学管理落到实处。如果不能做到“独立”这一点，处处按照建设单位的指挥行事，也就失去了这种引入专业化管理的意义。因此，独立性成为一项国际惯例。

（4）公正性

公正性是社会公认的监理职业道德准则，也是科学管理的要求。因为合同只有双方都认真履行才能顺利完成。所以在建设工程监理中，既要求工程监理企业代表建设单位进行项目管理，维护建设单位的合法权益，同时也不得损害承建单位的合法权益。尤其是在处理建设单位与承建单位争议时，必须以事实为依据，以法律及合同为准绳，公正地行事。

1.1.3.2 建设工程监理的作用

(1) 有利于提高建设工程投资决策的科学化水平

在投资决策阶段引入建设工程监理，通过专业化的工程监理企业的决策阶段管理服务，建设单位可以更好地选择工程咨询机构，并由工程监理企业监控工程咨询合同的实施，对咨询报告进行评估，这样可以提高建设工程投资决策的科学化水平，避免项目投资决策的失误。

(2) 有利于控制建设工程的功能和使用价值的质量

在设计阶段引入建设工程监理，通过专业化的工程监理企业的科学管理，可以更准确地提出建设工程的功能和使用价值的质量要求，并通过设计阶段的监理活动，选择出更符合建设单位要求的设计方案，实现建设单位所需的建设工程的功能和使用价值。

(3) 有利于促使承建单位保证建设工程质量和使用安全

由于工程监理企业是由既懂技术又懂经济管理的专业监理工程师组成的企业，因此，在设计和施工阶段引入建设工程监理，监理工程师采取科学的管理方式对工程质量进行控制，使承建单位建立完善的质量保证体系，并在工程中切实落实，从而可以最大限度地避免工程质量隐患。

(4) 有利于实现建设工程投资效益最大化

在建设工程全过程引入建设工程监理，也就是由专家参与决策和实施过程，通过监理工程师的科学管理，就可能实现投资效益最大化的目标：在满足建设工程预定功能和质量标准的前提下，实现建设投资额最少；或者建设工程全寿命周期费用最少；或者实现建设工程本身的投资效益与环境、社会效益的综合效益最大化。

(5) 有利于规范工程建设参与各方的建设行为

虽然工程监理企业是受建设单位委托代表建设单位来进行科学管理的，但是，工程监理企业在监督管理承建单位履行建设工程合同的同时，也要求建设单位履行合同，从而使建设工程监理制在客观上起到一种约束机制的作用，起到规范工程建设参与各方的建设行为的作用。

1.1.4 建设工程监理的范围

1.1.4.1 建设工程监理的范围

在我国的建设监理制度中，监理的工作范围包括两个方面：一是工程类别，包括各类土木工程、建筑工程、线路管道工程、设备安装工程和装修工程等。工程监理企业只能在资质审批的工程类别范围内进行监理活动。二是工程建设阶段，包括工程建设投资决策阶段、勘察设计招投标与勘察设计阶段、施工招投标与施工阶段（包括设备采购与制造和工程质量保修）。但由于目前我国的监理工作在工程建设投资决策阶段、勘察设计招投标与勘察设计阶段尚不够成熟，因此主要进行的是建设工程施工阶段的监理活动。工程监理企业必须按照监理合同委托的监理阶段进行监理。

1.1.4.2 我国实行强制监理的工程项目

(1) 国家重点建设工程，即依据《国家重点建设项目管理办法》所确定的对国民经济和社会发展有重大影响的骨干项目。

(2) 项目总投资额在 3000 万元以上的大中型公用事业工程，包括供水、供电、供气、供热等市政工程项目，科技、教育、文化等项目，体育、旅游、商业等项目，卫生、社会福利等项目，以及其他公用事业项目。

(3) 成片开发建设的建筑面积在5万平方米以上的住宅建设工程。

(4) 利用外国政府或者国际组织贷款资金的项目，包括使用世界银行、亚洲开发银行等国际组织贷款资金的项目，使用国外政府及机构贷款资金的项目，使用国际组织或者国外政府援助资金的项目。

(5) 国家规定必须实行监理的其他工程，包括学校、影剧院、体育场馆项目；总投资额在3000万元以上关系社会公共利益、公众安全的基础设施项目，包括煤炭、石油、化工、天然气、电力、新能源等项目，铁路、公路、管道、水运、民航以及其他交通运输业等项目，邮政、电信枢纽、通信、信息网络等项目，防洪、灌溉、排涝、发电、引（供）水、滩涂治理、水资源保护、水土保持等水利建设项目，道路、桥梁、地铁和轻轨交通、污水排放及处理、垃圾处理、地下管道、公共停车场等城市基础设施项目，生态环境保护项目，以及其他基础设施项目等。

1.2　工程建设程序与主要管理制度

1.2.1　工程建设程序

建设程序是指建设项目从设想、选择、评估、决策、设计、施工到竣工验收、投入生产或交付使用的整个过程中，应当遵循的内在规律。

按照建设项目的内在规律，一项建设工程一般都要经过投资决策、建设实施和交付使用三个发展时期。每个发展时期又可分为若干个阶段，这些阶段有严格的先后次序，不能任意颠倒及违反它的发展规律。

目前我国的建设程序与计划经济时期相比较，已经发生了许多重要变化。其中，关键性的变化有：一是在投资决策阶段实行了项目决策咨询评估制度，二是实行了工程招标投标制度，三是实行了建设工程监理制度，四是实行了项目法人责任制度。

按现行规定，我国一般大中型及限额以上项目的建设程序中，将建设活动分成以下几个阶段：提出项目建议书；编制可行性研究报告；根据咨询评估情况对建设项目进行决策；根据批准的可行性研究报告编制设计文件；初步设计批准后，进行施工图设计；做好施工前各项准备工作；组织施工，并根据施工进度做好生产或动用前准备工作；项目按照批准的设计内容建完，经投料试车验收合格后正式投产交付使用；生产运营一段时间，进行项目后评估。

1.2.2　工程建设主要管理制度

1.2.2.1　项目法人责任制

法人是指具有权利能力和行为能力，依法独立享有民事权利和民事义务的组织。法人是由法律创造的民事主体，是与自然人相对应的概念。我国的法人包括企业法人、机关、事业单位和社会团体。

为了建立投资约束机制，规范建设单位的行为，建设项目应当按照政企分开的原则组建项目法人，实行项目法人责任制，即由项目法人对项目的策划、资金筹措、建设实施、生产经营、债务偿还和资产的保值增值，实行全过程负责的制度。

实行项目法人责任制，一是明确了由项目法人承担投资风险，因而强化了项目法人的自我约束机制，对控制工程投资、工程质量和工程进度起到了积极的作用；二是项目法人对工程建设及建成后的经营和还贷实行一条龙管理，较好地克服了花钱的不管还贷、建设与生产经营相互脱节的一些弊端；三是促进了招投标工作、建设监理工作等其他基本建设管理制度的健康发展，提高了投资效益。

1.2.2.2　工程招标投标制

招标投标制是市场经济体制下买卖双方的一种主要竞争性交易方式。在建设领域实行招标投标制，实现了公开、公平、公正和诚实信用的原则，业主可以择优选择设计、监理、施工、材料设备供应单位，确保建设工程质量、工期、投资目标的实现，提高投资效益。

在建设领域实行招标投标制，应按《中华人民共和国招标投标法》及《工程建设项目施工招标投标办法》、《工程建设项目勘察设计招标投标办法》、《工程建设项目招标范围和规模标准规定》等法律、法规的规定进行。根据有关规定，下列建设工程，包括勘察、设计、施工、监理以及与工程建设有关的重要设备、材料等的采购，必须进行招标。

(1) 大型基础设施、公用事业等关系到社会公共利益、公众安全的项目；

(2) 全部或部分使用国有资金投资或者国家融资的项目；

(3) 使用国际组织或者外国政府贷款、援助资金的项目；

(4) 法律或者国务院规定的其他项目。

任何单位和个人不得将依法必须进行招标的项目化整为零或者以其他任何方式规避招标。各级发展计划、建设、铁道、交通、水利、信息产业、民航等部门依照《国务院办公厅印发国务院有关部门实施招标投标活动行政监督的职责分工意见的通知》和各地规定的职责分工，对工程招标投标活动实施监督，依法查处工程招标投标活动中的违法行为。

1.2.2.3　建设工程监理制

建设工程监理制的实行，使我国的建设项目管理体制由传统的自筹、自建、自管的小生产模式，开始向社会化、专业化、现代化的管理模式转变。在项目法人与承包商之间引入建设工程监理单位作为中介服务的第三方，以经济合同为纽带，以提高工程建设水平为目的，形成了相互制约、相互协作、相互促进的现代项目管理体制。通过具有丰富理论知识和实践经验的监理工程师的监理工作，能够较好地实现工程目标的控制，同时能够公正、独立、自主地协调处理建设各方的关系。

1.2.2.4　合同管理制

为了使勘察、设计、施工、材料设备供应单位和工程监理企业依法履行各自的责任和义务，在工程建设中必须实行合同管理制。

合同管理制的基本内容是：建设工程的勘察、设计、施工、材料设备采购和建设工程监理都要依法订立合同。各类合同都要有明确的质量要求、履约担保和违约处罚等一系列条款。明确违约方要承担相应的法律责任。

合同管理制的实施对建设工程监理开展合同管理工作提供了法律上的支持。

1.3　建设工程监理的发展趋势

虽然说我国的建设工程监理已经取得了有目共睹的成绩，并且已为社会各界所认同和接受，但是应当承认的是目前仍处在发展的初期阶段，与发达国家相比还存在很大的差距，服务的内容、范围和水平都有待进一步发展。

为使我国的建设工程监理实现预期效果，在工程建设领域发挥更大的作用，应着重向以下几个方面发展。

1.3.1　向规范化、法制化发展

目前，我国颁布的法律法规中有关建设工程监理的条款不少，部门规章和地方性法规的数量更多，这充分反映了建设工程监理的法律地位。但是法制建设还是比较薄弱的，突出表现在市场规则和市场机制方面：一是市场规则特别是市场竞争规则和市场交易规则还不规范，二是市场机制包括信用机制、价格形成机制、风险防范机制，仲裁机制等还不健全。应当在总结经验的基础上，借鉴国际上通行的做法，逐步地将市场规则和市场机制建立和健全起来。这样才能使我国的建设工程监理走上有法可依、有法必依的轨道，才能适应形势的发展。

1.3.2　从单一的施工阶段监理为主，向全方位、全过程监理发展

目前，建设工程监理主要还集中在施工阶段，但这远远不够，不能适应社会发展的需要。

因为建设工程监理是工程监理企业向建设单位提供项目管理服务的，所以在建设程序的各阶段都可接受建设单位的委托提供管理服务。从建设单位的角度出发，决策阶段和设计阶段对项目的投资、质量具有决定性的影响，非常需要管理服务，不仅需要质量控制，进度控制和投资控制，而且需要合同管理、信息管理与组织协调等各方面的管理工作。所以，代表建设单位进行全方位、全过程的项目管理是建设工程监理的发展趋势。

1.3.3　优化工程监理企业结构，向多层次发展

工程监理行业应逐步建立起综合性监理企业与专业性监理企业相结合，大、中、小型监理企业相结合的合理“布局”。按工作内容分，逐渐建立起承担全过程、全方位监理任务的综合性监理企业，与能承担某一专业监理任务的监理企业相结合的企业结构。按工作阶段分，建立起能承担工程建设全过程监理的大型监理企业，与能承担某一阶段工程监理任务的中型监理企业和只提供旁站监理劳务的小型监理企业相结合的企业结构，从而使各类监理企业（综合的、专业的，大的、小的）都能有合理的生存和发展空间。

1.3.4　监理从业人员的业务水平向高层次发展

我国建设工程监理从业人员的素质还不能与全方位、全过程监理的要求相适应，迫切需要提高。同时工程建设领域的新技术、新工艺、新材料层出不穷，工程技术标准、规范、规程也时有更新，信息技术日新月异，都要求建设工程监理从业人员与时俱进，不断提高自身的业务素质和职业道德素质，这样才能为建设单位提供优质服务。从业人员的素质是整个工程监理行业发展的基础。只有培养和造就出大批高素质的监理人员，才可能形成相当数量的高素质的工程监理企业，才能形成一批公信力强、有品牌效应的工程监理企业，才能提高我国建设工程监

理的总体水平及其效果，才能推动建设工程监理事业更好更快地发展。

1.3.5 与国际惯例接轨，向国际化发展

我国加入 WTO 以后，逐渐向国际市场开放，越来越多的外国企业进入我国市场，同时，我国的企业也有机会进入国际市场参与国际竞争。但是，我国工程监理企业不熟悉国际惯例，执业人员的素质不高，现代企业管理制度不健全，要想在国际上与同类企业同台竞争，就必须与国际惯例接轨。

1.4 建设工程法律法规体系

建设工程法律法规体系是指根据《中华人民共和国立法法》的规定，制定和公布施行的有关建设工程的各项法律、行政法规、地方性法规、自治条例、单行条例、部门规章和地方政府规章的总称。建设工程法律是指由全国人民代表大会常务委员会通过的规范工程建设活动的法律规范，由国家主席签署主席令予以公布。建设工程行政法规是指由国务院根据宪法和法律制定的规范工程建设活动的各项法规，由总理签署国务院令予以公布。建设工程部门规章是指建设部按照国务院规定的职权范围，独立或同国务院有关部门根据法律和国务院的行政法规、决定、命令，联合制定的规范工程建设活动的各项规章，属于建设部制定的由部长签署建设部令予以公布。

上述法律、法规、规章的效力是：法律的效力高于行政法规；行政法规的效力高于部门规章。

1.4.1 与建设工程监理有关的主要法律法规规章

1.4.1.1 法律

(1)《中华人民共和国建筑法》；
(2)《中华人民共和国合同法》；
(3)《中华人民共和国招标投标法》；
(4)《中华人民共和国土地管理法》；
(5)《中华人民共和国城市规划法》；
(6)《中华人民共和国城市房地产管理法》；
(7)《中华人民共和国环境保护法》；
(8)《中华人民共和国环境影响评价法》。

1.4.1.2 行政法规

(1)《建设工程质量管理条例》；
(2)《建设工程勘察设计管理条例》；
(3)《中华人民共和国土地管理法实施条例》；
(4)《建设工程安全生产管理条例》。

1.4.1.3 部门规章

(1)《工程监理企业资质管理规定》；

(2)《工程建设监理规定》;

(3)《监理工程师资格考试和注册试行办法》;

(4)《建设工程监理范围和规模标准规定》;

(5)《建筑工程设计招标投标管理办法》;

(6)《房屋建筑和市政基础设施工程施工招标投标管理办法》;

(7)《评标委员会和评标方法暂行规定》;

(8)《建筑工程施工发包与承包计价管理办法》;

(9)《建筑工程施工许可管理办法》;

(10)《实施工程建设强制性标准监督规定》;

(11)《房屋建筑工程质量保修办法》;

(12)《房屋建筑工程和市政基础设施工程竣工验收备案管理暂行办法》;

(13)《建设工程施工现场管理规定》;

(14)《建筑安全生产监督管理规定》;

(15)《工程建设重大事故报告和调查程序规定》;

(16)《城市建设档案管理规定》;

(17)《房屋建筑工程施工旁站监理管理办法(试行)》;

(18)《建筑施工企业安全生产管理机构设置及专职安全生产管理人员配备办法》;

(19)《危险性较大工程安全专项施工方案编制及专家论证审查办法》。

所有建设工程监理的从业人员、特别是企业负责人和监理工程师都应当了解和熟悉我国建设工程法律法规体系,并熟悉和掌握其中与监理工作关系比较密切的法律、法规、规章,以便依法进行监理和规范自己的工程监理行为。

1.4.2　中华人民共和国建筑法

《中华人民共和国建筑法》于1997年11月1日第八届全国人民代表大会常务委员会第28次会议通过,中华人民共和国主席令第91号公布,自1998年3月1日起施行。

《中华人民共和国建筑法》(以下简称《建筑法》)是我国建筑行业最重要、最权威的一部法律。立法的目的是为了加强对建筑活动的监督管理,维护建筑市场秩序,保证建筑工程的质量和安全,促进建筑业健康发展。在中华人民共和国境内从事建筑活动,实施对建筑活动的监督管理,必须遵守本法。本法所指的建筑活动是指各类房屋及附属设施的建造和与其配套的线路、管道、设备的安装活动。

《建筑法》中关于建筑工程监理的规定,其主要内容有:

(1) 国家推行建筑工程监理制度,国务院可以规定实行强制监理的建筑工程的范围。

(2) 实行监理的建筑工程,由建设单位委托具有相应资质条件的工程监理单位监理,建设单位与其委托的工程监理单位应当订立书面委托监理合同。

(3) 建筑工程监理应当依照法律、行政法规及有关的技术标准、设计文件和建筑工程承包合同,对施工单位在施工质量、建设工期和建设资金使用等方面,代表建设单位实施监督。工程监理人员认为工程施工不符合工程设计要求、施工技术标准和合同约定的,有权要求建筑施工企业改正。工程监理人员发现工程设计不符合建筑工程质量标准或者合同约定的质量要求的,应当报告建设单位要求设计单位改正。

(4) 实施建筑工程监理前,建设单位应当将委托的工程监理单位、监理的内容及监理权限，书面通知被监理的建筑施工企业。

(5) 工程监理单位应当在其资质等级许可的监理范围内，承担工程监理业务；工程监理单位应当根据建设单位的委托，客观、公正地执行监理任务；工程监理单位与被监理工程的施工单位以及建筑材料、建筑构配件和设备供应单位不得有隶属关系或者其他利害关系；工程监理单位不得转让工程监理业务。

(6) 工程监理单位不按照委托监理合同的约定履行监理义务，对应当监督检查的项目不检查或者不按照规定检查，给建设单位造成损失的，应当承担相应的赔偿责任。工程监理单位与施工单位串通，为施工单位谋取非法利益，给建设单位造成损失的，应当与施工单位承担连带赔偿责任。

(7) 工程监理单位与建设单位或者建筑施工企业串通，弄虚作假、降低工程质量的，责令改正，处以罚款，降低资质等级或者吊销资质证书；有违法所得的，予以没收；造成损失的，承担连带赔偿责任；构成犯罪的，依法追究刑事责任。工程监理单位转让监理业务的，责令改正，没收违法所得，可以责令停业整顿，降低资质等级；情节严重的，吊销资质证书。

1.4.3 建设工程质量管理条例

《建设工程质量管理条例》于2000年1月10日国务院第25次常务会议通过，2000年1月30日国务院第279号令发布实施，自发布之日起施行。

该条例是国务院根据《建筑法》的相关规定制定的，其目的是为了加强建设工程质量的管理，保证建设工程质量，保护人民生命和财产安全。凡在中华人民共和国境内从事建设工程的新建、扩建、改建等有关活动及实施对建设工程质量监督管理的，必须遵守本条例。本条例所称建设工程，是指土木工程、建筑工程、线路管道和设备安装工程及装修工程。

本条例有关监理的规定有：

(1) 实行监理的建设工程，建设单位应当委托具有相应资质等级的工程监理单位进行监理，也可以委托具有工程监理相应资质等级并与被监理工程的施工单位没有隶属关系或者其他利害关系的该工程的设计单位进行监理。若建设单位违反本规定，将监理业务委托给不具有相应资质等级的工程监理单位，责令改正，处50万元以上100万元以下罚款。

(2) 禁止工程监理单位超越本单位资质等级许可的范围或者以其他工程监理单位的名义承担工程监理业务，禁止工程监理单位允许其他单位或者个人以本单位的名义承担工程监理业务。违反本规定，责令改正，处监理酬金1倍以上2倍以下罚款，可以责令停业整顿，降低资质等级，情节严重的，吊销资质证书，有违法所得的予以没收。

工程监理单位不得转让工程监理业务。违反本规定，责令改正，没收违法所得，处监理酬金25%以上50%以下罚款，并可以责令停业整顿，降低资质等级，情节严重的，吊销资质证书。

(3) 工程监理单位与被监理工程的施工单位以及建筑材料、建筑构配件和设备供应单位有隶属关系或者其他利害关系的，不得承担该建设工程的监理业务。违反本规定，责令改正，处5万元以上10万元以下罚款，降低资质等级或者吊销资质证书，有违法所得的予以没收。

(4) 工程监理单位应当依照法律、法规以及有关技术标准、设计文件和建设工程承包合同，代表建设单位对施工质量实施监理，并对施工质量承担监理责任。

(5) 工程监理单位应当选派具有相应资格的总监理工程师和监理工程师进驻施工现场。未经监理工程师签字，建筑材料、建筑构配件和设备不得在工程上使用或者安装，施工单位不得进行下一道工序的施工；未经总监理工程师签字，建设单位不拨付工程款，不进行竣工验收。违反本规定，将不合格的建设工程、建筑材料、建筑构配件和设备按照合格签字的，或者与建设单位、施工单位串通，弄虚作假，降低工程质量的，责令改正，处50万元以上100万元以下罚款，降低资质等级或者吊销资质证书，有违法所得的予以没收，造成损失的，承担连带赔偿责任。

(6) 监理工程师应当按照工程监理规范的要求，采取旁站、巡视和平行检验等形式，对建设工程实施监理。因监理工程师的过错造成质量事故的，责令停止执业1年；造成重大质量事故的，吊销执业资格证书，5年内不予注册；情节特别恶劣的，终身不予注册。

(7) 工程监理单位违反国家规定，降低工程质量标准，造成重大安全事故，构成犯罪的，对直接责任人依法追究刑事责任。

(8) 工程监理单位的工作人员因调动工作、退休等原因离开该单位后，被发现在该单位工作期间违反国家有关建设工程质量管理规定，造成重大工程质量事故的，仍应当依法追究法律责任。

1.4.4 房屋建筑工程施工旁站监理管理办法

《房屋建筑工程施工旁站监理管理办法（试行）》于2002年7月17日建设部发布，自2003年1月1日起施行。房屋建筑工程施工旁站监理（以下简称旁站监理）是指监理人员在房屋建筑工程施工阶段监理中，对关键部位、关键工序的施工质量实施全过程现场跟班的监督活动。该办法明确了施工阶段实行旁站监理的工作程序、内容及旁站监理人员的职责。旁站监理是我国建设监理制度中特有的一项监理活动，它使关键部位、关键工序的质量得到了可靠的保证。

监理单位在编制监理规划时，应当制订旁站监理方案，明确旁站监理的范围、内容、程序和旁站监理人员职责。旁站监理方案应当送建设单位和施工单位各一份，并抄送工程所在地的建设行政主管部门或其委托的工程质量监督机构。施工单位根据监理单位制订的旁站监理方案，在需要实施旁站监理的关键部位、关键工序进行施工前24小时，应当书面通知监理单位派驻工地的项目监理机构。项目监理机构应当安排旁站监理人员，按照旁站监理方案实施旁站监理。

旁站监理人员的职责主要有：

(1) 检查施工单位现场质检人员到岗、特殊工种人员持证上岗以及施工机械、建筑材料准备情况。

(2) 在现场跟班监督关键部位、关键工序的施工执行施工方案以及工程建设强制性标准情况。

(3) 核查进场建筑材料、建筑构配件、设备和商品混凝土的质量检验报告等，并可在现场监督施工单位进行检验或者委托具有资质的第三方进行复验。

(4) 做好旁站监理记录（记录表格式图1-2）和监理日记，保存旁站监理原始资料。

如果旁站监理人员和施工单位现场质检人员未在旁站监理记录上签字，则施工单位不能进行下一道工序施工。旁站监理人员发现施工单位有违反工程建设强制性标准的行为，有权制止并责令施工单位立即整改，如发现施工单位的施工活动已经或者可能危及工程质量的，应当及时向监理工程师或者总监理工程师报告，由总监理工程师下达局部暂停施工令或者采取其他应急措施，终止危害工程质量的行为。

旁站监理记录表

工程名称　　　　　　　　　　　　　　　　　　　编号：

<table>
<tr><td>日期及气候：</td><td>工程地点：</td></tr>
<tr><td colspan="2">旁站监理的部位或工序：</td></tr>
<tr><td>旁站监理开始时间：</td><td>旁站监理结束时间：</td></tr>
<tr><td colspan="2">施工情况：</td></tr>
<tr><td colspan="2">监理情况：</td></tr>
<tr><td colspan="2">发现问题：</td></tr>
<tr><td colspan="2">处理意见：</td></tr>
<tr><td colspan="2">备注：</td></tr>
<tr><td>施工企业：
项目经理部：
质检员（签字）：
年　月　日</td><td>监理企业：
项目监理机构：
旁站监理人员（签字）：
年　月　日</td></tr>
</table>

图 1-2　旁站监理记录表格式

1.4.5　建设工程安全生产管理条例

《建设工程安全生产管理条例》于 2003 年 11 月 12 日国务院第 28 次常务会议通过，2003 年 11 月 26 日国务院第 393 号令发布，自 2004 年 2 月 1 日起施行。

《建设工程安全生产管理条例》是国务院根据《中华人民共和国建筑法》、《中华人民共和国安全生产法》的相关规定制定的。其目的为了加强建设工程安全生产监督管理，保障人民群众生命和财产安全。凡在中华人民共和国境内从事建设工程的新建、扩建、改建和拆除等有关活动及实施对建设工程安全生产的监督管理，必须遵守本条例。本条例所称建设工程，是指土木工程、建筑工程、线路管道和设备安装工程及装修工程。建设单位、勘察单位、设计单位、施工单位、工程监理单位及其他与建设工程安全生产有关的单位，必须遵守安全生产法律、法规的规定，保证建设工程安全生产，依法承担建设工程安全生产责任。

本条例有关工程监理的规定有：

（1）工程监理单位应当审查施工组织设计中的安全技术措施或者专项施工方案是否符合工程建设强制性标准。工程监理单位在实施监理过程中，发现存在安全事故隐患的，应当要求施工单位整改；情况严重的，应当要求施工单位暂时停止施工，并及时报告建设单位。施工单位拒不整改或者不停止施工的，工程监理单位应当及时向有关主管部门报告。工程监理单位和监理工程师应当按照法律、法规和工程建设强制性标准实施监理，并对建设工程安全生产承担监理责任。

（2）施工单位应当在施工组织设计中编制安全技术措施和施工现场临时用电方案，对下列达到一定规模的危险性较大的分部分项工程编制专项施工方案，并附有安全验算结果，经施工单位技术负责人、总监理工程师签字后实施，由专职安全生产管理人员进行现场监督：

①基坑支护与降水工程；

②土方开挖工程；

③模板工程；

④起重吊装工程；

⑤脚手架工程；

⑥拆除、爆破工程；

⑦国务院建设行政主管部门或者其他有关部门规定的其他危险性较大的工程。

对工程中涉及深基坑、地下暗挖工程、高大模板工程的专项施工方案，施工单位还应当组织专家进行论证、审查。

（3）违反本条例的规定，工程监理单位有下列行为之一的，责令限期改正；逾期未改正的，责令停业整顿，并处10万元以上30万元以下的罚款；情节严重的，降低资质等级，直至吊销资质证书；造成重大安全事故，构成犯罪的，对直接责任人员，依照刑法有关规定追究刑事责任；造成损失的，依法承担赔偿责任：

①未对施工组织设计中的安全技术措施或者专项施工方案进行审查的；

②发现安全事故隐患未及时要求施工单位整改或者暂时停止施工的；

③施工单位拒不整改或者不停止施工，未及时向有关主管部门报告的；

④未依照法律、法规和工程建设强制性标准实施监理的。

1.4.6　危险性较大工程安全专项施工方案编制及专家论证审查办法

《危险性较大工程安全专项施工方案编制及专家论证审查办法》建设部于2004年12月1日发布，该办法依据《建设工程安全生产管理条例》而制定，其目的为加强建设工程项目的安全技术管理，防止建筑施工安全事故，保障人身和财产安全。该办法适用于土木工程、建筑工程、线路管道和设备安装工程及装修工程的新建、改建、扩建和拆除等活动。

危险性较大工程是指依据《建设工程安全生产管理条例》所指的7项分部分项工程，并应当在施工前单独编制安全专项施工方案。

（1）基坑支护与降水工程

基坑支护工程是指开挖深度超过5m（含5m）的基坑（槽）并采用支护结构施工的工程；或基坑虽未超过5m，但地质条件和周围环境复杂、地下水位在坑底以上等工程。

（2）土方开挖工程

土方开挖工程是指开挖深度超过5m（含5m）的基坑、槽的土方开挖。

(3) 模板工程

各类工具式模板工程，包括滑模、爬模、大模板等；水平混凝土构件模板支撑系统及特殊结构模板工程。

(4) 起重吊装工程

(5) 脚手架工程

高度超过 24m 的落地式钢管脚手架；附着式升降脚手架，包括整体提升与分片式提升；悬挑式脚手架；门型脚手架；挂脚手架；吊篮脚手架；卸料平台。

(6) 拆除、爆破工程

采用人工、机械拆除或爆破拆除的工程

(7) 其他危险性较大的工程

建筑幕墙的安装施工；预应力结构张拉施工；隧道工程施工；桥梁工程施工（含架桥）；特种设备施工；网架和索膜结构施工；6m 以上的边坡施工；大江、大河的导流、截流施工；港口工程、航道工程；采用新技术、新工艺、新材料，可能影响建设工程质量安全，已经行政许可，尚无技术标准的施工。

建筑施工企业专业工程技术人员编制的安全专项施工方案，由施工企业技术部门的专业技术人员及监理单位专业监理工程师进行审核，审核合格，由施工企业技术负责人、监理单位总监理工程师签字。

建筑施工企业应当组织不少于 5 人的专家组，对下列工程已编制的安全专项施工方案进行论证审查。专家组应提出书面论证审查报告，施工企业应根据论证审查报告进行完善，企业技术负责人、总监理工程师签字后，方可实施。

建筑施工企业应当组织专家组进行论证审查的工程，包括：

(1) 深基坑工程：开挖深度超过 5m（含 5m）或地下室 3 层以上（含 3 层），或深度虽未超过 5m（含 5m），但地质条件和周围环境及地下管线极其复杂的工程；

(2) 地下暗挖工程：地下暗挖及遇有溶洞、暗河、瓦斯、岩爆、涌泥、断层等地质复杂的隧道工程；

(3) 高大模板工程：水平混凝土构件模板支撑系统高度超过 8m，或跨度超过 18m，施工总荷载大于 $10kN/m^2$，或集中线荷载大于 15kN/m 的模板支撑系统；

(4) 30m 及以上高空作业的工程；

(5) 大江、大河中深水作业的工程；

(6) 城市房屋拆除爆破和其他土石大爆破工程等。

1.5 建设工程监理规范

《建设工程监理规范》虽然不属于建设工程法律法规规章体系，但对建设工程监理工作确有着重要的作用。《建设工程监理规范》是中华人民共和国建设部和国家质量技术监督局于 2000 年 12 月 7 日联合发布，2001 年 5 月 1 日起施行，其编号为 GB50319－2000，是根据中华人民共和国建设部建标［1999］308 号文《关于印发一九九九年工程建设国家标准制订、修订计划的通知》的要求而制定的。该规范暂未涉及工程项目前期可行性研究和设计阶段的监理工作，仅涉及施工阶段的监理工作。

该规范共分 8 章，包括总则、术语、项目监理机构及其设施、监理规划及监理实施细则、施工阶段的监理工作、施工合同管理的其他工作、施工阶段监理资料的管理、设备采购监理与设备监造，另附有施工阶段监理工作的基本表式等内容。

该规范适用于新建、扩建、改建建设工程施工、设备采购和制造的监理工作，其制订的目的是为了提高建设工程监理水平，规范建设工程监理行为，同时规范要求实施建设工程监理前，监理单位必须与建设单位签订书面建设工程委托监理合同，建设单位与承包单位之间与建设工程合同有关的联系活动应通过监理单位进行，监理单位应公正、独立、自主地开展监理工作，维护建设单位和承包单位的合法权益。

【思考题】

1. 何谓建设工程监理？它的概念要点是什么？建设工程监理的发展趋势如何？
2. 建设工程监理的性质和作用是什么？
3. 我国实行强制监理的工程项目有哪些？
4. 现阶段与建设工程监理有关的建设工程法律、法规、规章主要有哪些？
5. 《建设工程安全生产管理条例》中有哪些有关工程监理的规定？
6. 《建设工程监理规范》的主要内容和适用范围是什么？

第2章 监理工程师

2.1 监理工程师的概念和素质

2.1.1 监理工程师的概念

监理工程师是指经全国监理工程师执业资格统一考试合格，取得监理工程师执业资格证书，并经国务院建设行政管理部门登记注册，取得注册监理工程师岗位证书，从事建设工程监理活动的专业人员。

2.1.2 注册监理工程师的含义

建设监理业务是对工程项目实行的全过程、全方位的综合性管理活动，它是涉及多学科、多专业的技术、经济、管理等知识的系统工程。因此，监理活动是一种高智商的综合管理工作，需要一专多能的复合型人才来承担。

随着人类社会的不断进步，监理工程师在工程建设中不仅要从事更为专业化的技术工作，而且要担负着十分重要的经济和法律责任。所以，没有专业技能的人不能从事建设工程监理工作；而且有一定专业技能、丰富的实践经验的专业人员，也要通过专门的监理知识培训，通过全国监理工程师执业资格统一考试合格，并经注册的监理人员才能算是监理工程师。

在理解注册监理工程师含义时应注意三点：

(1) 一个拥有一定实践经验的工程技术、经济管理人员，必须通过全国监理工程师执业资格考试，取得监理工程师执业资格证书；

(2) 必须登记注册，取得注册监理工程师岗位证书；

(3) 必须在工程建设领域从事建设工程监理活动。

以上三条必须共同拥有，才是我国现阶段所界定的注册监理工程师的含义。

2.1.3 监理工程师的素质

由于建设工程监理活动是一种高智商的、综合性管理工作，它要求从业人员不仅要有一定的工程技术、工程经济方面的专业知识和较强的专业技术能力，而且要有一定的管理能力和组织协调能力。因此，一个合格的监理工程师应具备以下素质：

(1) 较高的专业学历和复合型的知识结构

工程建设涉及的学科很多，其中主要学科就有几十种。作为一名监理工程师，至少应掌握一门专业技术知识。没有专业技术知识的人员无法承担监理工作。所以，要成为一名监理工程师，至少应具有工程类大专以上学历，并应了解或掌握一定的工程建设经济、法律和组织管理等方面的理论知识，熟悉设计、施工、管理，还要有组织、协调能力，不断了解新技术、新设备、新材料、新工艺，熟悉与工程建设相关的现行法律法规、政策规定，成为一专多能的复合型人才，持续保持较高的知识水准。

(2) 丰富的工程建设实践经验

监理工程师的业务体现的是工程技术理论与工程管理理论的实际应用，具有很强的实践性特点。因此，实践经验是监理工程师的重要素质之一。据有关资料统计分析，工程建设中出现的失误，少数原因是责任心不强，多数原因是缺乏实践经验。实践经验丰富则可以避免或减少工作失误。工程建设中的实践经验主要包括立项评估、地质勘察、规划设计、工程招标投标、工程设计及设计管理、工程施工及施工管理、工程监理、设备制造等方面的工作实践经验。

(3) 良好的品德

监理工程师的良好品德主要体现在以下几个方面：

①热爱本职工作；

②具有科学的工作态度；

③具有廉洁奉公、为人正直、办事公道的高尚情操；

④能够听取不同方面的意见，冷静分析问题。

(4) 健康的体魄和充沛的精力

虽说建设工程监理是一种高智能的管理服务，以脑力劳动为主，但是监理工程师也必须具有健康的身体和充沛的精力，才能胜任繁忙、严谨的监理工作。尤其在建设工程施工阶段，大多露天作业，条件艰苦、工期紧迫、业务繁忙，更需要有健康的身体来胜任工作。我国对年满 65 周岁的监理工程师不再进行注册，主要就是考虑监理从业人员身体健康状况的适应能力而设定的条件。

2.2 监理工程师的职业道德

2.2.1 监理工程师的职业道德

工程监理工作的特点之一是要体现公正原则。监理工程师在执业过程中不能损害工程建设任何一方的利益。因此，为了确保建设监理事业的健康发展，对监理工程师的职业道德和工作纪律都有严格的要求，有关法规对此也作了具体的规定。

在监理行业中，监理工程师应严格遵守如下职业道德守则：

(1) 维护国家的荣誉和利益，按照“守法、诚信、公正、科学”的准则执业；

(2) 执行有关工程建设的法律、法规、标准、规范、规程和制度，履行建设工程监理合同规定的义务和职责；

(3) 努力学习专业技术和建设监理知识，不断提高业务能力和监理水平；

(4) 不以个人名义承揽监理业务；

(5) 不同时在两个或两个以上监理单位注册和从事监理活动，不在政府部门和施工、材料设备的生产供应等单位兼职；

(6) 不为所监理项目指定承包商、建筑构配件、设备、材料生产厂家和施工方法；

(7) 不收受被监理单位的任何礼金；

(8) 不泄露所监理工程各方认为需要保密的事项；

(9) 坚持独立自主地开展工作。

2.2.2 FIDIC 道德准则

在国外，监理工程师的职业道德准则是由其协会组织制定并监督实施的。国际咨询工程师联合会（FIDIC）于 1991 年在慕尼黑召开的全体成员大会上，讨论批准了 FIDIC 通用道德准则。该准则分别从对社会和职业的责任、能力、正直性、公正性、对他人的公正 5 个问题计 14 个方面规定了监理工程师的道德行为准则。目前，国际咨询工程师协会的会员国家都在认真地执行这一准则。

准则的具体内容是：

（1）对社会和职业的责任

①接受对社会的职业责任；

②寻求与确认的发展原则相适应的解决办法；

③在任何时候，维护职业的尊严、名誉和荣誉。

（2）能力

①保持其知识和技能与技术、法规、管理的发展相一致的水平，对于委托人要求的服务采用相应的技能，并尽心尽力；

②仅在有能力从事服务时方才进行。

（3）正直性

在任何时候均为委托人的合法权益行使其职责，并且正直和忠诚地进行职业服务。

（4）公正性

①在提供职业咨询、评审或决策时不偏不倚；

②通知委托人在行使其委托权时可能引起的任何潜在的利益冲突；

③不接受可能导致判断不公的报酬。

（5）对他人的公正

①加强“按照能力进行选择”的观念；

②不得故意或无意地做出损害他人名誉或事务的事情；

③不得直接或间接取代某一特定工作中已经任命的其他咨询工程师的位置；

④通知该咨询工程师并且接到委托人终止其先前任命的建议前不得取代该咨询工程师的工作；

⑤在被要求对其他咨询工程师的工作进行审查的情况下，要以适当的职业行为和礼节进行。

2.3 监理工程师的培养

从国家的中长远利益考虑，监理工程师的培养应作为一项系统工程。现阶段我国监理工程师的培养主要有两种模式：

2.3.1 从实践中培养

从具有丰富实践经验的工程师、经济师以及有专业特长的工程管理技术、经济人员中，发现那些熟悉专业技术，懂得管理知识，表现出有较强组织能力和社会活动能力的人，经基本素质考核后，作为监理工程师预备人才加以有目的的培养。主要是在他们取得专业工作经验以后，给以从事建设工程监理的锻炼机会，既挑担子又接受考察，使之逐步具备监理工程师的条件。然后通过参加全国监理工程师执业资格统一考试取得监理工程师执业资格证书，再经注册后即成为注册监理工程师。在锻炼中，重点是积累立项评估、地质勘察、规划设计、工程招标投标、工程设计及设计管理、工程施工及施工管理、工程监理、设备制造等方面的工作实践经验。这种从实践中培养的模式是现阶段监理工程师的主要培养方式，短期可以补充队伍，改变人才缺乏的现状。

2.3.2 先学理论后实践

在大学中开设工程项目管理专业，在学校中对学生进行有计划、有目的的培养，使其先掌握监理工程师必备的工程技术、工程经济、工程管理和法律方面的综合知识。毕业后根据自己的兴趣爱好到建设工程监理的实践中去锻炼，获取丰富的实践经验、管理经验和组织协调、合同管理方面的技巧。经过建设工程监理实践的锻炼，取得工程技术、经济方面的中级职称后，在完成国家规定的实践时限后，参加全国监理工程师执业资格统一考试获取监理工程师执业资格证书，经登记注册后即成为注册监理工程师。这是我国监理工程师培养的中长远计划，为此目前全国已有近100所大学开设了工程管理专业。今后会有一大批有理论、有实践的专业人才成为监理工程师。

在从事建设工程监理活动中，只要是尚未取得“监理工程师注册证书”，这些监理人员无论其职称高低，均视为监理员。在监理工作中，他们与监理工程师的主要区别在于监理工程师具有相应岗位责任的签字权，而监理员则没有这个权力。

2.4 监理工程师执业资格考试、注册和继续教育

2.4.1 监理工程师执业资格考试

2.4.1.1 监理工程师执业资格考试制度

执业资格是政府对某些责任较大、社会通用性强、关系公共利益的专业技术工作实行的市场准入制度，是专业技术依法独立开业或独立从事某种专业技术工作所必备的学识、技术和能力标准。我国按照有利于国家经济发展、得到社会公认、具有国际可比性、事关社会公共利益等四项原则，在涉及国家财产、人民生命安全的专业技术工作领域，实行专业技术人员执业资格制度。执业资格必须要通过考试方式才能取得，这体现了执业资格制度公开、公平、公正的原则。只有在某一专业技术执业资格刚刚设立之时，为了确保该项专业技术工作启动实施，才有可能对首批专业技术人员的执业资格采用考核方式确认。监理工程师是我国建国以来在工程建设领域第一个设立的执业资格。

实行监理工程师执业资格考试制度的意义在于：

（1）促进监理人员努力钻研监理业务，提高业务水平；

（2）统一监理工程师的业务能力标准；

（3）有利于公正地确定监理人员是否具备监理工程师的资格；

（4）合理建立工程监理人才库；

（5）便于同国际接轨，开拓国际工程监理市场。

因此，我国要建立监理工程师执业资格考试制度。

2.4.1.2 报考监理工程师的条件

国际上多数国家在设立执业资格时，通常比较注重执业人员的专业学历和工作经验。他们认为这是执业人员的基本素质，是保证执业工作有效实施的主要条件。我国根据对监理工程师业务素质和能力的要求，对参加监理工程师执业资格考试的报名条件也从两方面作出了限制：一是要具有一定的专业学历；二是要具有一定年限的工程建设实践经验。根据中华人民共和国人事部的有关规定，凡中华人民共和国公民，遵纪守法，具有工程技术或工程经济专业大专以上（含大专）学历，并符合下列条件之一者，可申请参加监理工程师执业资格考试。

（1）具有按照国家有关规定评聘的工程技术或工程经济专业中级专业技术职务，并任职满三年。

（2）具有按照国家有关规定评聘的工程技术或工程经济专业高级专业技术职务。

2.4.1.3 考试内容

由于监理工程师的业务主要是控制建设工程的质量、投资、进度，监督管理建设工程合同，协调工程建设各方的关系，所以，监理工程师执业资格考试的内容主要是建设工程监理基本理论、工程质量控制、工程进度控制、工程投资控制、建设工程合同管理和涉及工程监理的相关法律法规等方面的理论知识和实务技能。

2.4.1.4 考试方式和管理

监理工程师执业资格考试是一种水平考试，是对考生掌握监理理论和监理实务技能的抽检。为了体现公开、公平、公正原则，考试实行全国统一考试大纲、统一命题、统一组织、统一时间、闭卷考试、分科记分、统一录取标准的办法，一般每年举行一次。考试所用语言为汉语。

我国对监理工程师执业资格考试工作实行政府统一管理。国务院建设行政主管部门负责编制监理工程师执业资格考试大纲、编写考试教材和组织命题工作，统一规划、组织或授权组织监理工程师执业资格考试的考前培训等有关工作。

国务院人事行政主管部门负责审定监理工程师执业资格考试科目、考试大纲和考试试题，组织实施考务工作，会同国务院建设行政主管部门对监理工程师执业资格考试进行检查、监督、指导和确定合格标准。

对考试合格人员，由省、自治区、直辖市人民政府人事行政主管部门颁发由国务院人事行政主管部门统一印制、国务院人事行政主管部门和建设行政主管部门共同用印的《监理工程师执业资格证书》。取得执业资格证书并经注册后，即成为监理工程师。

2.4.2 监理工程师注册

监理工程师注册制度是政府对监理从业人员实行市场准入制度的有效手段。监理人员经注册，即表明获得了政府对其以监理工程师名义从业的行政许可，因而具有相应工作岗位的责任和权力。仅取得《监理工程师执业资格证书》，没有取得《监理工程师注册证书》的人员则不具备这些权力。

监理工程师的注册，根据注册内容的不同分为三种形式，即初试注册、续期注册和变更注册。按照我国有关法规规定，监理工程师只能在一家企业、按照专业类别注册。

2.4.2.1 初始注册

经考试合格，取得《监理工程师执业资格证书》的，可以申请监理工程师初始注册。

(1) 申请监理工程师初始注册，一般要提供下列材料：

①监理工程师注册申请表；

②《监理工程师执业资格证书》；

③其他有关材料。

(2) 申请初始注册的程序是：

①申请人向聘用单位提出申请；

②聘用单位同意后，连同上述材料由聘用企业向所在省、自治区、直辖市人民政府建设行政主管部门提出申请；

③省、自治区、直辖市人民政府建设行政主管部门初审合格后，报国务院建设行政管理部门；

④国务院建设行政主管部门对初审意见进行审核，对符合条件者准予注册，并颁发由国务院建设行政主管部门统一印制的《监理工程师注册证书》和执业印章。

执业印章由监理工程师本人保管。

国务院建设行政管理部门对监理工程师初始注册每年定期集中审批一次，并实行公示、公告制度，对符合注册条件的进行网上公示，经公示未提出异议的予以批准确认。

(3) 申请注册人员出现下列情形之一的，不能获得注册：

①不具备完全民事行为能力；

②受到刑事处罚，自刑事处罚执行完毕之日起至申请注册之日不满5年；

③在工程监理或者相关业务中有违法违规行为或者犯有严重错误，受到责令停业的行政处罚，自行政处罚或者行政处分决定之日起至申请注册之日不满2年；

④在申报注册过程中有弄虚作假行为；

⑤同时注册于两个及以上单位；

⑥年龄65周岁及以上；

⑦法律、法规和国务院建设、人事行政主管部门规定不予注册的其他情形。

(4) 监理工程师在注册后，有下列情形之一的，原注册机关将撤销其注册，收回《监理工程师注册证书》和执业印章：

①完全丧失民事行为能力的；

②死亡或者依据《中华人民共和国民法通则》的规定宣告死亡的；

③受到刑事处罚的；

④在工程监理或者相关业务中违法违规或者造成工程事故，受到责令停止执业行政处罚的；

⑤自行停止监理工程师业务满2年的；

⑥违反执业道德规范、执业纪律等行规行约的。

被撤销注册的当事人对撤销注册有异议的，可以自接到撤销注册通知之日起15日内向国务院建设行政主管部门或者省、自治区、直辖市人民政府建设行政主管部门申请复核。

被撤销注册人员在处罚期满5年后可以重新申请注册。

2.4.2.2 续期注册

监理工程师初始注册有效期为2年，注册有效期满要求继续执业的，需要办理续期注册。

(1) 续期注册应提交下列材料：

①从事工程监理的业绩证明和工作总结；

②国务院建设行政主管部门认可的工程监理继续教育证明。

(2) 监理工程师如果有下列情形之一，将不予续期注册：

①没有从事工程监理的业绩证明和工作总结的；

②同时在两个及以上单位执业的；

③未按照规定参加监理工程师继续教育或继续教育未达到标准的；

④允许他人以本人名义执业的；

⑤在工程监理活动中有过失，造成重大损失的。

(3) 申请续期注册的程序是：

①申请人向聘用单位提出申请；

②聘用单位同意后，连同上述材料由聘用企业向所在省、自治区、直辖市人民政府建设行政主管部门提出申请；

③省、自治区、直辖市人民政府建设行政主管部门进行审核，对无前述不予续期注册情形的准予续期注册；

④省、自治区、直辖市人民政府建设行政主管部门在准予续期注册后，将准予续期注册的人员名单，报国务院建设行政主管部门备案。

续期注册的有效期同样为2年，从准予续期注册之日起计算。国务院建设行政主管部门定期向社会公告准予续期注册的人员名单。

2.4.2.3 变更注册

监理工程师注册后，如果注册内容发生变更，应当向原注册机构办理变更注册。申请变更注册的程序是：

(1) 申请人向聘用单位提出申请；

(2) 聘用单位同意后，连同申请人与原聘用单位的解聘证明，一并上报省、自治区、直辖市人民政府建设行政主管部门；

(3) 省、自治区、直辖市人民政府建设行政主管部门对有关情况进行审核，情况属实的准予变更注册；

(4) 省、自治区、直辖市人民政府建设行政主管部门在准予变更注册后，将变更人员情况报国务院建设行政主管部门备案。

需要注意的是，监理工程师办理变更注册后，一年内不能再次进行变更注册。

2.4.3 注册监理工程师的继续教育

随着现代科学技术的快速发展，注册后的监理工程师不能一劳永逸地停留在原有知识水平上，而要随着时代的进步不断更新知识，扩大其知识面，学习新的理论知识、政策法规，了解新技术、新工艺、新材料、新设备，这样才能不断提高执业能力和工作水平，以适应建设事业发展及监理实务的需要。因此，注册监理工程师每年都要接受一定学时的继续教育。一些国家如美国、英国等，对执业人员的年度考核也有类似的要求。

继续教育可采取多种不同的方式，如脱产学习、集中授课、参加研讨会（班）、撰写专业论文等。继续教育的内容应紧密结合业务内容，逐年更新。

2.5 监理工程师的法律地位和责任

2.5.1 监理工程师的法律地位

监理工程师的法律地位是由国家法律法规确定下来，并建立在委托监理合同基础上的。这是因为：第一，《中华人民共和国建筑法》明确提出国家推行建设工程监理制度，《建设工程质量管理条例》赋予监理工程师多项签字权，并明确规定了监理工程师的多项职责，从而使监理工程师执业有了明确的法律依据，确立了监理工程师作为专业人士的法律地位；第二，监理工程师的主要业务是受建设单位委托从事监理工作，其权利和义务在合同中有具体约定。

监理工程师所具有的法律地位，决定了监理工程师在执业中应享有的权利和应履行的义务。这些权利主要包括：

（1）使用监理工程师名称；

（2）依法自主执行业务；

（3）依法签署工程监理及相关文件并加盖执业印章；

（4）法律法规赋予的其他权利。

监理工程师也必须履行相应的义务，主要有：

（1）遵守法律、法规，严格依照相关的技术标准和委托监理合同开展工作；

（2）恪守职业道德，维护社会公共利益；

（3）在执业中保守委托单位申明的商业秘密；

（4）不得同时受聘于两家及以上单位执行业务；

（5）不得出借《监理工程师执业资格证书》、《监理工程师注册证书》和执业印章；

（6）接受职业继续教育，不断提高业务水平。

2.5.2 监理工程师的法律责任

监理工程师的法律责任与其法律地位密切相关，同样是建立在法律法规和委托监理合同基础上的。因而，监理工程师法律责任的表现行为也主要有两种：一是违反法律法规的行为，二是违反合同约定的行为。

2.5.2.1 违法行为

现行法律法规对监理工程师的法律责任专门作出了具体规定。例如，《建筑法》第35条规定："工程监理单位不按照委托监理合同的约定履行监理义务，对应当监督检查的项目不检查或不按照规定检查，给建设单位造成损失的，应当承担相应的赔偿责任。"

《中华人民共和国刑法》第137条规定："建设单位、设计单位、施工单位、工程监理单位违反国家规定，降低工程质量标准，造成重大安全事故的，对直接责任人员，处五年以下有期徒刑或者拘役，并处罚金；后果特别严重的。处五年以上十年以下有期徒刑，并处罚金。"

《建设工程质量管理条例》第36条规定："工程监理单位应当依照法律、法规以及有关技术标准、设计文件和建设工程承包合同，代表建设单位对施工质量实施监理并对施工质量承担监理责任。”

这些规定能够有效地规范、指导监理工程师的执业行为，提高监理工程师的法律责任意识，引导监理工程师公正守法地开展监理业务。

2.5.2.2 违约行为

监理工程师一般主要受聘于工程监理企业，按照委托监理合同从事工程监理业务。工程监理企业是订立委托监理合同的当事人，是法定意义的合同主体。但委托监理合同在具体履行时，是由监理工程师代表监理企业来实现的，因此，如果监理工程师出现工作过失，违反了合同约定，其行为将被视为监理企业违约，由监理企业承担相应的违约责任。当然，监理企业在承担违约赔偿责任后，有权在企业内部向有相应过失行为的监理工程师追偿部分或全部损失。所以，由监理工程师个人过失引发的合同违约行为，监理工程师应当与监理企业承担一定的连带责任。其连带的基础是监理企业与监理工程师签订的聘用协议或责任保证书，或监理企业法定代表人对监理工程师签发的授权委托书。一般来说，授权委托书应包含有监理工程师的职权范围和相应的责任条款。

2.5.3 安全生产责任

安全生产责任是法律责任的一部分，来源于法律法规和委托监理合同。国家现行法律法规未对监理工程师和建设单位是否承担安全生产责任作出明确规定，所以，目前监理工程师和建设单位承担安全生产责任尚无法律依据。由于建设单位没有管理安全生产的权力，因而不可能将不属于其所有的权力委托或转交给监理工程师，在委托监理合同中不会约定监理工程师负责管理建筑工程安全生产。

导致工程安全事故或问题的原因很多，有自然灾害、不可抗力等客观原因，也有建设单位、设计单位、施工企业、材料供应单位等主观原因。虽然监理工程师不管理安全生产，不直接承担安全责任，但不能排除其间接或连带承担安全责任的可能性。如果监理工程师有下列行为之一，则应当与质量、安全事故责任主体承担连带责任。

（1）违章指挥或者发出错误指令，引发安全事故的；

（2）将不合格的建设工程、建筑材料、建筑构配件和设备按照合格签字，造成工程质量事故，由此引发安全的；

（3）与建设单位或施工企业串通，弄虚作假、降低工程质量，从而引发安全事故的。

2.5.4 监理工程师违规行为的处罚

监理工程师在执业过程中必须严格遵纪守法。政府建设行政主管部门对于监理工程师违法违规行为，将追究其责任，并根据不同情节给予必要的行政处罚。

监理工程师的违规行为及相应的处罚办法，一般包括以下几个方面：

（1）对于未取得《监理工程师执业资格证书》、《监理工程师注册证书》和执业印章，以监理工程师名义执行业务的人员，政府建设行政主管部门将予以取缔，并处以罚款；有违法所得的，予以没收。

（2）对于以欺骗手段取得《监理工程师执业资格证书》、《监理工程师注册证书》和执业印章的人员，政府建设行政主管部门将吊销其证书，收回执业印章，并处以罚款；情节严重的，

3 年之内不允许考试及注册。

（3）如果监理工程师出借《监理工程师执业资格证书》、《监理工程师注册证书》和执业印章，情节严重的将被吊销证书，收回执业印章，3 年之内不允许考试和注册。

（4）监理工程师注册内容发生变更，未按照规定办理变更手续的，将被责令改正，并可能受到罚款的处罚。

（5）同时受聘于两个及以上单位执业的，将被注销其《监理工程师注册证书》，收回执业印章，并将受到罚款处理；有违法所得的，将被没收。

（6）对于监理工程师在执业中出现的行为过失，产生不良后果的，《建设工程质量管理条例》有明确规定：监理工程师因过错造成质量事故的，责令停止执业 1 年；造成重大质量事故的，吊销执业资格证书，5 年以内不予注册；情节特别恶劣的终身不予注册。

【思考题】

1. 监理工程师的执业特点？
2. 监理工程师应具备什么样的执业素质？
3. 你认为如何培养监理工程师？
4. 监理工程师注册的形式及程序如何？
5. 监理工程师具有哪些权利及义务？
6. 监理工程师具备什么法律地位，怎样才能与其承担的责任相适应？
7. 工程技术、经济人员应具备怎样的条件方可报考监理工程师？

第3章　建设工程监理企业

3.1　工程监理企业概述

3.1.1　监理企业的概念

监理企业是指具有法人资格，取得监理企业资质证书和营业执照，依法从事建设工程监理工作的监理公司、监理事务所等，也包括具有法人资格的企业下设的专门从事建设工程监理的二级机构。建设工程监理企业是我国建筑领域经济市场化的必然产物，是建筑市场的三大主体之一。它在建筑市场的作用是为建筑市场交易活动的各方提供高智能的技术服务，其工作是接受工程项目业主（建设单位）委托对建设工程项目的投资、工期、质量和安全进行监督管理。

3.1.2　监理企业与工程建设各方的关系

3.1.2.1　监理企业与建设单位的关系

（1）监理企业与建设单位之间是平等的关系

监理企业和建设单位都是建筑市场中的主体，不分主次。这种平等的关系主要体现在：第一，都是市场经济中独立的企业法人。不同行业的企业法人，只有经营的性质不同、业务范围不同，而没有主仆之别。第二，它们都是建筑市场中的主体，为工程建设而走到一起。业主委托监理企业替自己负责一些具体的事项，是为了更好地完成自己担负的建设工程项目。委托与被委托的关系建立之后，双方也只是按照约定的条款，各尽各的义务，各行使各自的权力，各取得各自应得到的利益。监理企业仅按照委托的要求开展工作，对业主负责，但不受业主的领导。业主对监理企业的人力、财力、物力等方面没有任何支配权、管理权。如果未发生或解除了委托与被委托的关系，那么二者就不存在任何联系。

（2）建设单位与监理企业之间是一种授权与被授权关系

监理企业接受委托之后，业主就把一部分建设工程项目的管理权力授予监理企业，如：工程建设组织协调工作的主持权、设计质量和施工质量以及建筑材料与设备质量的确认权与否决权、工程量与工程价款支付的确认权与否决权、工程建设进度和建设工期的确认权与否决权以及围绕建设工程项目的各种建议权等。业主通常自己留有对工程建设规模和建设标准的决定权、对承建商的选定权、与承建商订立合同的鉴认权以及工程竣工后或分阶段的验收权等。监理企业只能在授权的范围内行事，不能“越权”。

（3）监理企业与建设单位之间是一种经济合同关系

建设单位与监理企业之间的委托与被委托关系确立后，双方订立合同，即建设工程监理合同。双方的经济利益以及各自的职责和义务都体现在签订的监理合同中。根据建设工程监理的性质，监理企业不但要为建设单位提供高智能服务，维护业主的合法权益，同时也要维护承建商的合法权益。

3.1.2.2　监理企业与承建单位的关系

（1）监理企业与承建单位之间是平等关系

如前所述，承建单位（承建商）也是建筑市场的三大主体之一。这种平等的关系主要体现在：第一，为了完成工程建设任务而分别承担各自相应的责任；第二，相对于业主来说，无论是监理企业还是承建商其角色、地位是一样的；第三，二者都是在工程建设的法规、规章、规范、标准等条款的制约下开展工作。

（2）监理企业与承建单位之间是监理与被监理的关系

虽然监理企业与承建商之间没有签订任何经济合同，但是，承建商与业主签订有承发包建设合同。同时业主又与监理企业签订有监理合同，这样监理企业依据业主的授权，就有了监督管理承建商履行工程建设承发包合同的权利和义务。承建商不再与业主直接交往，而转向与监理企业直接联系，并接受监理企业对自己进行工程建设活动的监督管理。

3.1.2.3　监理企业与政府工程质量监督部门在管理方面的区别

建设工程监理与政府工程质量监督部门都属于工程建设领域的监督管理活动。但是，它们之间存在如下几点区别：

（1）建设工程监理实施者是社会化、专业化的监理企业，而政府工程质量监督的执行者是政府建设行政主管部门的专业执行机构（工程质量监督部门）。建设工程监理属于社会的、民间的监督管理行为，而工程质量监督则属于政府行政行为。

（2）建设工程监理是在项目组织系统范围内平行主体之间的横向监督管理；而政府工程质量监督则是项目组织系统外的监督管理，它对项目系统内的建设行为主体进行的是一种纵向管理。

（3）建设工程监理具有委托性，而政府工程质量监督则具有强制性。

（4）建设工程监理的工作范围由监理合同决定，其活动贯穿于工程建设的全过程、全方位；而政府工程质量监督只限于施工阶段。

（5）它们在工程质量方面的工作也存在着较大的区别：

①工作依据不尽相同。政府工程质量监督以国家、地方颁发的有关法律、法规和技术规范、标准为依据，而建设工程监理不仅以有关法律、法规和技术规范、标准为依据，还以经批准的建设工程项目文件和工程建设合同为依据。

②深度和广度不同。建设工程监理所进行的质量控制包括对项目质量目标详细规划，采取一系列综合控制措施，既要做到全方位控制，又要做到事前、事中、事后控制，并持续在建设工程项目的各个阶段。而政府工程质量监督则主要在建设工程项目的施工阶段，对工程质量进行阶段性的监督和检查。

③工作权限、工作方法和手段不同。建设工程监理主要采用组织管理的方法，从多方面采取措施进行项目质量管理。而政府工程质量监督则侧重行政管理的方法和手段。

需要指出的是，政府工程质量监督部门对监理企业特别是在工程建设施工阶段质量控制工作中有指导、监督作用。

3.2　工程监理企业的建立

3.2.1　监理企业的类别

监理企业的类别有多种，详见图 3-1：

- 监理企业类别
  - 按经济性质分
    - 全民所有制监理企业
    - 集体所有制监理企业
    - 私有监理企业
  - 按组建方式分
    - 股份制监理企业
    - 合资监理企业
    - 合作监理企业
  - 按经济责任分
    - 有限责任公司
    - 无限责任公司
  - 按资质等级分
    - 甲级资质监理企业
    - 乙级资质监理企业
    - 丙级资质监理企业
  - 按专业类别分

图 3-1　监理企业分类

3.2.2　建立监理企业的基本条件

（1）有自己的名称和固定的办公场所；

（2）有自己的组织机构，如领导机构、财务机构、技术机构等；有一定数量的专门从事监理工作的工程经济、技术人员，而且专业基本配套、技术人员数量和职称结构符合要求；

（3）有符合国家规定的注册资金；

（4）拟订有监理企业的章程；

（5）有主管部门同意设立监理企业的批准文件；

（6）拟从事监理工作的人员中，有一定数量的人已取得国家建设行政主管部门颁发的《监理工程师资格证书》，并有一定数量的人取得了监理培训结业合格证书。

3.2.3　建立监理企业的程序

工程建设监理企业的建立应先申领企业法人营业执照，再申报资质。建立监理企业的申报、审批程序一般分为三步：

（1）新设立的工程建设监理单位，应根据法人必须具备的条件，先到工商行政管理部门登记注册并取得企业法人营业执照。

（2）取得企业法人营业执照后，即可向建设监理行政主管部门申请资质。

新设立的工程监理企业申请资质，应当向建设行政主管部门提供下列资料：

①工程监理企业资质申请表；

②企业法人营业执照；

③企业章程；

④企业负责人和技术负责人的工作简历、监理工程师注册证书等有关证明材料；

⑤工程监理人员的监理工程师注册证书；

⑥需要出具的其他有关证件、资料。

（3）审查、核发暂定资质证书。

审核部门应当对工程监理企业的资质条件和申请资质提供的资料审查核实。新设立的工程监理企业，其资质等级按照最低等级核定，并设一年的暂定期。

甲级工程监理企业资质，经省、自治区、直辖市人民政府建设行政主管部门审核同意后，由国务院建设行政主管部门组织专家评审，并提出初审意见；其中涉及铁道、交通、水利、信息产业、民航工程等方面工程监理企业资质的，由省、自治区、直辖市人民政府建设行政主管部门会商同级有关专业部门审核同意后，报国务院建设行政主管部门，由国务院建设行政主管部门送国务院有关部门初审。国务院建设行政主管部门根据初审意见审批。

乙级、丙级工程监理企业资质，由企业注册所在地省、自治区、直辖市人民政府建设行政主管部门审批；其中交通、水利、通信等方面的工程监理企业资质，由省、自治区、直辖市人民政府建设行政主管部门征得同级有关部门初审同意后审批。

申请甲级工程监理企业资质的，国务院建设行政主管部门每年定期集中审批一次。国务院建设行政主管部门应当在工程监理企业申请材料齐全后 3 个月内完成审批。由有关部门负责初审的，初审部门应当从收齐工程监理企业的申请材料之日起 1 个月内完成初审。国务院建设行政主管部门应当将审批结果通知初审部门。

申请乙级、丙级工程监理企业资质的，实行即时审批或者定期审批，由省、自治区、直辖市人民政府建设行政主管部门规定。

由于企业改制，或者企业分立、合并后组建设立的工程监理企业，其资质等级根据实际达到的资质条件，按照规定的审批程序核定。

3.2.4　工程监理企业的资质申请

工程监理企业申请资质，一般要到企业注册所在地的县级以上地方人民政府建设行政主管部门办理有关手续。

新设立的工程监理企业申请资质，应当先到工商行政管理部门登记注册并取得企业法人营业执照后，才能到建设行政主管部门办理资质申请手续。办理资质申请手续时，应当向建设行政主管部门提供下列资料：

（1）工程监理企业资质申请表；

（2）企业法人营业执照；

（3）企业章程；

（4）企业负责人和技术负责人的工作简历、监理工程师注册证书等有关证明材料；

（5）工程监理人员的监理工程师注册证书；

（6）需要出具的其他有关证件、资料。

已取得法人资格的工程监理企业申请资质升级，除提供上述资料外，还应当提供以下资料：

（1）企业原资质证书正、副本；

（2）企业的财务决算年报表；

（3）《监理业务手册》及已完成代表工程的监理合同、监理规划及监理工作总结。工程监理企业的增项资质可以与其主项资质同时申请，也可以在每年资质审批期间单独申请。

3.3 工程监理企业的资质等级和业务范围

3.3.1 工程监理企业资质

工程监理企业资质是企业技术能力、管理水平、业务经验、经营规模、社会信誉、业务范围等综合性实力指标。

工程监理企业按照所拥有的注册资本、专业技术人员数量和工程监理业绩等资质条件申请资质，经审查合格，取得相应等级的资质证书后，才能在其资质等级许可的范围内从事工程监理活动。

工程监理企业的注册资本不仅是企业从事经营活动的基本条件，也是企业清偿债务的保证。工程监理企业所拥有的专业技术人员数量主要体现在注册监理工程师的数量，这反映企业从事监理工作的工程范围和业务能力。工程监理业绩则反映工程监理企业开展监理业务的经历和成效。

工程监理企业的资质等级分为甲级、乙级和丙级，按照工程性质和技术特点分为 14 个专业类别，每个专业类别按照工程规模或技术复杂程度又分为甲乙丙三个等级。

工程监理企业的资质包括主项资质和增项资质。工程监理企业如果申请多项专业工程资质，则其主要选择的一项为主项资质，其余的为增项资质。同时，其注册资金应达到主项资质标准要求，从事增项专业工程监理业务的注册监理工程师人数应当符合专业要求。增项资质级别不得高于主项资质级别。

3.3.2 工程监理企业各主项资质等级标准

（1）甲级资质

①企业负责人和技术负责人应当具有 15 年以上从事工程建设工作的经历，企业技术负责人应当取得监理工程师注册证书；

②取得监理工程师注册证书的人员不少于 25 人；

③注册资金不少于 100 万元；

④近 3 年内监理过 5 个以上二等房屋建筑工程项目或者 3 个以上二等专业工程项目。

（2）乙级资质

①企业负责人和技术负责人应当具有 10 年以上从事工程建设工作的经历，企业技术负责人应当取得监理工程师注册证书；

②取得监理工程师注册证书的人员不少于 15 人；

③注册资金不少于 50 万元；

④近 3 年内监理过 5 个以上三等房屋建筑工程项目或者 3 个以上三等专业工程项目。

（3）丙级资质

①企业负责人和技术负责人应当具有 8 年以上从事工程建设工作的经历，企业技术负责人应当取得监理工程师注册证书；

②取得监理工程师注册证书的人员不少于 5 人；

③注册资本不少于 10 万元；

④承担过 2 个以上房屋建筑工程项目或者 1 个以上专业工程项目。

3.3.3　工程监理企业的业务范围

各主项资质等级的工程监理企业的业务范围是：甲级工程监理企业可以监理经核定的工程类别中一、二、三等工程；乙级工程监理企业可以监理经核定的工程类别中二、三等工程；丙级工程监理企业只可监理经核定的工程类别中三等工程。甲、乙、丙级资质监理企业经营范围均不受国内地域限制。

3.4　工程监理企业的资质管理

为了加强对工程监理企业的资质管理，保障其依法经营业务，促进建设工程监理事业健康发展，国家建设行政主管部门对工程监理企业资质管理工作制定了相应的管理规定。

3.4.1　工程监理企业资质管理机构及其职责

根据我国现阶段管理体制，我国工程监理企业的资质管理确定的原则是“分级管理，统分结合”，按中央和地方两个层次进行管理。国务院建设行政主管部门负责全国工程监理企业资质的归口管理工作。涉及铁道、交通、水利、信息产业、民航等专业工程监理资质的，由国务院铁道、交通、水利、信息产业、民航等有关部门配合国务院建设行政主管部门实施资质管理工作。

省、自治区、直辖市人民政府建设行政主管部门负责本行政区域内工程监理企业资质归口管理工作，省、自治区、直辖市人民政府交通、水利、通信等有关部门配合同级建设行政主管部门实施相关资质类别工程监理企业资质的管理工作。

(1) 国务院建设行政主管部门管理工程监理企业资质的主要职责

①每年定期集中审批一次全国甲级工程监理企业的资质。其中涉及铁道、交通、水利、信息产业、民航工程等方面的工程监理企业资质，由国务院有关部门初审，国务院建设行政主管部门根据初审意见审批。

②审查、批准全国甲级工程监理企业资质的变更与终止。

③制定有关全国工程监理企业资质的管理办法。

(2) 省、自治区、直辖市人民政府建设行政主管部门管理工程监理企业资质的主要职责

①审批本行政区域内乙级、丙级工程监理企业的资质。其中交通、水利、通信等方面的工程监理企业资质，应征得同级有关部门初审同意后审批。

②审查、批准本行政区域内乙级、丙级工程监理企业资质的变更与终止；

③本行政区域内乙级和丙级工程监理企业资质的年检；

④制定在本行政区域内资质管理办法。

⑤受国务院建设行政主管部门委托负责本行政区域内甲级工程监理企业资质的年检。

(3) 资质审批实行公示公告制度

资质初审工作完成后，初审结果先在中国工程建设信息网上公示。经公示后，对于工程监理企业符合资质标准的，予以审批，并将审批结果在中国工程建设信息网上公告。实行这一制度的目的是提高资质审批工作的透明度，便于社会监督，从而增强其公正性。

3.4.2 工程监理企业资质管理内容

工程监理企业资质管理，主要是指对工程监理企业的设立、定级、升级、降级、变更、终止等的资质审查或批准以及资质年检工作等。

3.4.2.1 资质审批制度

对于工程监理企业资质条件符合资质等级标准，并且未发生下列行为的，建设行政主管部门将向其颁发相应资质等级的《工程监理企业资质证书》：

(1) 与建设单位或者工程监理企业之间相互串通投标，或者以行贿等不正当手段谋取中标的；

(2) 与建设单位或者施工单位串通，弄虚作假、降低工程质量的；

(3) 将不合格的建设工程、建筑材料、建筑构配件和设备按照合格签字的；

(4) 超越本单位资质等级承揽监理业务的；

(5) 允许其他单位或个人以本单位的名义承揽工程的；

(6) 转让工程监理业务的；

(7) 因监理责任而发生过三级以上工程建设重大质量事故或者发生过 2 起以上四级工程建设质量事故的；

(8) 其他违反法律法规的行为。

《工程监理企业资质证书》分为正本和副本，具有同等法律效力。工程监理企业在领取新的《工程监理企业资质证书》的同时，应当将原资质证书交回原发证机关予以注销。任何单位和个人均不得涂改、伪造、出借、转让《工程监理企业资质证书》，不得非法扣压、没收《工程监理企业资质证书》。

工程监理企业申请晋升资质等级，在申请之日前 1 年内有上述 (1) — (8) 行为之一的，建设行政主管部门将不予批准。

工程监理企业因破产、倒闭、撤销、歇业的，应当将资质证书交回原发证机关予以注销。

3.4.2.2 资质年检制度

对工程监理企业实行资质年检，是政府对监理企业实行动态管理的重要手段，目的在于督促监理企业不断加强自身建设，提高企业管理水平和监理工作业务水平。

工程监理企业的资质年检一般由资质审批部门负责，并应在下年一季度进行。年检内容包括：检查工程监理企业资质条件是否符合资质等级标准，是否存在质量、市场行为等方面的违法违规行为。

甲级工程监理企业的资质年检由建设部委托各省、自治区、直辖市人民政府建设行政主管部门办理；其中，涉及铁道、交通、水利、信息产业、民航等方面的企业资质年检，由建设部会同有关部门办理。

(1) 资质年检程序

对工程监理企业进行资质年检的程序是：

①工程监理企业在规定时间内向建设行政主管部门提交《工程监理企业资质年检表》(自检表)、《工程监理企业资质证书》、《监理业务手册》以及工程监理人员变化情况及其他有关资料，并交验《企业法人营业执照》。

②建设行政主管部门会同有关部门在收到工程监理企业年检资料后 40 日内，对工程监理企业资质年检作出结论，并记录在《工程监理企业资质证书》副本的年检记录栏内。

（2）资质年检结论

工程监理企业年检结论分为合格、基本合格、不合格三种。

工程监理企业资质条件符合资质等级标准，并且在过去一年内未发生上述（1）—（8）行为之一的，年检结论为合格。工程监理企业只有连续两年年检合格，才能申请晋升上一个资质等级。

年检结论为基本合格的条件是：工程监理企业资质条件中监理工程师注册人员数量、经营规模未达到资质标准，但不低于资质等级标准的 80%，其他各项均达到标准要求，并且在过去一年内未发生上述（1）—（8）行为。

工程监理企业有下列情形之一的，资质年检结论为不合格：①资质条件中监理工程师注册人员数量、经营规模的任何一项未达到资质等级标准的 80%，或者其他任何一项未达到资质等级标准；②有上述（1）—（8）行为之一的。

对于已经按照法律、法规的规定给予降低资质等级处罚的行为，年检中不再重复追究。对于资质年检不合格或者连续两年基本合格的工程监理企业，建设行政主管部门应当重新核定其资质等级。新核定的资质等级应当低于原资质等级，达不到最低资质等级标准，则要取消资质。降级的工程监理企业，经过一年以上时间的整改，经建设行政主管部门核查确认，达到规定的资质标准，并且在此期间内未发生上述（1）—（8）行为的，可以重新申请原资质等级。

工程监理企业在规定时间内没有参加资质年检，其资质证书将自行失效，而且一年内不得重新申请资质。

在工程监理企业资质年检后，资质审批部门应当在该企业资质证书副本的相应栏目内注明年检结论和有效期限。

资质审批部门应当在工程监理企业资质年检结束后 30 日内，在公众媒体上公布年检结果，包括年检合格、不合格企业和未按规定参加年检的企业名单。甲级工程监理企业的年检结果还将在中国工程建设信息网上公布。

工程监理企业分立或合并时，要按照实际达到的资质条件重新审查其资质等级并核定其业务范围，颁发新核定的资质证书。

（3）违规处理

工程监理企业必须依法开展监理业务，全面履行委托监理合同约定的责任和义务。一旦出现违规现象，建设行政主管部门将根据情节给予必要的处罚。违规现象主要有以下几个方面：

①以欺骗手段取得《工程监理企业资质证书》；

②超越本企业资质等级承揽监理业务；

③未取得《工程监理企业资质证书》而承揽监理业务；

④转让监理业务。转让监理业务是指监理企业不履行委托监理合同约定的责任和义务，将所承担的监理业务全部转给其他监理企业，或者将其肢解以后分别转给其他监理企业的行为。国家有关法律法规明令禁止转让监理业务的行为；

⑤挂靠监理业务。挂靠监理业务是指监理企业允许其他单位或者个人以本企业名义承揽监理业务。这种行为也是国家有关法律法规明令禁止的；

⑥与建设单位或者施工单位串通，弄虚作假、降低工程质量；

⑦将不合格的建设工程、建筑材料、建筑构配件和设备按照合格签字；

⑧工程监理企业与被监理工程的施工承包单位以及建筑材料、建筑构配件和设备供应单位有隶属关系或者其他利害关系，并承担该项建设工程的监理业务。

3.5 工程监理企业经营活动基本准则和服务内容

3.5.1 工程监理企业经营活动基本准则

工程监理企业从事建设工程监理活动，应当遵循“守法、诚信、公正、科学”的准则。

3.5.1.1 守法

守法，即要求工程监理企业遵守国家的法律法规。对于工程监理企业来说，守法就是要依法经营，主要体现在：

(1) 工程监理企业只能在核定的业务范围内开展经营活动。

工程监理企业的业务范围，是指填写在资质证书中、经工程监理资质管理部门审查确认的主项资质和增项资质。核定的业务范围包括两方面：一是监理业务的工程类别；二是承接监理工程的等级。

(2) 工程监理企业不得伪造、涂改、出租、出借、转让、出卖《工程监理企业资质证书》。

(3) 建设工程监理合同一经双方签订，即具有法律约束力，工程监理企业应按照合同的约定认真履行，不得无故或故意违背自己的承诺。

(4) 工程监理企业离开原住所地承接监理业务，要自觉遵守当地人民政府颁发的监理法规和有关规定，主动向监理工程所在地的省、自治区、直辖市建设行政主管部门备案登记，接受其指导和监督管理。

(5) 遵守国家关于企业法人的其他法律、法规的规定。

3.5.1.2 诚信

诚信，即诚实守信用，这是道德规范在市场经济中的体现。它要求一切市场参加者在不损害他人利益和社会公共利益的前提下，追求自己的利益。目的是在当事人之间的利益关系和当事人与社会之间的利益关系中实现平衡，并维护市场道德秩序。诚信原则的主要作用在于指导当事人以善意的心态、诚信的态度行使民事权利，承担民事义务，正确地从事民事活动。

加强企业信用管理，提高企业信用水平，是完善我国工程监理制度的重要保证。企业信用的实质是解决经济活动中经济主体之间的利益关系。它是企业经营理念、经营责任和经营文化的集中体现。信用是企业的一种无形资产，良好的信用能为企业带来巨大效益。我国是世贸组织的成员，信用将成为我国企业“走出去”、进入国际市场的身份证。它是能给企业带来长期经济效益的特殊资本。监理企业应当树立良好的信用意识，使企业成为讲道德、讲信用的市场主体。

3.5.1.3 公正

公正，是指工程监理企业在监理活动中既要维护业主的利益，又不能损害承包商的合法利益，要依据合同公平、合理地处理业主与承包商之间的争议。

工程监理企业要做到公正，必须做到以下几点：

①要具有良好的职业道德；

②要坚持实事求是；

③要熟悉有关建设工程合同条款；

④要提高专业技术能力；

⑤要提高综合分析判断问题的能力。

3.5.1.4　科学

科学，是指工程监理企业要依据科学的方案，运用科学的手段，采取科学的方法开展监理工作。工程监理工作结束后，还要进行科学的总结。主要体现在：

(1) 科学的方案

工程监理的方案主要是指监理规划。其内容包括：工程监理的组织计划；监理工作的程序；各专业、各阶段监理工作内容；工程的关键部位或可能出现的重大问题的监理措施等等。在实施监理工作前，要尽可能准确地预测出各种可能的问题，有针对性地拟定解决办法，制定出切实可行的监理实施细则，使各项监理活动都纳入科学管理的轨道。

(2) 科学的手段

实施工程监理必须借助于先进的科学仪器才能做好监理工作，如各种检测、试验、化验仪器，摄录像设备和计算机等。

(3) 科学的方法

监理工作的科学方法主要体现在监理人员在掌握大量的、确凿的有关监理对象及其外部环境实际情况的基础上，适时、妥帖、高效地处理有关问题，解决问题要用事实说话、用书面文字说话，用数据说话；要利用或开发计算机软件辅助工程监理。

3.5.2　工程监理企业的服务内容

根据建设工程的总体目标和客观需要，监理单位经营活动分成三个阶段，包括：建设工程决策阶段监理；建设工程设计阶段监理和建设工程施工阶段监理三个部分。

3.5.2.1　建设工程决策阶段监理

建设工程决策阶段的工作主要是对投资决策、立项决策和可行性研究决策的监理。建设工程决策监理不是监理单位代替业主决策，而是受业主单位的委托选择决策咨询单位，协助业主与决策咨询单位签订咨询合同，并监督合同的履行。建设工程决策阶段监理的内容如下：

(1) 投资决策监理

投资决策监理的委托方可能是业主（筹备机构），也可能是金融单位，也可能是政府。

①协助委托方选择投资决策咨询单位，并协助签订合同书。

②监督管理投资决策咨询合同的实施。

③对投资咨询意见评估，并提出监理报告。

(2) 建设工程立项决策监理

建设工程立项决策主要是确定拟建工程项目的必要性和可行性（建设条件是否具备）以及拟建规模。这一阶段的监理内容是：

①协助委托方选择建设工程立项决策咨询单位，并协助签订合同书。

②监督管理立项决策咨询合同的实施。

③对立项决策咨询方案进行评估，并提出监理报告。

(3) 建设工程可行性研究决策监理

建设工程的可行性研究是根据确定的项目建议书在技术上、经济上、财务上对项目进行详细论证，提出优化方案。这一阶段的监理内容是：

①协助委托方选择建设工程可行性研究单位，并协助签订可行性研究合同书。

②监督管理可行性研究合同的实施。

③对可行性研究报告进行评估，并提出监理报告。

对于规模小、工艺简单的工程来说，在建设工程决策阶段可以委托监理，也可以不委托监理，而直接把咨询意见作为决策依据。但是，对于大型、中型工程建设项目的业主或政府主管部门来说，最好是委托监理单位，同时搞好咨询意见的审查，做出科学的决策。

3.5.2.2 建设工程设计阶段监理

建设工程设计阶段是工程项目建设进入实施阶段的开始。工程设计通常包括扩大初步设计和施工图设计两个小阶段。在工程设计之前还要进行勘察（地质勘察、水文勘察等），所以，这一阶段又叫做勘察设计阶段。在工程建设实施过程中，一般是把勘察和设计分开来签订合同，但也有把勘察工作委托设计单位，业主与设计单位签订工程勘察设计合同。

为了叙述简便，把勘察和设计的监理工作合并如下：

(1) 编制工程勘察设计招标文件；

(2) 协助业主审查和评选工程勘察设计方案；

(3) 协助业主选择勘察设计单位；

(4) 协助业主签订工程勘察设计合同书；

(5) 监督管理勘察设计合同的实施；

(6) 审核工程设计概算和施工图预算，验收工程设计文件。

建设工程勘察设计阶段监理的主要工作是对勘察设计进度、质量和投资的监督管理。总的内容是依据勘察设计任务批准书编制勘察设计资金使用计划、勘察设计进度计划和设计质量标准要求，并与勘察设计单位协商一致，圆满地贯彻业主的建设意图。对勘察设计工作进行跟踪检查、阶段性审查。设计完成后要进行全面审查。审查的主要内容是：

(1) 设计文件的规范性、工艺的先进性和科学性、结构安全施工的可行性以及设计标准的适宜性等。

(2) 设计概算或施工图预算的合理性以及业主投资的许可行，若超过投资限额，除非业主许可，否则要修改设计。

(3) 在审查上述两项的基础上，全面审查勘察设计合同的执行情况，最后核定勘察设计费用。

3.5.2.3 建设工程施工阶段监理

这里所说的工程施工阶段监理包括施工招标阶段的监理、施工阶段监理和竣工保修阶段的监理。

工程施工是建设工程最终的实施阶段，是形成建筑产品的最后一步。施工阶段各方面工作的好坏对建筑产品优劣的影响是难以更改的，所以这一阶段的监理工作至关重要。

建设工程施工阶段监理的主要内容包括：

（1）编制工程施工招标文件；

（2）核查工程施工图设计、工程施工图预算。当工程总包单位承担施工图设计时，监理单位更要投入较大的精力搞好施工图设计审查和施工图预算审查工作；

（3）协助业主组织开标、评标、定标活动，向业主提供中标企业建议；

（4）协助业主与中标单位签订工程施工合同书；

（5）察看工程项目建设现场，向承建商办理移交手续；

（6）审查、确认承建商选择的分包单位；

（7）制定施工总体规划，审查承建商的施工组织设计和施工技术方案，提出修改意见，下达单位工程施工开工令；

（8）审查承建商提出的建筑材料、建筑物配件和设备的采购清单；

（9）检查工程使用的材料、构件、设备的规格和质量；

（10）检查施工技术措施和安全防护设施；

（11）对业主或设计单位提出的设计变更提出意见；

（12）监督管理工程施工合同的履行，调解合同双方的争议，处理索赔事项；

（13）核查完成的工程量，签署工程付款凭证；

（14）督促施工单位整理施工文件的归档准备工作；

（15）参与工程竣工预验收，并签署监理意见；

（16）审查工程结算；

（17）编写监理工作总结；

（18）向业主提交监理档案资料；

（19）在规定的工程质量保修期限内，负责检查工程质量状况，组织鉴定质量问题责任，督促责任单位维修。

3.6　工程监理企业业务的取得

3.6.1　取得监理业务的基本方式

工程监理企业承揽监理业务有两种形式：一是通过投标竞争取得监理业务；二是由业主直接委托取得监理业务。通过投标取得监理业务，是市场经济体制下比较普遍的形式。我国《招标投标法》明确规定，关系公共利益安全、政府投资、外资工程等实行监理必须招标。在不宜公开招标的机密工程或没有投标竞争对手，或者是工程规模比较小、比较单一的监理业务，或者是对原工程监理企业的续用等情况下，业主也可以直接委托工程监理企业。

3.6.2　工程监理企业投标书的核心

工程监理企业投标书的核心是反映所提供的管理服务水平高低的监理大纲，尤其是主要的监理对策。业主在监理招标时，以监理大纲的水平作为评定投标书优劣的重要内容，而不应把监理费的高低当作选择工程监理企业的主要评定标准。作为工程监理企业，不应该以降低监理费作为竞争的主要手段去承揽监理业务。

一般情况下，监理大纲中主要的监理对策是指：根据监理招标文件的要求，针对业主委托监理工程的特点，初步拟订的该工程的监理工作指导思想，主要的管理措施、技术措施，拟投入的监理力量以及为搞好该项工程建设而向业主提出的原则性的建议等。

3.6.3 工程监理企业在承揽监理业务竞争中应注意的事项

(1) 严格遵守国家的法律、法规及有关规定，遵守监理行业职业道德，不参与恶性压价竞争活动，严格履行委托监理合同；

(2) 严格按照批准的经营范围承接监理业务，特殊情况下，承接经营范围以外的监理业务时，需向资质管理部门申请批准；

(3) 承揽监理业务的总量要视本单位的力量而定，不得在与业主签订监理合同后，把监理业务转包给其他工程监理企业，或允许其他企业、个人以本监理企业的名义挂靠承揽监理业务；

(4) 对于监理风险较大的建设工程，可以联合几家工程监理企业组成联合体共同承担监理业务，以分担风险。

【思考题】

1. 监理企业的概念是什么？
2. 如何看待监理企业与工程建设各方的关系？
3. 工程监理企业的业务包括哪些范围？
4. 出现哪些情况，工程监理企业的资质年检结论为不合格？
5. 如何遵守工程监理企业经营活动基本准则？
6. 工程监理企业服务内容有哪些？

第4章 建设工程监理组织

4.1 组织的基本原理

监理企业要承担业主委托的建设工程监理或其他工程咨询服务的任务，必须建立一定的组织机构及其相应的制度，以确保监理企业从事各种技术、经济和社会活动的有序进行。本节将结合建设工程监理业务对其组织的基本原理进行介绍。

4.1.1 组织的内涵

从管理学的角度分析，组织是管理的一项职能。人们常常将组织定义为：组织是人们为了实现一定的目标，互相结合、指定职位、明确责任、分工合作、协调行动的人工系统及其运转过程。其含义有4层：

(1) 组织必须有目标。目标是组织存在的前提。

(2) 组织内部必须有不同的层次与相应的责任制度，其成员在各自岗位上为实现共同目标而分工合作。

(3) 组织是一个人工系统。它是由领导人或一个领导集团决策组建起来的群体结构，带有一定的主观意识。

(4) 组织不仅要设置部门机构，而且要注意其运转过程。

从上述含义中可看出，现代组织学研究分两大部分内容：一是静态的组织结构学，研究组织原则、组织形式、组织效应等，着重于结构合理、精干高效；二是动态的组织行为学，研究组织对其成员心理状态及人际关系的影响，追求群体内个人心情舒畅、彼此和睦融洽。本章主要从组织结构学的角度进行建设工程监理组织研究。

组织是人们从事一切生产、技术、经济和社会活动的基础，建设工程监理企业要获得建设工程监理任务，并履行监理委托合同授权的监理职责，要依靠组织的职能。

因此，建设工程监理组织有如下的内涵：

(1) 建设工程监理组织具有实现建设工程监理委托合同目标和监理企业利益目标的重要职能。

(2) 建设工程监理组织是确保监理机构在实施工程建设项目监理实务过程中，实现人与人、人与事物之间相对稳定的协调关系的基本动因。

(3) 组建建设工程监理组织是保持建设工程监理高效行为，追求监理企业效益最大化的重要手段。

4.1.2 组织设计

组织设计就是对组织结构和组织活动的设计过程。它是管理者在系统中建立最有效相互关系的一种合理化的、有意识的过程。在该过程中既要考虑系统的外部要素，又要考虑系统的内部要素。组织设计的最终结果就是形成组织结构。

组织结构是指组织内部构成和各部分间所确定的较为稳定的相互关系和联系方式。组织结构设计就是对组织活动和组织结构的设计。组织结构设计的任务是能简单而明确地指出各岗位的工作内容、职责、权力以及与组织中其他部门和岗位的关系，明确担任该岗位工作者所必须具备的基本素质、技术知识、工作经验、处理问题的能力等条件。

建立建设工程监理组织的目的是实现监理工作人员与监理对象合理而有效的组合，以便形成一种组织系统，实施对人与监理对象的有效管理。建设工程监理组织的结构设计包括监理企业的组织结构设计和项目监理机构（组织）的结构设计两部分。

4.1.2.1 组织的构成要素

组织构成一般是上小下大的形式，由管理层次、管理跨度、管理部门、管理职能四大因素组成。各因素是密切相关、相互制约的。

（1）管理层次

管理层次是指从组织的最高管理者到最基层的实际工作人员之间的等级层次的数量。

管理层次可分为决策层、协调层、执行层、操作层四个层次。决策层的任务是确定管理组织的目标和大政方针以及实施计划，它必须精干、高效；协调层的任务主要是参谋、咨询职能，其人员应有较高的业务工作能力；执行层的任务是直接调动和组织人力、财力、物力等具体活动，其人员应有实干精神并能坚决贯彻管理指令；操作层的任务是从事操作和完成具体任务，其人员应有熟练的作业技能。这四个层次的职能和要求不同，标志着不同的职责和权限，同时也反映出组织机构中的人数变化规律。协调层和执行层又称为中间控制层。组织的最高管理者到最基层的实际工作人员权责逐层递减，而人数却逐层递增。

如果组织缺乏足够的管理层次，将使其运行陷入无序的状态。因此，组织必须形成必要的管理层次。不过，管理层次也不宜过多，否则会造成资源和人力的浪费，也会使信息传递慢、指令走样、协调困难。

（2）管理跨度

管理跨度是指一名上级管理人员所直接管理的下级人数。在组织中，某级管理人员的管理跨度的大小取决于这一级管理人员所需要协调的工作量。管理跨度越大，领导者需要协调的工作量越大，管理的难度也越大。因此，为了使组织能够高效地运行，必须确定合理的管理跨度。

管理跨度的大小受很多因素影响，它与管理人员性格、才能、个人精力、授权程度以及被管理者的素质有关。此外，还与职能的难易程度、工作的相似程度、工作制度和程序等客观因素有关。确定适当的管理跨度，需积累经验并在实践中进行必要的调整。

（3）管理部门

组织中各部门的合理划分对发挥组织效应是十分重要的。如果部门划分不合理，会造成控制、协调困难，也会造成人浮于事，浪费人力、财力、物力。管理部门的划分要根据组织目标与工作内容确定，形成既有相互分工又有相互配合的组织机构。

（4）管理职能

组织设计确定各部门的职能，应使纵向的领导、检查、指挥灵活，达到指令传递快、信息反馈及时；使横向各部门间相互联系、协调一致，使各部门有职有责、尽职尽责。

4.1.2.2　建设工程监理组织结构设计的原则

建设工程监理组织结构设计的总原则是机构设置应精简，功能配备应齐全，部门权责应分明，协调统一应灵活，才有可能促成组织机构运行的高效率。因此，建设工程监理组织结构设计应坚持以下七项基本原则。

(1) 组织的高效率原则

由于工程项目及其建设环境的复杂多变性，建设工程监理组织运行效率的高低将直接影响到建设工程监理任务的完成和建设工程监理目标的实现。因此，建设工程监理组织结构设计必须将经济性和高效率放在重要地位。组织结构中的每个部门、每个人为了一个统一的目标，应组合成最适宜的结构形式，实行最有效的内部协调，实现监理企业的经营目标。

(2) 组织分工协调原则

在进行建设工程监理组织结构设计时，应正确地处理好组织内部人与人、领导与被领导、部门与部门之间的各种错综复杂的关系，减少或避免组织内部产生的行为矛盾与冲突，使组织内部各种组织要素能充分地协调统一。

(3) 管理跨度与管理层次统一的原则

在组织机构的设计过程中，管理跨度与管理层次成反比例关系。这就是说，当组织机构中的人数一定时，如果管理跨度加大，管理层次就可以适当减少；反之，如果管理跨度缩小，管理层次肯定就会增多。

一般来说，对于建设工程监理组织的高层管理人员，如总监理工程师，工作重心应是对工程项目建设工程监理的宏观调控，其直接管辖的下级管理人员不宜过多，管理跨度宜小些；各专业监理工程师，或部门负责人，其直接管辖的项目监理人员可以多点，管理跨度可以大些。

管理层次的多少，与建设工程监理组织的规模、管理模式、监理业务范围、工程项目建设工程监理的复杂程度、管理人员以及监理人员的能力等有关。一般，如果管理层次越多，则机构越庞大，信息传递（或反馈）路线越长，信息失真的可能性越大，管理跨度越小。因此，常见的建设工程监理组织的管理层次一般分为2—3个。在实际运用中应当根据具体情况确定。

(4) 集权与分权统一的原则

集权是指决策权在组织系统中较高层次的一定程度的集中；分权是指决策权在组织系统中较低管理层次的一定程度上的分散。在建设工程监理组织中集权指总监理工程师掌握所有监理大权，各专业监理工程师只是其命令的执行者；分权是指各专业监理工程师在各自管理的范围内有足够的决策权，总监理工程师主要起协调作用。

在工程项目建设工程监理中，实行总监理工程师负责制，所以要求建设工程监理组织采取一定的集权形式，以保证统一指挥。但也要根据建设工程工程的特点、监理工作的复杂程度、不同监理人员的具体情况实行适当的分权。

(5) 权责对等、才职相称原则

在建设工程监理组织中的各级人员，都必须授予相应的职权，职权的大小应与承担的职责大小相适应。所谓职权，是指一定职位上的管理者所拥有的权力，主要是指执行任务的决定权；而职责是指组织内各级管理人员所承担的具体工作任务及其担负的相应责任。因此，在建设工程监理组织结构设计中，应坚持权责对等、才职相称的择优选择人才的原则。

(6) 组织协调原则

又称为组织平衡原则。建设工程监理企业和监理机构的组织协调，包含有组织内部协调和组织外部协调。通过组织内部的纵向协调和横向协调，能充分调动组织内部各成员的敬业精神和团结进取精神；通过组织外部协调能力为建设工程监理企业创造良好的经营环境。

(7) 组织弹性原则

组织机构应有相对的稳定性，不要轻易变动。但组织同时是一个开放的、复杂的、变化的系统，要根据组织内部和外部条件的变化，根据长远目标作出相应的调整和变化，以完善其自身的结构和功能，以提高其灵活性和适应能力。

4.1.2.3　组织设计的步骤

组织设计一般分为如下四个步骤：

(1) **岗位的形成**　通过对组织目标的分析，明确组织任务，并且通过对任务的分解和综合，形成为完成任务所需的最小的组织单位，即岗位。明确每个岗位的任务范围、岗位承担者的责、职、权、利以及应具备的素质要求等。所以，设计一个全新的组织结构需要从下而上进行。

(2) **部门划分**　根据各个岗位所从事的工作内容的性质以及岗位职务间的相互关系，依照一定的原则，可以将各个岗位组合成被称为“部门”的管理单位。组织活动的特点、环境和条件不同，划分部门所依据的标准也是不一样的。对同一组织来说，在不同时期的背景中，划分部门的标准也可能会不断调整。

(3) **机构设置**　每个组织都需要一个机构，它是在岗位形成和部门设计的基础上，根据组织内外能够获取的人力资源，对初步设计的部门和岗位进行调整，并平衡各部门、各岗位的工作量，以使组织机构合理。一个组织的结构可以采用不同的形式清楚地加以表达，这些组织形式可以按模式进行选择。

(4) **文件制定**　文件是采用合适的表达方法对机构组织所作的书面表达。主要类型有：组织机构图、岗位责任书、岗位人员分配图、显示岗位和部门在完成总任务方面所占份额的职能图。

以上介绍的是组织结构设计的一般步骤，具体的组织结构设计过程应随组织的目标和实际环境的不同而有所差别。

4.1.3　组织机构活动的基本原理

组织的目标必须通过组织的活动来实现。组织活动必须遵循如下基本原理才能实现有效的组织目标。

(1) 要素有用性原理

一个组织机构中的基本要素有人力、物力、财力、信息、时间等。按照要素有用性原理，组织中的一切要素都有作用，但是各个要素的作用并不完全相同。因此，运用要素有用性原理，就应当首先看到组织中各种要素在组织活动中的有用性，充分发挥各要素的作用，同时根据各要素的特点进行合理组合和安排，从而做到人尽其才、财尽其力、物尽其用，尽最大可能提高各要素的利用率。

(2) 动态相关性原理

组织机构处于静止状态是相对的，处于运动状态是绝对的，因此组织机构中的各个要素之间既相互联系，又相互制约，既相互依存，又相互排斥。要素之间的相互作用结果，导致组织的整体效应不等于其各局部效应的简单相加，这就是动态相关性原理。因此，运用动态相关性原理，就是要使组织活动的整体效应大于其局部效应之和，也就是通过组织设计实现组织中各要素的正相关。

（3）主观能动性原理

在组织的各要素中，人是最重要的要素。然而，由于人是有思想、有感情、有创造力的，因此，人的积极性调动起来时才能最大限度地发挥其作用。主观能动性原理就是指组织管理者应当有效地激发人的主观能动性。

（4）规律效应性原理

按客观规律办事，才能实现组织的效应。组织管理者运用规律效应性原理，就是指在管理过程中要总结和研究规律，把注意力放在抓事物内部的、本质的、必然的联系上，严格按客观规律办事，从而实现组织的预期目标，取得良好的效应。

4.2　建设工程组织管理的基本模式

工程项目承发包模式与监理模式对项目规划、控制、协调起着重要的作用。不同的承发包模式有不同的合同体系和不同的管理特点，也应采用不同的监理模式。本节详细叙述了平行承发包模式、设计或施工总分色模式、工程项目总承包模式和工程项目总承包管理模式，它们各自的特点及其优缺点，讲述了与之相适应的监理模式。

4.2.1　平行承发包模式与监理模式

4.2.1.1　平行承发包模式特点

所谓平行承发包，是业主将工程项目的设计、施工以及设备和材料采购的任务经过分解分别发包给若干个设计单位、施工单位和材料设备供应厂商，并分别与各方签订工程承包合同（或供销合同）。各设计单位之间的关系是平行的，各施工单位之间的关系也是平行的，如图 4-1 所示。

采用这种模式首先应合理地进行工程项目建设任务的分解，然后进行分类综合，确定每个合同的发包内容，有利于择优选择承建单位。

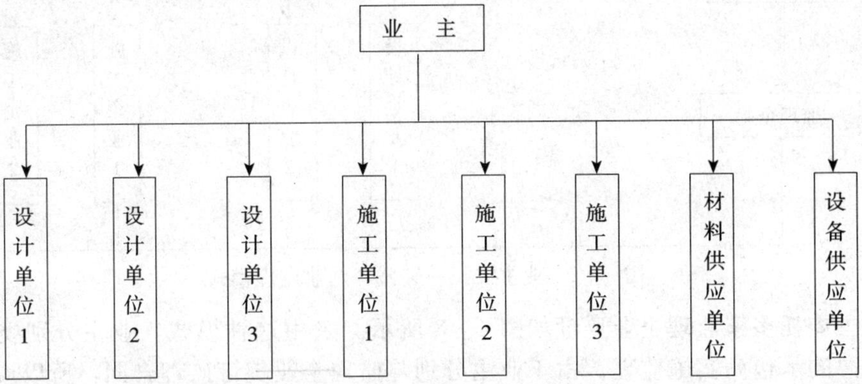

图 4-1　平行承发包模式

4.2.1.2　平行承发包模式优缺点

（1）平行承发包模式的主要优点

①有利于缩短工期目标。由于设计和施工任务经过分解分别发包，设计与施工阶段有可能形成搭接关系，从而缩短整个项目工期。

②有利于质量控制。整个工程经过分解分别发包给各承建商，合同约束与相互制约使每一部分能够较好地实现质量要求。

③有利于业主择优选择承建单位。在建筑市场上，专业性强、规模小的承建单位均占较大的比例。平行承发包模式的合同内容比较单一、合同价值小、风险小，故而这些小的承建单位有可能参与竞争。因此，无论大承建单位还是中小承建单位都有机会竞争。业主可以在一个很大的范围内进行选择，为业主择优创造了条件。

④有利于繁荣建设市场。这种平行承发包模式给各种承建单位提供承包机会、生存机会，促进市场发展和繁荣。

（2）平行承发包模式的主要缺点

①合同数量多，势必造成管理困难。合同乙方多，使项目系统内结合部位数量增加，组织协调工作量大。因此，应加强合同管理的力度，加强部门间的横向协调工作，沟通各种渠道，使工程有条不紊地进行。

②投资控制难度大。一是总合同价不易短期确定，影响投资控制实施；二是工程招标任务量大，需控制多项合同价格，增加了投资控制难度。

4.2.1.3　平行承发包模式的监理模式

与平行承发包模式相适应的监理组织可以有以下两种形式：

（1）业主委托一家监理企业监理如图 4－2 所示。这种监理组织模式要求监理企业有较强的合同管理与组织协调能力，并应做好全面规划工作。监理企业的项目监理组织可以组建多个监理分支机构对各承建单位分别实施监理。项目总监应做好总体协调工作，加强横向联系，保证监理工作一体化。

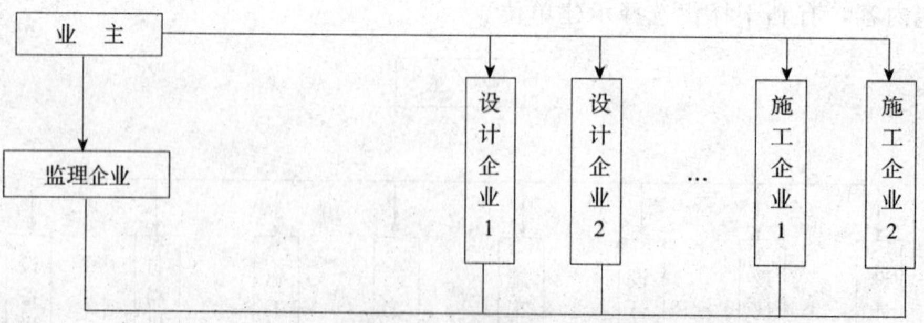

图 4－2　业主委托一家监理企业监理模式

（2）业主委托多家监理企业监理如图 4－3 所示。采用这种模式，业主分别委托几家监理企业针对不同的承包商实施监理。由于业主分别与监理企业签订监理合同，所以应做好监理企业的协调工作。采用这种模式，监理企业监理的对象单一，便于管理。但工程项目监理工作被肢解，不利于总体规划与协调控制。

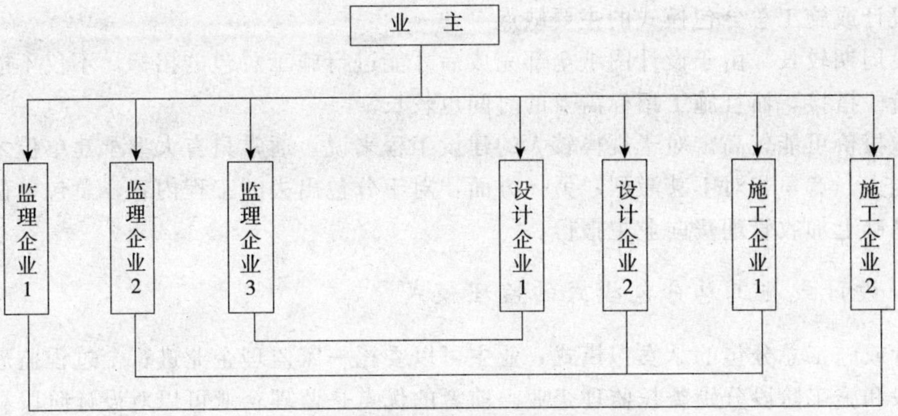

图 4－3　业主委托多家监理单位监理模式

4.2.2　设计或施工总分包模式与监理模式

4.2.2.1　设计或施工总分包模式特点

所谓设计或施工总分包，就是业主将全部设计或施工的任务发包给一个设计单位或一个施工单位作为总包单位，总包单位可以将其任务的一部分再分包给其他单位，形成一个设计主合同或一个施工主合同以及若干个分包合同的结构模式，如图 4－4 所示。

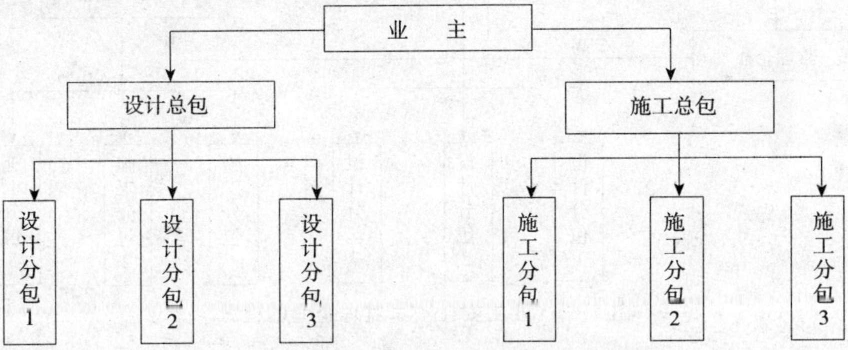

图 4－4　业主将设计或施工总分包模式

4.2.2.2　设计或施工总分包模式优缺点

（1）设计或施工总分包模式的主要优点

①有利于建设工程的组织管理。首先由于业主只与一个设计总包单位和一个施工总包单位签订合同，承包合同数量比平行承发包模式要少很多，有利于合同管理。其次，由于合同数量的减少，也使业主方协调工作量减少，可发挥监理与总包单位多层次协调的积极性。

②有利于投资控制。总包合同价格可以较早确定，并且监理也宜于控制。

③有利于质量控制。由于总包与分包建立了内部的责、权、利关系，有分包方的自控，有总包方的监督，有监理的检查认可，对质量控制有利。但监理工程师应严格控制总包单位“以包代管”，否则会对质量控制造成不利影响。

④有利于工期控制。有利于总体进度的协调控制，总包单位具有控制的积极性，分包单位之间也有相互制约作用，有利于监理工程师控制进度。

（2）设计或施工总分包模式的主要缺点

①建设周期较长。由于设计图纸全部完成后才能进行施工总包的招标，不仅不能将设计阶段与施工阶段搭接，而且施工招标需要的时间也较长。

②总包报价可能较高。对于规模较大的建设工程来说，通常只有大型承建单位才具有总包的资格和能力，竞争相对不甚激烈；另一方面，对于分包出去的工程内容，总包单位都要在分包报价的基础上加收管理费向业主报价。

4.2.2.3 设计或施工总分包模式的监理模式

对设计或施工总分包的承发包模式，业主可以委托一家监理企业进行全过程监理，也可以按设计阶段和施工阶段分别委托监理企业。前者的优点是监理企业可以对设计阶段和施工阶段的工程投资、进度、质量控制统筹考虑，合理进行总体规划协调，更可使监理工程师掌握设计思路与设计意图，有利于施工阶段的监理工作。

总包单位对承包合同承担乙方的最终责任，但监理工程师必须做好对分包单位的确认工作。监理模式如图 4-5、图 4-6 所示。

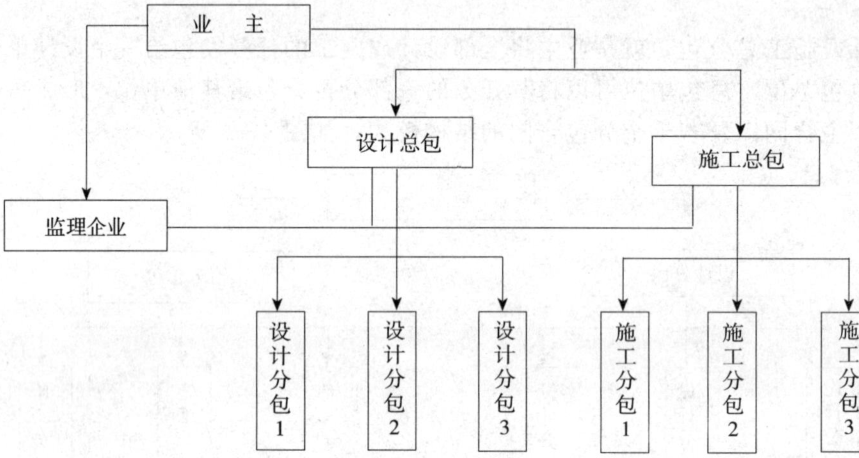

图 4-5　业主委托一家监理企业的模式

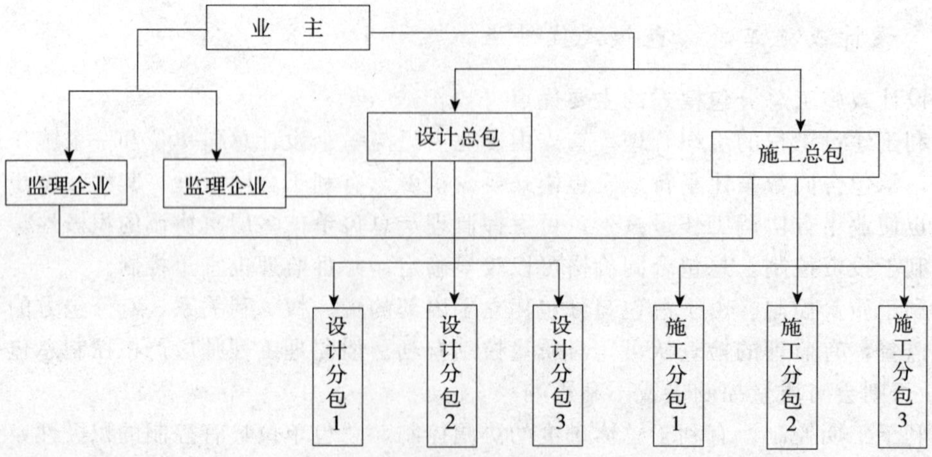

图 4-6　业主按阶段委托监理企业的模式

4.2.3　工程项目总承包模式与监理模式

4.2.3.1　工程项目总承包模式特点

所谓工程项目总承包，是指业主将工程设计、施工、材料和设备采购等一系列工作全部发包给一家公司，由其进行实质性设计、施工和采购工作，最后向业主交出一个已达到动用条件的工程项目。按这种模式发包的工程也称“交钥匙工程”，如图 4—7 所示。

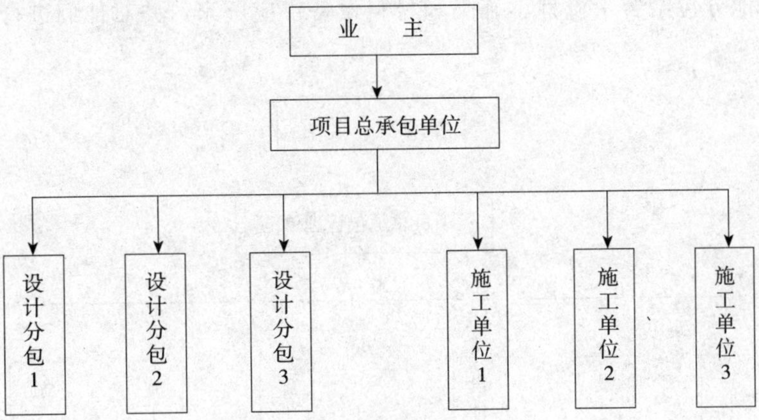

图 4－7　工程项目总承包模式

4.2.3.2　工程项目总承包模式优缺点

（1）工程项目总承包模式的主要优点

①合同关系简单，组织协调工作量小。业主与承包方之间只有主合同，合同关系大大简化。监理工程师主要与总承包单位进行协调。相当一部分协调工作量转移给项目总承包单位内部以及它与分包方之间，这就使监理工程师的协调量大为减轻。

②缩短建设周期。由于设计与施工由一个单位统筹安排，使两个阶段能够有机地融合，一般都能做到设计阶段与施工阶段相互搭接，因此对进度目标控制有利。

③有利于投资控制。通过设计与施工统筹考虑可以提高项目的经济性，从价值工程全寿命周期费用的角度来看，会取得明显的经济效果，但这并不意味着项目总承包的价格低。

（2）工程项目总承包模式的主要缺点

①招标发包工作难度大。合同条款不易准确确定，容易造成较多的合同争议。因此，虽然合同最少，但是合同管理的难度一般较大。

②业主择优选择承包方范围小。择优性差的原因主要是由于承包量大，进入工作早，工程信息未知数大，因此承包方要承担较大的风险，所以有此能力的承包单位数量相对较少。

③质量控制难度大。一是质量标准和功能要求不易做到全面、具体，因而质量控制标准制定受到影响；二是“他人控制”机制薄弱。因此，对质量控制要加强力度。

④主动性受到限制，处理问题的灵活性受到影响。

⑤一般合同价格较高。这是由于这种模式承包方风险大的缘故。

4.2.3.3　工程项目总承包模式的监理模式

在工程项目总承包模式下，业主与总承包单位只签订一份工程承包合同，一般宜委托一家监理企业进行监理。在这种委托模式下，监理工程师需具备较全面的知识，做好合同管理工作。

4.2.4　工程项目总承包管理模式与监理模式

4.2.4.1　工程项目总承包管理模式特点

所谓工程项目总承包管理，是指业主将项目设计和施工发包给专门从事设计与施工组织管理的单位，再由他分包给若干设计、施工和材料设备供应厂家，并对他们进行项目管理，如图4－8所示。

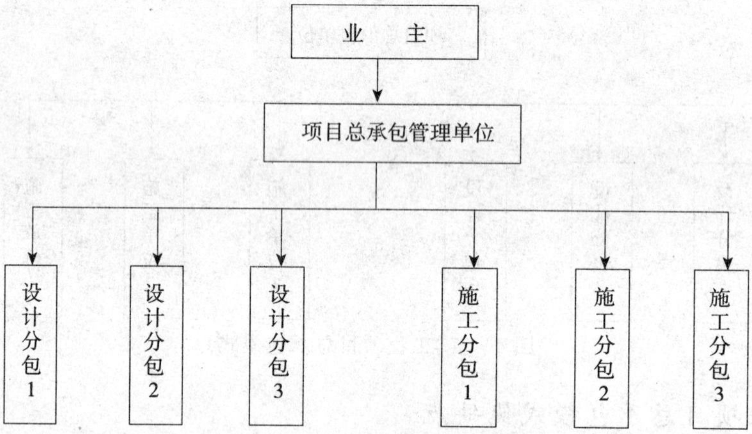

图4－8　工程项目总承包管理模式

4.2.4.2　工程项目总承包管理模式优缺点

（1）工程项目总承包管理模式的主要优点

这种模式与项目总承包类似，合同管理、组织协调比较有利，进度和投资控制也有利。

（2）工程项目总承包管理模式的主要缺点

①由于总承包管理单位和设计、施工单位是总包与分包关系，后者才是项目实施的基本力量，所以监理工程师对分包的确认工作就成了十分关键的问题。

②项目总承包管理单位自身经济实力一般比较弱，而承担的风险相对较大，因此工程项目采用这种承发包模式应持慎重态度。

4.2.4.3　工程项目总承包管理模式的监理模式

采用工程项目总承包管理模式的总承包单位一般属管理型的“智力密集型”企业，并且主要的工作是项目管理。由于业主与总承包方只签订一份总承包管理合同，因此业主宜委托一家监理单位进行监理，这样便于监理工程师对总承包管理合同和总包单位进行分包等活动的管理。虽然总承包单位和监理单位均是进行工程项目管理，但两者的性质、立场、内容等均有较大的区别，不可互为取代。

4.3　建设工程监理组织

4.3.1　建立工程项目监理组织的步骤

监理企业在建立项目监理组织时，一般按以下步骤进行，如图 4-9 所示。

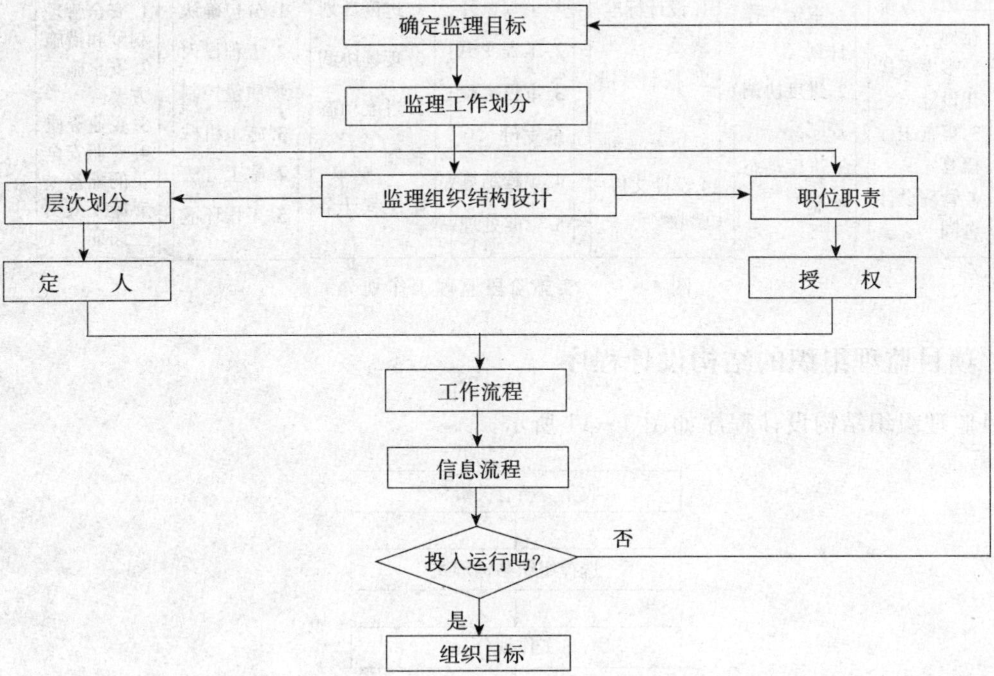

图 4-9　建立监理组织的步骤

(1) 确定建设工程监理目标

工程监理目标是项目监理组织设立的前提，项目监理组织的建立应根据工程监理合同中确定的监理目标，制定总目标并明确划分监理组织的分解目标。

(2) 确定工作内容

根据监理目标和监理合同中规定的监理任务，明确列出监理工作内容，进行分类归纳及组合，是一项重要组织工作。对各项工作进行归纳及组合应以便于监理目标控制为目的，并考虑监理项目的规模、性质、工期、工程复杂程度以及监理企业自身技术业务水平、监理人员数量、组织管理水平等。

如进行全过程监理，监理工作可按设计阶段和施工阶段划分。如果进行施工阶段监理，可按投资、进度、质量、安全目标进行划分，如图 4-10 所示。

(3) 组织结构设计

组织结构设计的具体过程，详见 4.3.2。

(4) 制定工作流程和信息流程

为使监理工作科学、有序进行，应按监理工作的客观规律制定工作流程和信息流程，规范化开展监理工作。

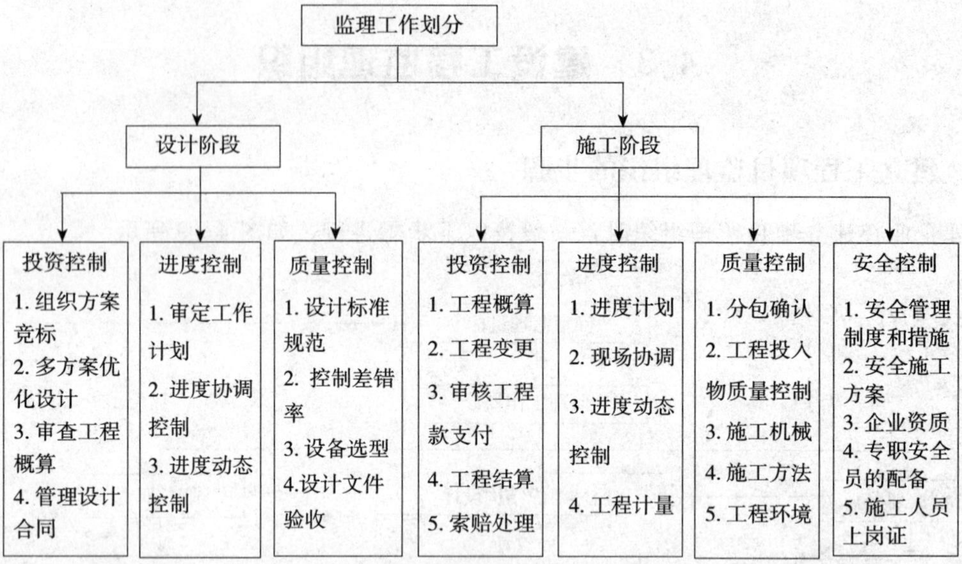

图 4－10　实施阶段监理工作划分

4.3.2 项目监理组织的结构设计程序

项目监理组织结构设计程序如图 4－11 所示。

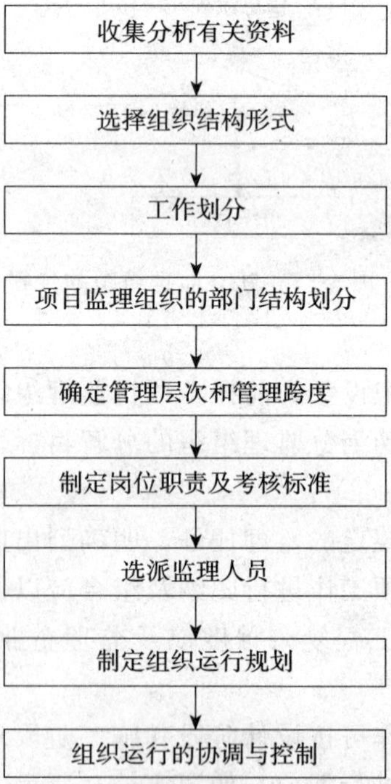

图 4－11　项目监理组织结构设计程序

4.3.2.1 调查研究，收集资料

在进行项目监理组织结构设计或调整时，主要应收集下述几方面的资料：

(1) 工程建设市场资料；

（2）国内外项目监理组织结构设计资料；

（3）对项目监理组织结构调整时，还应收集本监理单位过去运行状态的某些资料。

4.3.2.2　选择组织结构形式

由于建设工程规模、性质、建设阶段等的不同，设计项目监理组织的组织结构时应选择适宜的组织结构形式以适应监理工作的需要。组织结构形式选择的基本原则是：有利于工程合同管理，有利于监理目标控制，有利于决策指挥，有利于信息沟通。

4.3.2.3　工作划分

工作划分是项目监理组织结构设计的一项基础工作，应根据工作划分来确定组织的组成结构、部门设置、管理层次、人员配备等。

4.3.2.4　项目监理组织的部门结构划分

工作划分后，按组织分工协作原则，将性质相同或相近的工作划归同一类型，再将相同或相近的类型划归同一部门。应依据监理组织目标、监理组织可利用的人力和物力资源以及合同结构情况，将投资控制、进度控制、质量控制、合同管理、组织协调等监理工作按不同的职能活动形成相应的管理部门。

4.3.2.5　合理确定管理层次和管理跨度

项目监理组织中一般应有三个层次：

（1）决策层

由总监理工程师和其他助手组成，主要根据建设工程委托监理合同的要求和监理活动内容进行科学化、程序化决策与管理。

（2）中间控制层（协调层和执行层）

由各专业监理工程师组成，具体负责监理规划的落实，监理目标控制及合同实施的管理。

（3）作业层（操作层）

主要由监理员、检查员等组成，具体负责监理活动的操作实施。

项目监理机构中管理跨度的确定应考虑监理人员的素质、管理活动的复杂性和相似性、监理业务的标准化程度、各项规章制度的建立健全情况、建设工程的集中或分散情况等，按监理工作实际需要确定。

4.3.2.6　制定岗位职责及考核标准

岗位职务及职责的确定，要有明确的目的性，不可因人设事。根据权责一致的原则，应进行适当的授权，以承担相应的职责；并应确定考核标准，对监理人员的工作进行考核，包括考核内容、考核标准及考核时间等。

4.3.2.7　选派监理人员

根据监理工作的任务，选择适当的监理人员，包括总监理工程师、专业监理工程师和监理员，必要时可配备总监理工程师代表。监理人员的选择除应考虑个人素质外，还应考虑人员总体构成的合理性与协调性。

我国《建设工程监理规范》规定，项目总监理工程师应由具有3年以上同类工程监理工作经验的人员担任；总监理工程师代表应由具有2年以上同类工程监理工作经验的人员担任；专业监理工程师应由具有1年以上同类工程监理工作经验的人员担任。并且项目监理机构的监理人员应按专业配备、数量能满足建设工程监理工作的需要。

4.3.2.8 制定组织运行规划

制定组织运行规划，即建立组织运行的保证体系，并编制相应的工作计划，其主要工作内容：制定工作制度；建立岗位责任制度；建立监督与检查制度；建立组织运行档案和报告制度等。

4.3.2.9 组织运行的协调与控制

项目监理组织运行规划是组织结构设计的一种静态管理方法。由于各级监理组织正式投入运行，在各种内部或外部因素变化影响下，有可能出现组织结构矛盾、组织目标矛盾、组织职能矛盾、组织行为矛盾，以及组织与外部环境的矛盾等，将直接影响到组织的运行效率和效果。

组织控制与协调就是依据各种工作程序、标准、规程、制度、准则等，一旦发现组织运行中出现问题就立即解决，发生矛盾就立即化解，使矛盾的双方或多方通过协商达成共识。因此，控制与协调是保持组织平衡运行状态的重要手段。

4.3.3 项目建设工程监理的组织形式

建设工程监理组织形式的确定，应遵循集中与分权统一、专业分工与协作统一、管理跨度与分层统一、权责一致、才职相称、效率和弹性的原则。同时，还应考虑工程项目的特点、工程项目承发包模式、业主委托的任务以及监理企业自身的条件。常见的监理组织有直线制、职能制、直线职能制和矩阵制等几种形式。

4.3.3.1 直线制监理组织

这种组织形式是最简单的，它的特点是组织中各种职位是按垂直系统直线排列的。它适用于监理项目能划分为若干相对独立子项的大、中型建设项目，如图4-12所示。

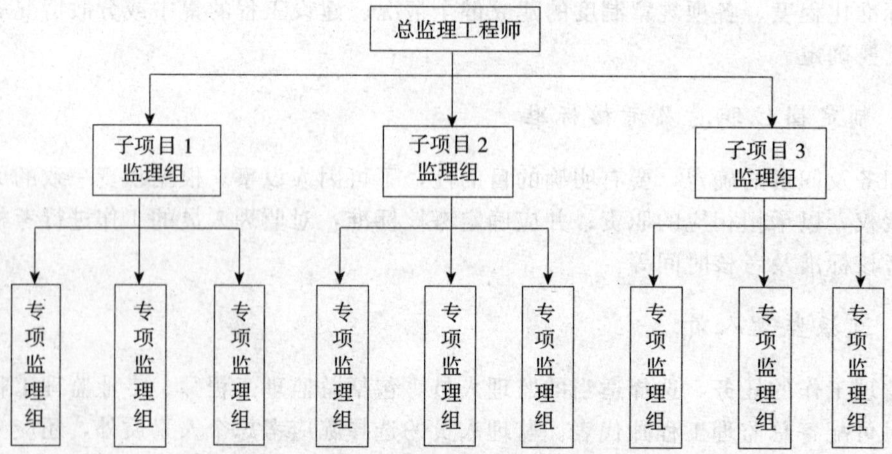

图4-12 按子项目分解的直线制监理组织形式

总监理工程师负责整个项目的规划、组织和指导，并着重整个项目范围内各方面的协调工作。子项目监理组分别负责子项目的目标值控制，具体领导现场专业或专项监理组的工作。此外，还可按建设阶段分解设立直线制监理组织形式，如图 4－13 所示。此种形式适用于大、中型以上项目，且承担至少两个阶段以上的工程建设的监理任务。对于小型建设工程，监理企业也可以采用按专业内容分解的直线制监理组织形式。

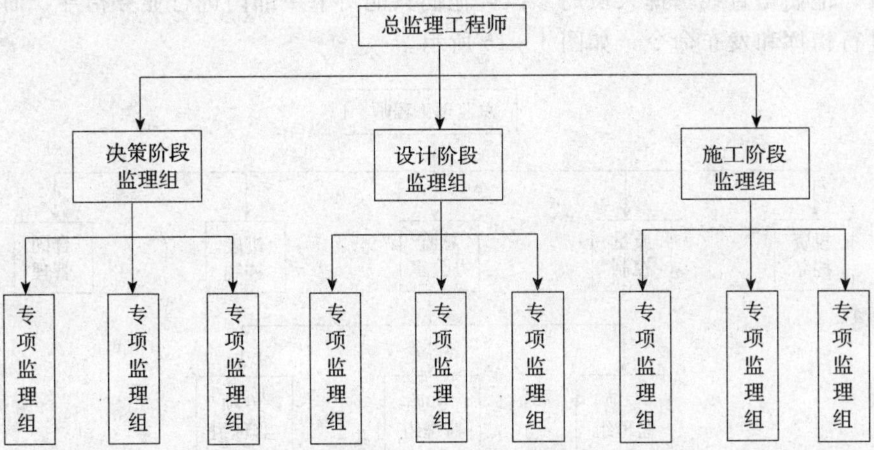

图 4－13　按建设阶段分解的直线制监理组织形式

这种组织形式的主要优点是组织机构简单，权力集中，命令统一，职责分明，决策迅速，隶属关系明确。缺点是实行没有职能机构的“个人管理”，这就要求总监理工程师通晓各种业务和多种知识技能，成为“全能”式人物。

4.3.3.2　职能制监理组织

职能制的监理组织形式，是在总监理工程师下设一些职能机构，分别从职能角度对基层监理组进行业务管理，这些职能机构可以在总监理工程师授权的范畴内，就其主管的业务范围，向下下达命令和指示，如图 4－14 所示。此种形式适用于工程项目在地理位置上相对集中的工程。

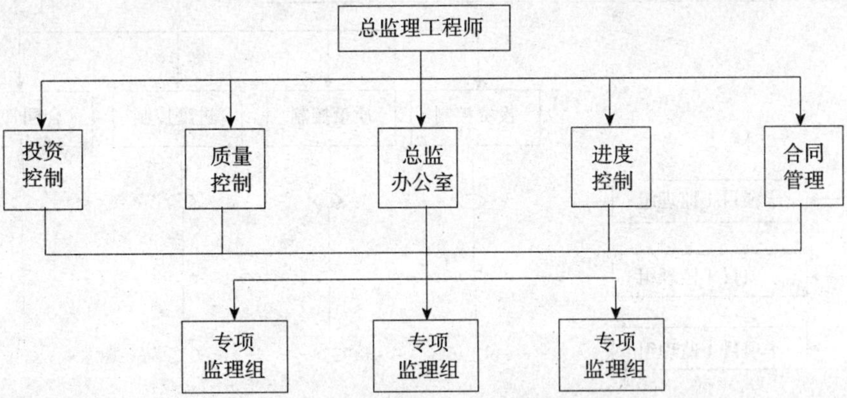

图 4－14　职能制监理组织形式

这种组织形式的主要优点是目标控制分工明确，能够发挥职能机构的专业管理作用，专家参加管理，提高管理效率，减轻总监理工程师负担。缺点是多头领导，易造成职责不清。

4.3.3.3 直线职能制监理组织

直线职能制监理组织形式是吸收了直线制监理组织形式和职能制监理组织形式的优点而形成的一种组织形式。这种组织形式把管理部门和人员分为两类：一类是直线指挥部门的人员，他们拥有对下级部门实行指挥和发布命令的权力，并对该部门的工作全面负责；另一类是职能部门和人员，他们是直线指挥人员的参谋，他们只能对下级部门进行业务指导，而不能对下级部门直接进行指挥和发布命令，如图 4-15 所示。

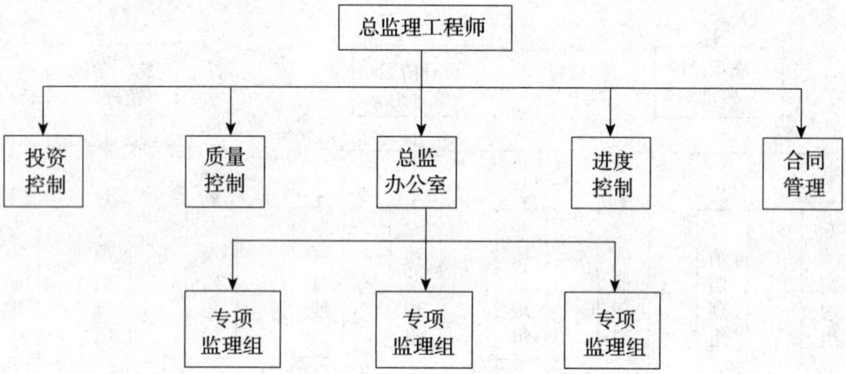

图 4-15 直线职能制监理组织形式

这种形式保持了直线制组织实行直线领导、统一指挥、职责清楚的优点，另一方面又保持了职能制组织目标管理专业化的优点；其缺点是职能部门与指挥部门易产生矛盾，信息传递路线长，不利于互通情报。

4.3.3.4 矩阵制监理组织形式

矩阵制监理组织形式是由纵横两套管理系统组成的矩阵式组织结构，一套是纵向的职能系统，另一套是横向的子项目系统，如图 4-16 所示。

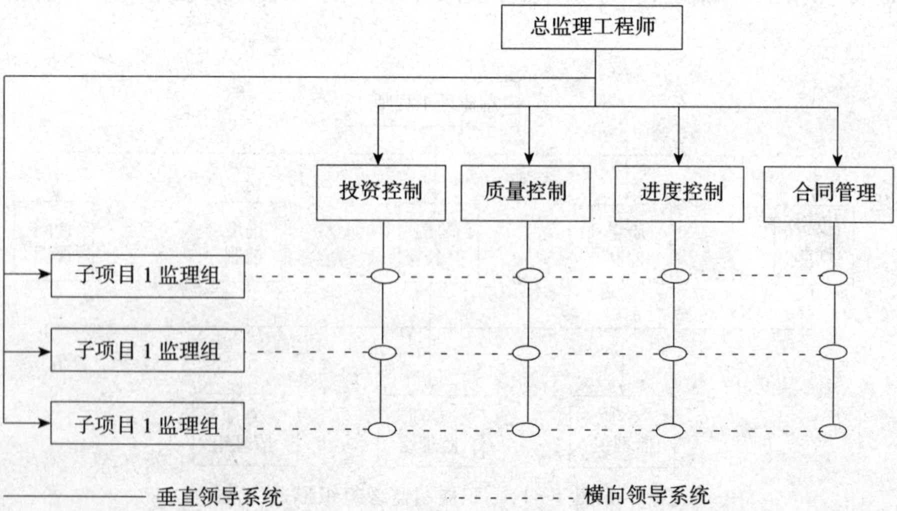

图 4-16 矩阵制监理组织形式

这种形式的优点是加强了各职能部门的横向联系，具有较大的机动性和适应性，把上下左右集权和分权实行最优的结合，有利于解决复杂难题，有利于监理人员业务能力的培养。缺点是纵横向协调工作量大，处理不当会造成扯皮现象，产生矛盾。

4.4　建设工程监理组织的人员配备及职责分工

4.4.1　建设工程监理组织的人员配备

4.4.1.1　监理人员配备应考虑的因素

监理组织人员的配备一般应考虑专业结构、人员层次、工程建设强度、工程复杂程度和监理企业的业务水平。

（1）专业结构

项目监理组织专业结构应针对监理项目的性质和委托监理合同进行设置。专业人员的配备要与所承担的监理任务相适应。在监理人员数量确定的情况下，应做适当调整，保证监理组织结构与任务职能分工的要求得到满足。

（2）人员层次

监理人员根据其技术职称分为高级、中级、初级三个层次。合理的人员层次结构有利于管理和分工。根据经验，一般高级、中级、初级技术职称的监理人员配备比例最好为 10%、60%、20%，此外还应有 10%左右的行政管理人员。

（3）工程建设强度

工程建设强度是指单位时间内投入的工程建设资金的数量。它是衡量一项工程紧张程度的标准。

工程建设强度＝投资/工期

其中，投资和工期是指由监理单位所承担的那部分工程的建设投资和工期。一般投资额是按合同价，工期是根据进度总目标及分目标确定的。显然，工程建设强度越大，投入的监理人员就越多。工程建设强度是确定人数的重要因素。

（4）工程复杂程度

每项工程都具有不同的复杂情况。地点、位置、气候、性质、空间范围、工程地质、施工方法、后勤供应等不同，则投入的人力也就不同。根据一般工程的情况，工程复杂程度要考虑的因素有：设计活动多少；气候条件；地形条件；工程地质；施工方法；工程性质；工期要求；材料供应和工程分散程度等。

根据工程复杂程度的不同，可将各种情况的工程分为若干级别，不同级别的工程需要配备的人员数量有所不同。例如，将工程复杂程度按 5 级划分为：简单、一般、一般复杂、复杂、很复杂。显然，简单级别的工程需要的人员少，而复杂的项目就要多配置人员。

工程复杂程度定级可采用定量方法：将构成工程复杂程度的每一因素划分为各种不同情况，根据工程实际情况予以评分，累积平均后看分值大小以确定它的复杂程度等级。

如按 10 分制计评，则平均分值 1—3 分者为简单工程，平均分值为 3—5 分、5—7 分、7—9 分者分别为一般工程、一般复杂工程、复杂工程，9 分以上为很复杂工程。

（5）工程监理企业的业务水平

每个监理企业的业务水平有所不同，业务水平的差异影响监理效率的高低。对于同一份委托监理合同，高水平的监理企业可以投入较少的人力去完成监理工作，而低水平的监理企业则需投入较多的人力。各监理企业应当根据自己的实际情况对监理人员数量进行适当调整。

4.4.1.2 项目监理机构监理人员数量的确定

配备足够数量的项目监理人员是保证监理工作能正常进行的重要环节。监理人员应配备的数量指标常以“监理人员密度”表示。所谓监理人员密度，是指能覆盖被监理工程范围，且能保证有效地开展监理活动所需要的监理人员数量。监理人员密度应根据工程项目类型、规模、复杂程度，以及监理人员的素质和监理企业管理水平等因素决定。目前我国尚无公认的标准和定额。

4.4.2 项目监理组织各类人员的职责

监理人员的职责应按照建设工程阶段和建设工程的情况确定。在施工阶段，根据《建设工程监理规范》，总监理工程师、总监理工程师代表、专业监理工程师、监理员的职责如下：

4.4.2.1 总监理工程师的职责

(1) 确定项目监理机构人员的分工和岗位职责；

(2) 主持编写项目监理规划、审批项目监理实施细则，并负责管理项目监理机构的日常工作；

(3) 审查分包单位的资质，并提出审查意见；

(4) 检查和监督监理人员的工作，根据工程项目的进展情况可进行人员调配，对不称职的人员应调换其工作；

(5) 主持监理工作会议，签发项目监理机构的文件和指令；

(6) 审定承包单位提交的开工报告、施工组织设计、技术方案、进度计划；

(7) 审核签署承包单位的申请、支付证书和竣工结算；

(8) 审查和处理工程变更；

(9) 主持或参与工程质量事故的调查；

(10) 调解建设单位与承包单位的合同争议、处理索赔、审批工程延期；

(11) 组织编写并签发监理月报、监理工作阶段报告、专题报告和项目监理工作总结；

(12) 审核签认分部工程和单位工程的质量检验评定资料，审查承包单位的竣工申请，组织监理人员对待验收的工程项目进行质量检查，参与工程项目的竣工验收；

(13) 主持整理工程项目的监理资料。

4.4.2.2 总监理工程师代表的职责

(1) 负责总监理工程师指定或交办的监理工作；

(2) 按总监理工程师的授权，行使总监理工程师的部分职责和权力。

总监理工程师不得将下列工作委托总监理工程师代表：

(1) 主持编写项目监理规划、审批项目监理实施细则；

(2) 签发工程开工/复工报审表、工程暂停令、工程款支付证书、工程竣工报验单；

(3) 审核签认竣工结算；

(4) 调解建设单位与承包单位的合同争议、处理索赔，审批工程延期；

（5）根据工程项目的进展情况进行监理人员的调配，调换不称职的监理人员：

4.4.2.3 专业监理工程师的职责

（1）负责编制本专业的监理实施细则；

（2）负责本专业监理工作的具体实施；

（3）组织、指导、检查和监督本专业监理员的工作，当人员需要调整时，向总监理工程师提出建议；

（4）审查承包单位提交的涉及本专业的计划、方案、申请、变更。并向总监理工程师提出报告；

（5）负责本专业分项工程验收及隐蔽工程验收；

（6）定期向总监理工程师提交本专业监理工作实施情况报告，对重大问题及时向总监理工程师汇报和请示；

（7）根据本专业监理工作实施情况做好监理日记；

（8）负责本专业监理资料的收集、汇总及整理，参与编写监理月报；

（9）核查进场材料、设备、构配件的原始凭证、检测报告等质量证明文件及其质量情况，根据实际情况认为有必要时对进场材料、设备、构配件进行平行检验。合格时予以签认；

（10）负责本专业的工程计量工作，审核工程计量的数据和原始凭证。

4.4.2.4 监理员的职责

（1）在专业监理工程师的指导下开展现场监理工作；

（2）检查承包单位投入工程项目的人力、材料、主要设备及其使用、运行状况，并做好检查记录；

（3）复核或从施工现场直接获取工程计量的有关数据并签署原始凭证；

（4）按设计图及有关标准，对承包单位的工艺过程或施工工序进行检查和记录，对加工制作及工序施工质量检查结果进行记录；

（5）担任旁站工作，发现问题及时指出并向专业监理工程师报告；

（6）做好监理日记和有关的监理记录。

【思考题】

1. 建设工程监理组织的内涵是什么？
2. 建设工程监理组织结构设计的原则和步骤是怎样的？
3. 工程项目的承发包模式分哪几种？各自有何特点？
4. 简述建立工程项目监理组织的步骤。
5. 工程监理组织的形式有哪几类？各有什么特点？
6. 项目监理组织中的人员该如何配备？
7. 项目总监理工程师和项目监理工程师的岗位职责有什么不同？
8. 项目总监理工程师可以将哪些工作委托（授权）给项目总监理工程师代表？
9. 项目监理员的主要职责有哪些？

第5章 建设工程监理规划

5.1 建设工程监理规划概述

5.1.1 建设工程监理工作文件的构成

建设工程监理工作文件是指监理单位投标时编制的监理大纲、监理合同签订以后编制的监理规划和专业监理工程师编制的监理实施细则。

5.1.1.1 监理大纲

监理大纲又称监理方案，它是监理单位在业主开始委托监理的过程中，特别是在业主进行监理招标过程中，为承揽到监理业务而编写的监理方案性文件。

监理单位编制监理大纲有以下两个作用：一是使业主认可监理大纲中的监理方案，从而承揽到监理业务；二是为项目监理机构今后开展监理工作制定基本的方案。为使监理大纲的内容和监理实施过程紧密结合，监理大纲的编制人员应当是监理单位经营部门或技术管理部门人员，也应包括拟定的总监理工程师。总监理工程师参与编制监理大纲有利于监理规划的编制。监理大纲的内容应当根据业主所发布的监理招标文件的要求而制定，一般来说，应该包括如下主要内容：

(1) 拟派往项目监理机构的监理人员情况介绍

在监理大纲中，监理单位需要介绍拟派往所承揽或投标工程的项目监理机构的主要监理人员，并对他们的资格情况进行说明。其中，应该重点介绍拟派往投标工程的项目总监理工程师的情况，这往往决定承揽监理业务的成败。

(2) 拟采用的监理方案

监理单位应当根据业主所提供的工程信息，并结合自己为投标所初步掌握的工程资料，制订出拟采用的监理方案。监理方案的具体内容包括：项目监理机构的方案、建设工程三大目标的具体控制方案、工程建设各种合同的管理方案、项目监理机构在监理过程中进行组织协调的方案等。

(3) 将提供给业主的阶段性监理文件

在监理大纲中，监理单位还应该明确未来工程监理工作中向业主提供的阶段性的监理文件，这将有助于满足业主掌握工程建设过程的需要，有利于监理单位顺利承揽该建设工程的监理业务。

5.1.1.2 监理规划

监理规划是监理单位接受业主委托并签订委托监理合同之后，在项目总监理工程师的主持下，根据委托监理合同，在监理大纲的基础上，结合工程的具体情况，广泛收集工程信息和资料的情况下制定，经监理单位技术负责人批准，用来指导项目监理机构全面开展监理工作的指导性文件。

从内容范围上讲，监理大纲与监理规划都是围绕着整个项目监理机构所开展的监理工作来编写的，但监理规划的内容要比监理大纲更翔实、更全面。

5.1.1.3　监理实施细则

监理实施细则简称监理细则，是在监理规划的基础上，由项目监理机构的专业监理工程师针对建设工程中某一专业或某一方面的监理工作编写，并经总监理工程师批准实施的操作性文件。

5.1.1.4　三者之间的关系

监理大纲、监理规划、监理实施细则之间存在着明显的依据性关系：监理规划一定要严格根据监理大纲的有关内容来编写；在制定监理实施细则时，一定要在监理规划的指导下进行。

5.1.2　建设工程监理规划的作用

(1) 指导项目监理机构全面开展监理工作

监理规划的基本作用就是指导项目监理机构全面开展监理工作。

建设工程监理的中心目的是协助业主实现建设工程的总目标。实现建设工程的总目标是一个系统的过程。它需要制订计划，建立组织，配备合适的监理人员，进行有效的指导，实现工程的目标控制。只有系统地做好上述工作，才能完成建设工程监理的任务。在实施建设监理的过程中，监理单位要集中精力做好目标控制工作。因此，监理规划需要对项目监理机构开展的各项监理工作做出全面、系统的组织和安排。

(2) 监理规划是建设监理主管机构对监理单位监督管理的依据

政府建设监理主管机构对建设工程监理单位要实施监督、管理和指导，对其人员素质、专业配套和建设工程监理业绩要进行核查和考评，以确认其资质和资质等级。要做到这一点，除了进行一般性的资质管理工作之外，更为重要的是通过监理单位的实际监理工作来认定它的水平。而监理单位的实际水平可从监理规划和它的实施中充分地表现出来。政府建设监理主管机构对监理单位进行考核时，十分重视对监理规划的检查，因此，监理规划是政府建设监理主管机构监督、管理和指导监理单位开展监理活动的重要依据。

(3) 监理规划是业主确认监理单位履行合同的主要依据

监理单位如何履行监理合同，如何落实业主委托监理单位所承担的各项监理服务工作，作为监理的委托方，业主不但需要而且应当了解和确认监理单位的工作。同时，业主有权监督监理单位全面、认真执行监理合同。而监理规划正是业主了解和确认这些问题的最好资料，是业主确认监理单位是否履行监理合同的主要说明性文件。监理规划应当能够全面而详细地为业主监督监理合同的履行提供依据。

(4) 监理规划是监理单位内部考核的依据和重要的存档资料

从监理单位内部管理制度化、规范化、科学化的要求出发，需要对各项目监理机构（包括总监理工程师和专业监理工程师）的工作进行考核，其主要依据就是经过内部主管负责人审批的监理规划。通过考核，可以对有关监理人员的监理工作水平和能力作出客观、正确的评价，从而有利于今后在其他工程上更加合理地安排监理人员，提高监理工作效率。

从建设工程监理控制的过程可知，监理规划的内容应随着工程的进展而逐步调整、补充和完善。它在一定程度上真实地反映了一个建设工程监理工作的全貌，是最好的监理工作过程记录。因此，它是每一家工程监理单位的重要存档资料。

5.2 建设工程监理规划的编写

监理规划是在项目总监理工程师和项目监理机构充分分析和研究建设工程的目标、技术、管理、环境以及参与工程建设的各方等方面的情况后制定的。监理规划要真正能起到指导项目监理机构进行监理工作的作用，监理规划中就应当有明确具体的、符合该工程要求的工作内容、工作方法、监理措施、工作程序和工作制度，并应具有可操作性。

5.2.1 建设工程监理规划编写的依据

（1）工程建设方面的法律、法规

工程建设方面的法律、法规具体包括三个方面：

①国家颁布的有关工程建设的法律、法规

这是工程建设相关法律、法规的最高层次。在任何地区或任何部门进行工程建设，都必须遵守国家颁布的工程建设方面的法律、法规。

②工程所在地或所属部门颁布的工程建设相关的法规、规定和政策

一项建设工程在某一地区实施时，是归属于当地某一部门的，这就要求工程建设必须遵守建设工程所在地颁布的工程建设相关的法规、规定和政策，同时也必须遵守工程所属部门颁布的工程建设相关规定和政策。

③工程建设的各种标准、规范

工程建设的各种标准、规范也具有法律地位，也必须遵守和执行。

（2）政府批准的工程建设文件

政府批准的工程建设文件包括两个方面：

①政府工程建设主管部门批准的可行性研究报告（可能没有）、立项批文。

②政府规划部门确定的规划条件、土地使用条件、环境保护要求、市政管理规定。

（3）建设工程监理合同

在编写监理规划时，必须依据建设工程监理合同，确定监理单位和监理工程师的权利和义务，监理工作范围和内容，有关建设工程监理规划方面的要求。

（4）其他建设工程合同

在编写监理规划时，同时要考虑其他建设工程合同关于业主和承建单位权利和义务的内容（如施工承包合同、材料供应合同等）。

（5）监理大纲

编写监理规划时还应根据监理大纲中的监理组织计划，拟投入的主要监理人员，投资、进度、质量控制方案，合同管理方案，信息管理方案，定期提交给业主的监理工作阶段性成果等内容进行编写。

5.2.2 建设工程监理规划编写的要求

（1）基本构成内容应当力求统一

监理规划在总体内容组成上应力求做到统一。这是监理工作规范化、制度化、科学化的要

求。

监理规划的基本构成内容包括：目标规划、监理组织、目标控制、合同管理和信息管理等。

(2) 具体内容应具有针对性

虽然监理规划基本构成内容统一，但各项具体的内容则要具有针对性。这是因为，监理规划是指导某一个特定建设工程监理工作的技术组织文件，它的具体内容应与这个建设工程相适应。因所有建设工程都具有单件性和一次性的特点，也就是说每个建设工程都有自身的特点，而且，每一个监理单位和每一位总监理工程师对某一个具体建设工程在监理思想、监理方法和监理手段等方面都会有自己的独到之处，因此，不同的监理单位和不同的监理工程师在编写监理规划的具体内容时，必然会体现出自己鲜明的特色。

每一个监理规划都是针对某一个具体工程建设的监理工作计划，它必然有自己的投资目标、进度目标、质量目标，有它自己的项目组织形式，有它自己的监理组织机构，有它自己的目标控制措施、方法和手段、有它自己的信息管理制度、有它自己的合同管理措施。只有具有针对性，建设工程监理规划才能真正起到指导具体监理工作的作用。

(3) 监理规划应当遵循建设工程的运行规律

监理规划是针对一个具体建设工程编写的，而不同的建设工程具有不同的工程特点、工程条件和运行方式。这也决定了建设工程监理规划必然与建设工程运行客观规律相一致，这就要求监理工程师必须把握、遵循建设工程运行的规律。只有把握建设工程运行的客观规律，监理规划的运行才是有效的，才能实施对这项工程的有效监理。

监理规划要把握建设工程运行的客观规律，就需要不断地收集大量的编写信息。如果掌握的工程信息很少，就不可能对监理工作进行详尽的规划。随着工程情况的不断进展，工程信息量越来越多，监理规划的内容也就越来越趋于完整。就一项建设工程的全过程监理规划来说，想一气呵成的做法是不实际的，也是不科学的。

(4) 项目总监理工程师是监理规划编写的主持人

监理规划应当在项目总监理工程师主持下编写制定，这是建设工程监理实施项目总监理工程师负责制的要求，也是《建设工程监理规范》的要求。当然，编制好建设工程监理规划，还要充分调动整个项目监理机构中专业监理工程师的积极性，要广泛征求各专业监理工程师的意见和建议，并吸收其中水平比较高的专业监理工程师共同参与编写。

在监理规划编写的过程中，应当充分听取业主的意见，最大限度地满足他们的合理要求，为进一步搞好监理服务奠定基础。同时还应当按照本单位的要求进行编写。

(5) 监理规划一般要分阶段编写

如前所述，监理规划的内容与工程进展密切相关，没有工程进展信息也就没有规划内容。因此，监理规划的编写需要有一个过程，需要将编写的整个过程划分为若干个阶段。监理规划编写阶段可按工程实施的各阶段来划分，这样，工程实施各阶段所输出的工程信息就成为相应的监理规划信息，例如，可划分为设计阶段、施工招标阶段和施工阶段。设计的前期阶段，即设计准备阶段应完成规划的总框架并将设计阶段的监理工作进行“近细远粗”的规划，使监理规划内容与已经掌握的工程信息紧密结合；设计阶段结束，大量的工程信息能够提供出来，所以施工招标阶段监理规划的大部分内容能够落实；随着施工招标的进展，各承包单位逐步确定下来，工程施工合同逐步签订，施工阶段监理规划所需的工程信息基本齐备，足以编写出完整的施工阶段监理规划。在施工阶段，有关监理规划的主要工作是根据工程进展情况进行调整、修改，使监理规划能够动态地控制整个建设工程的正常进行。

在监理规划的编写过程中需要进行审查和修改，因此，监理规划的编写还要留出必要的审查和修改时间。为此，应当对监理规划的编写时间事先作出明确的规定，以免编写时间过长，从而耽误了监理规划对监理工作的指导，使监理工作陷于被动和无序。

(6) 监理规划的表达方式应当格式化、标准化

监理规划的表达方式应当规范化、标准化，这是科学管理的标志之一。

编写建设工程监理规划各项内容时应当采用表格、图示以及简单的文字说明。

(7) 监理规划应该经过审核

监理规划编写完成后需进行审核并经批准。监理单位的技术主管部门是内部审核单位，其负责人应当签认。监理规划是否要经过业主的认可，由委托监理合同或双方协商确定。

5.3 建设工程监理规划的内容及审核

5.3.1 建设工程监理规划的内容

建设工程监理规划应将委托监理合同中规定的监理单位承担的责任及监理任务具体化，并在此基础上制定实施监理的具体措施。

建设工程监理规划通常包括以下内容：

5.3.1.1 建设工程概况

建设工程的概况部分主要编写以下内容：

(1) 建设工程名称；

(2) 建设工程地点；

(3) 建设工程组成及建设规模大小；

(4) 主要建筑结构类型；

(5) 预计工程投资总额（可以按以下两种费用编列：①建设工程投资总额；②建设工程投资组成简表）；

(6) 建设工程计划工期；

(7) 建设工程质量要求（应具体提出建设工程的质量目标要求）；

(8) 建设工程设计单位及施工单位名称；

(9) 建设工程项目结构图。

5.3.1.2 监理工作范围

监理工作范围是指监理单位所承担的监理任务的工程范围。监理单位所承担的监理工作可能是全部建设工程，也可能是某一标段的监理任务，如果承担的监理工作是全部建设工程，则监理范围为全部建设工程，否则应按监理单位所承担的建设工程的建设标段确定建设工程监理范围。

5.3.1.3　监理工作内容

1. 建设工程立项阶段监理工作的主要内容

(1) 协助业主准备工程报建手续;

(2) 可行性研究咨询/监理;

(3) 技术经济论证;

(4) 编制建设工程投资估算。

2. 设计阶段建设监理工作的主要内容

(1) 结合建设工程特点，收集设计所需的技术经济资料;

(2) 编写设计要求文件;

(3) 组织建设工程设计方案竞赛或设计招标，协助业主选择好勘察设计单位;

(4) 拟定和商谈设计委托合同内容;

(5) 向设计单位提供设计所需的基础资料;

(6) 配合设计单位开展技术经济分析，搞好设计方案的对比选择，优化设计;

(7) 根据设计进度，组织设计单位与有关部门，如消防、环保、土地、人防、园林以及供水、供电、供气、供热、电信等部门的协调工作;

(8) 若为多个设计标段，应负责组织各设计单位之间的协调工作;

(9) 参与主要设备、材料的选型;

(10) 审核工程估算、概算、施工图预算;

(11) 审核主要设备、材料清单;

(12) 审核工程设计图纸，检查设计文件是否符合设计规范及标准，尤其是强制性标准。检查施工图纸是否能满足施工需要;

(13) 检查和控制设计进度;

(14) 组织设计文件的报批。

3. 施工招标阶段建设监理工作的主要内容

(1) 拟定建设工程施工招标方案并征得业主同意;

(2) 准备建设工程施工招标条件;

(3) 办理施工招标申请;

(4) 协助业主编写施工招标文件;

(5) 标底经业主认可后，报送所在地方建设主管部门审核（也可能无标底）;

(6) 协助业主组织建设工程施工招标工作;

(7) 组织现场勘察与答疑会，回答投标人提出的问题;

(8) 协助业主组织开标、评标及定标工作;

(9) 协助业主与中标单位商签施工合同。

4. 材料、设备采购供应的建设监理工作主要内容

对于由业主负责采购供应的材料、设备等物资，监理工程师应负责制定计划，监督合同的执行和材料、设备的供应工作。具体内容包括:

(1) 制订材料、设备供应计划和相应的资金需求计划;

(2) 通过质量、价格、供货期、售后服务等条件的分析和对比选择，确定材料、设备等物资的供应单位。

(3) 拟定并商签材料、设备的订货合同；

(4) 监督合同的实施，确保材料、设备的及时供应。

5. 施工准备阶段建设监理工作的主要内容

(1) 审查施工单位选择的分包单位的资质；

(2) 监督检查施工单位质量保证体系及安全技术措施，完善质量管理程序与制度；

(3) 参加设计单位向施工单位的技术交底；

(4) 审查施工单位上报的实施性施工组织设计，重点对施工方案、劳动力、材料、机械设备的组织及保证工程质量、安全、工期和控制造价等方面的措施进行监督，并向业主提出监理意见；

(5) 在单位工程开工前检查施工单位的复测资料，特别是两个相邻施工单位之间的测量资料、控制桩是否交接清楚，手续是否完善，质量有无问题，并对贯通测量、中线及水准桩的设置、固桩情况进行审查；

(6) 对重点工程部位的中线、水平控制进行复查；

(7) 监督落实各项施工条件，审批一般单项工程、单位工程的开工报告，并报业主审查。

6. 施工阶段建设监理工作的主要内容

(1) 施工阶段的质量控制

①对所有的隐蔽工程在进行隐蔽以前进行检查和办理隐蔽手续，对重点工程要派监理人员驻点跟踪监理，签署重要的分项工程、分部工程和单位工程质量评定表；

②对施工测量、放样等进行检查，对发现的质量问题应及时通知施工单位纠正，并做好监理记录；

③检查确认运到现场的工程材料、构件和设备质量，并应查验试验、化验报告单、出厂合格证是否齐全、合格，监理工程师有权禁止不符合质量要求的材料、设备进入现场和投入使用；

④监督施工单位严格按照施工规范、设计图纸要求进行施工，严格执行施工合同；

⑤对工程主要部位、主要环节及技术复杂工程加强检查；

⑥检查施工单位的工程自检工作，数据是否齐全，填写是否正确，并对施工单位质量评定自检工作作出综合评价；

⑦对施工单位的检验测试仪器、设备、度量衡定期检验，不定期地进行抽验，保证度量资料的准确；

⑧监督施工单位对所用各类工程材料按规定进行检查和抽查；

⑨监督施工单位认真处理施工中发生的一般质量事故，并认真做好监理记录；

⑩对重大质量事故以及其他紧急情况，应及时报告业主。

(2) 施工阶段的进度控制

①监督施工单位严格按施工合同规定的工期组织施工；

②对控制工期的重点工程，审查施工单位提出的保证进度的具体措施，如发生延误，应及时分析原因，采取对策；

③建立工程进度台账，核对工程形象进度，按月、季向业主报告施工计划执行情况、工程进度及存在的问题。

(3) 施工阶段的投资控制

①审查施工单位申报的月、季度计量报表，认真核对其工程数量，不超计、不漏计，严格

按合同规定进行计量支付签证；

②保证支付签证的各项工程质量合格、数量准确；

③建立计量支付签证台账，定期与施工单位核对清算；

④按业主授权和施工合同的规定审核变更设计。

(4) 旁站监理计划

监理企业在编制监理规划时，应当制订旁站监理方案，明确旁站监理的范围、内容、程序和旁站监理人员职责等。旁站监理方案应当送建设单位和施工企业各一份，并抄送工程所在地的建设行政主管部门或其委托的工程质量监督机构。

旁站监理计划的主要内容如下：

①检查施工单位管理到位，人员到位，责任到位情况，施工交底及作业指导书。

②监督检查施工各要素的状态，施工工艺过程，施工工艺参数及质量控制能力。

③监督施工单位按图施工，在施工过程中的检验试验及质量记录工作；

④监督施工单位的隐蔽工程验收及工程预验收；

⑤监督施工单位对不合格品的控制，及对不合格品的修补、返工；

⑥掌握并协调施工单位处理突发事件；

⑦做好旁站记录及旁站交接班记录。

7. 施工验收阶段建设监理工作的主要内容

(1) 督促、检查施工单位及时整理竣工文件和验收资料，受理施工单位提交的单位工程竣工验收申请，提出监理意见；

(2) 根据施工单位的竣工报告，提出工程质量检验报告；

(3) 组织工程预验收，参加业主组织的竣工验收。

8. 建设监理合同管理工作的主要内容

(1) 拟定本建设工程合同体系及合同管理制度，包括合同草案的拟定、会签、协商、修改、审批、签署、保管等工作制度及流程；

(2) 协助业主拟定工程的各类合同条款，并参与各类合同的商谈；

(3) 合同执行情况的分析和跟踪管理；

(4) 协助业主处理与工程有关的索赔事宜及合同争议事宜。

9. 委托的其他服务

监理单位及其监理工程师受业主委托，还可承担以下几方面的服务：

(1) 协助业主办理供水、供电、供气、电信线路等申请或签订协议；

(2) 协助业主制订产品营销方案；

(3) 为业主培训技术人员。

5.3.1.4 监理工作目标

建设工程监理目标是指监理单位所承担的建设工程的监理控制预期达到的目标。通常以建设工程的投资、进度、质量三大目标的控制值来表示。

(1) 投资控制目标：以×年×月预算为基价，静态投资为××万元（或合同价为××万元）；

(2) 工期控制目标：××个月或自×年×月×日至×年×月×日；

(3) 质量控制目标：建设工程质量合格及业主的其他要求。

(4) 安全控制目标：不发生重大安全事故。

5.3.1.5 监理工作依据

(1) 工程建设方面的法律、法规、标准、规范；

(2) 政府批准的建设工程文件；

(3) 建设工程监理合同；

(4) 与建设工程有关的其他合同。

5.3.1.6 项目监理机构的组织形式

项目监理机构的组织形式应根据建设工程监理要求选择。

项目监理机构可用组织结构图表示。其成员主要有：总监理工程师、总监理工程师代表(根据需要)、专业监理工程师、监理员、信息员等。

5.3.1.7 项目监理机构的人员配备计划

项目监理机构的人员配备应根据建设工程监理的进程合理安排。

5.3.1.8 项目监理机构的人员岗位职责

(见第 4 章 4.4.2)

5.3.1.9 监理工作程序

根据监理目标编制监理工作程序控制流程图或表格。监理工作总程序控制流程如图 5－1 所示。

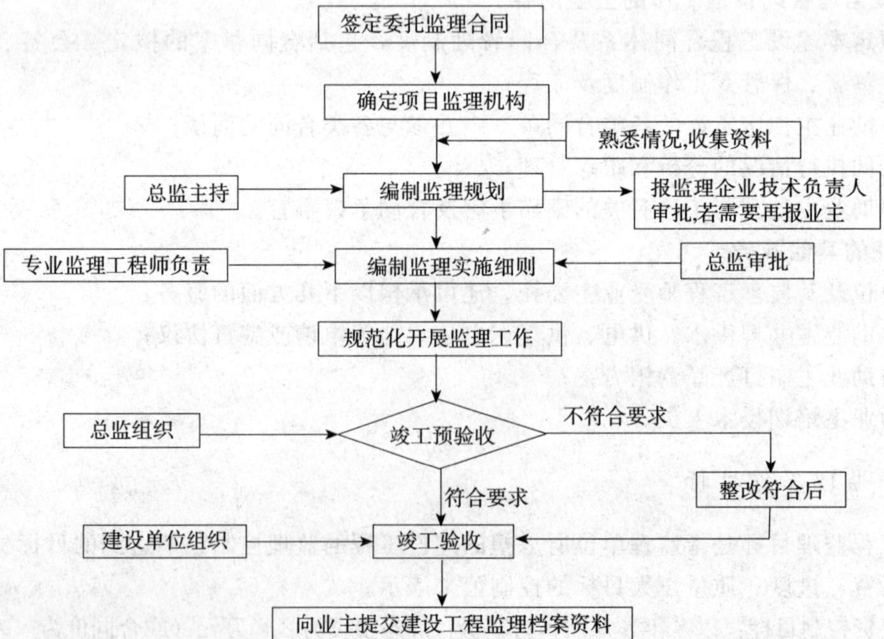

图 5－1 监理工作总程序控制流程图

（1）制定监理工作总程序应根据专业工程特点，并按工作内容分别制定具体的监理工作程序；

（2）制定监理工作程序应体现事前控制和主动控制的要求；

（3）制定监理工作程序应结合工程项目的特点，注重监理工作的效果。监理工作程序中应明确工作内容、行为主体、考核标准、工作时限；

（4）当涉及到建设单位和承包单位的工作时，监理工作程序应符合委托监理合同和施工合同的规定；

（5）在监理工作实施过程中，应根据实际情况的变化对监理工作程序进行调整和完善。

5.3.1.10　监理工作方法及措施

建设工程监理控制目标的方法与措施应重点围绕投资控制、进度控制和质量控制这三大控制任务展开。

1. 投资目标控制方法与措施

（1）投资目标分解

①按建设工程的投资费用组成分解；

②按年度、季度分解；

③按建设工程实施阶段分解；

④按建设工程组成分解。

（2）资金使用计划

资金使用计划可列表编制，可按年度、季、月来编制。

（3）投资目标实现的风险分析

（4）投资控制的工作流程与措施

①工作流程图；

②投资控制的具体措施：

A. 投资控制的组织措施

建立健全项目监理机构，完善职责分工及有关制度，落实投资控制的责任。

B. 投资控制的技术措施

在设计阶段，推行限额设计和优化设计；在招标投标阶段，合理确定标底及合同价；对材料、设备采购，通过质量价格对比，合理确定生产供应单位；在施工阶段，通过审核施工组织设计和施工方案，使施工方案合理、方法最优。

C. 投资控制的经济措施

及时进行计划费用与实际费用的分析比较，对原设计或施工方案提出合理化建议。

D. 投资控制的合同措施

严格按合同条款支付工程款，防止过早、过量的支付。减少施工单位的索赔，正确处理索赔事宜。

（5）投资控制的动态比较

①投资目标分解值与概算值的比较；

②概算值与施工图预算值的比较；

③合同价与实际投资的比较。

2. 进度目标控制方法与措施

(1) 工程总进度计划
(2) 总进度目标的分解
①年度、季度进度目标；
②各阶段的进度目标；
③各子项目进度目标。
(3) 进度目标实现的风险分析
(4) 进度控制的工作流程与措施
①工作流程图；
②进度控制的具体措施：
A. 进度控制的组织措施
落实进度控制的责任，建立进度控制协调制度。
B. 进度控制的技术措施
建立多级网络计划体系，监控承建单位的作业实施计划。
C. 进度控制的经济措施
对工期提前者实行奖励；对应急工程实行较高的计件单价；确保资金的及时供应等。
D. 进度控制的合同措施
按合同要求及时协调有关各方的进度，以确保建设工程的形象进度。
(5) 进度控制的动态比较
①进度目标分解值与进度实际值的比较；
②进度目标值的预测分析。
(6) 绘制进度控制表格

3. 质量目标控制方法与措施

(1) 质量控制目标的描述
①设计质量控制目标；
②材料质量控制目标；
③设备质量控制目标；
④土建施工质量控制目标；
⑤设备安装质量控制目标；
⑥其他说明。
(2) 质量目标实现的风险分析
(3) 质量控制的工作流程与措施
①工作流程图；
②质量控制的具体措施：
A. 质量控制的组织措施
建立健全项目监理机构，完善职责分工，制定有关质量监督制度，落实质量控制责任。
B. 质量控制的技术措施
协助完善质量保证体系；严格事前、事中和事后的质量检查监督。

C. 质量控制的经济措施及合同措施

严格质检和验收，质量不符合合同规定的拒付工程款；达到业主特定质量目标要求的，按合同支付质量补偿金或奖金。

(4) 质量目标状况的动态分析

(5) 建立质量控制表格

4. **合同管理的方法与措施**

(1) 建立合同目录一览表

(2) 合同管理的工作流程与措施

①工作流程图；

②合同管理的具体措施（见第 8 章）。

(4) 合同执行状况的动态分析

(5) 合同争议调解与索赔处理程序

(6) 合同管理表格

5. **信息管理的方法与措施**

(1) 建立信息分类表

(2) 建立机构内部信息流程图

(3) 信息管理的工作流程与措施

①工作流程图（如图 5-2 所示）；

②信息管理的具体措施。

(4) 建立信息管理表格

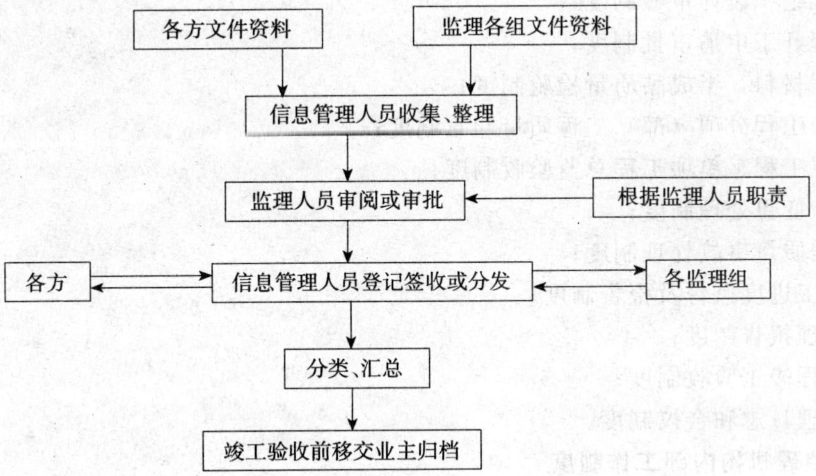

图 5-2　信息管理的工作流程图

6. **组织协调的方法与措施**

(1) 与建设工程有关的单位

①建设工程系统内的单位：主要有业主、设计单位、勘察单位、监理单位、施工单位、材料和设备供应单位、资金提供单位等。

②建设工程系统外的单位：主要有政府建设行政主管机构、政府其他有关部门、工程毗邻单位、社会团体等。

(2) 协调分析

①建设工程系统内的单位协调重点分析；

②建设工程系统外的单位协调重点分析。

(3) 协调工作程序

①投资控制协调程序；

②进度控制协调程序；

③质量控制协调程序；

④其他方面工作协调程序。

(4) 协调工作表格

5.3.1.11 监理工作制度

1. 施工招标阶段

(1) 招标准备工作有关制度；

(2) 编制招标文件有关制度；

(3) 标底编制及审核制度；

(4) 合同条件拟定及审核制度；

(5) 组织招标实务有关制度。

2. 施工阶段

(1) 设计文件、图纸审查制度；

(2) 施工图纸会审及设计交底制度；

(3) 施工组织设计审核制度；

(4) 工程开工申请审批制度；

(5) 工程材料，半成品质量检验制度；

(6) 隐蔽工程分项（部）工程质量验收制度；

(7) 单位工程、单项工程总监验收制度；

(8) 设计变更处理制度；

(9) 工程质量事故处理制度；

(10) 施工进度监督及报告制度；

(11) 监理报告制度；

(12) 工程竣工验收制度；

(13) 监理日志和会议制度。

3. 项目监理机构内部工作制度

(1) 监理组织工作会议制度；

(2) 对外行文审批制度；

(3) 监理工作日志制度；

(4) 监理周报、月报制度；

(5) 技术，经济资料及档案管理制度；

(6) 监理费用预算制度。

5.3.1.12　监理设施

业主根据委托监理合同的约定，提供满足监理工作需要的如下设施：

(1) 办公设施。如：现场办公室、办公桌椅、文件柜等。

(2) 交通设施。如：常规交通工具等。

(3) 通讯设施。如：电话、电传、对讲机等。

(4) 生活设施。如：值班（兼休息）室、空调、食堂等。

项目监理机构应根据建设工程类别、规模、技术复杂程度、建设工程所在地的环境条件，按委托监理合同的约定，配备满足监理工作需要的常规检测设备、工具和计算机。

5.3.2　建设工程监理规划的审核

建设工程监理规划在编写完成后需要进行审核并经批准。监理单位的技术主管部门是内部审核单位，其负责人应当签认。监理规划审核的内容主要包括以下几个方面：

5.3.2.1　监理范围、工作内容及监理目标的审核

依据监理招标文件和委托监理合同，看其是否理解了业主对该工程的建设意图，监理范围、监理工作内容是否包括了全部委托的工作任务，监理目标是否与合同要求和建设意图相一致。

5.3.2.2　项目监理机构结构的审核

(1) 组织机构

在组织形式、管理模式等方面是否合理，是否结合了工程实施的具体特点，是否能够与业主的组织关系和承包方的组织关系相协调等。

(2) 人员配备

人员配备方案应从以下几个方面审查：

①派驻监理人员的专业满足程度。应根据工程特点和委托监理任务的工作范围审查，不仅考虑专业监理工程师如土建监理工程师、电气监理工程师等能否满足开展监理工作的需要，而且还要看其专业监理人员是否涵盖了工程实施过程中的各种专业要求，以及高、中级职称和年龄结构的组成。

②人员数量的满足程度。主要审核从事监理工作人员在数量和结构上的合理性。在施工阶段，专业监理工程师约占 20%—30%。

③专业人员不足时采取的措施是否恰当。大中型建设工程由于技术复杂、涉及的专业面宽，当监理单位的技术人员不足以满足全部监理工作要求时，对拟临时聘用的监理人员的综合素质应认真审核。

④派驻现场人员计划表。对于大中型建设工程，不同阶段对监理人员人数和专业等方面的要求不同，应对各阶段所派驻现场监理人员的专业、数量计划是否与建设工程的进度计划相适应进行审核。还应平衡正在其他工程上执行监理业务的人员，是否能按照预定计划进入本工程参加监理工作。

5.3.2.3 工作计划审核

在工程进展中各个阶段的工作实施计划是否合理、可行，审查其在每个阶段中如何控制建设工程目标以及组织协调的方法。

5.3.2.4 投资、进度、质量、安全控制方法和措施的审核

对三大目标的控制方法和措施应重点审查，看其如何应用组织、技术、经济、合同措施保证目标的实现，方法是否科学、合理、有效。

5.3.2.5 监理工作制度审核

主要审查监理的内、外工作制度是否健全。

【思考题】

1. 监理大纲、监理规划和监理实施细则三者各有何作用，其相互之间的关系如何？
2. 建设工程监理规划的主要内容有哪些？
3. 建设工程监理规划审核的内容主要有哪些？

第6章 建设工程监理的目标控制

6.1 目标控制概述

6.1.1 控制的概念

控制是建设工程监理过程中一项重要的管理活动。在管理学中，控制通常是指管理人员按计划标准来衡量所取得的成果，纠正所发生的偏差，使目标和计划得以实现的管理活动。管理活动首先要制定计划目标，然后进行组织和人员的配备，一旦计划付诸实施，就必须进行控制和协调，检查计划实施情况，找出目标和计划的偏差，从而达到预定计划目标。

6.1.2 控制的类型

根据划分依据的不同，可将控制分为不同的类型。例如，按照控制对象的时间，可分为事前控制、事中控制和事后控制；按照控制措施制定的出发点，可分为主动控制和被动控制；按照控制过程是否形成闭合回路，可分为开环控制和闭环控制；按照信息的来源，可分为前馈控制和反馈控制。控制类型的划分是人为的，是根据不同的分析目的而选择，而控制措施本身是客观的。因此，同一控制措施可以表达为不同的控制类型。

6.1.2.1 主动控制

主动控制是在预先分析各种风险因素及其导致目标偏差的可能性和程度的基础上，采取针对性的预防措施，从而达到减少和消除目标偏差的目的。

主动控制是一种事前控制，它是在计划实施之前就采取的控制措施。主动控制也是一种前馈控制，它根据已建同类工程的经验来指导拟建工程的实施。

主动控制通常是一种开环控制（见图6-2）。

6.1.2.2 被动控制

被动控制是指从计划的实际输出中发现偏差，通过对产生偏差原因的分析，研究纠偏措施，从而使偏差得以纠正，或者说得到最大限度的纠正，使工程实施恢复到原来的计划状态。

被动控制是一种闭环控制（见图6-1）。也就是说，被动控制表现为一个循环过程：发现偏差、分析产生偏差的原因，制定纠偏措施并具体实施，然后根据实施的实际效果进行评价，将实际效果与预期效果相比较，再发现偏差，直到整个计划目标实现。

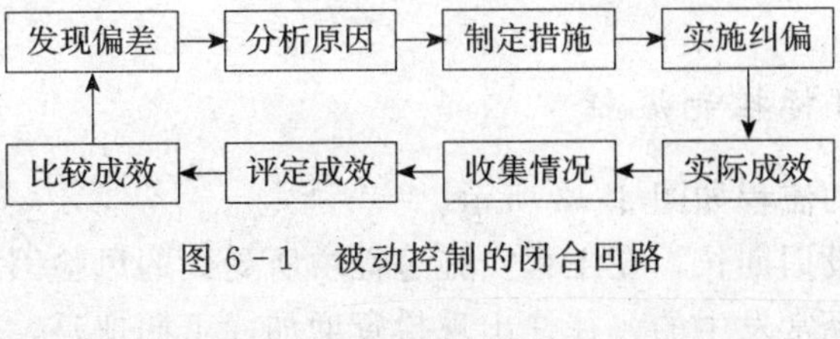

图6-1 被动控制的闭合回路

被动控制是一种事中控制和事后控制，它是对计划实施过程中已经出现的偏差所采取的控制措施。被动控制也是一种反馈控制，它是对本工程的实施情况进行的综合分析而采取的控制措施。

6.1.2.3 主动控制与被动控制的关系

在建设工程实施过程中，如果仅仅采取被动控制措施，出现偏差是不可避免的，而且偏差可能有累积效应，即虽然采取了纠偏措施，但偏差可能越来越大，从而难以实现预定的目标。另一方面，主动控制的效果虽然比被动控制的好，但是，仅仅采取主动控制措施也是不现实的，或者说是不可能的。因为建设工程实施过程中有相当多的风险因素是不可预见甚至是无法防范的，如政治、社会、自然等因素。而且，采取主动控制措施往往要付出一定的代价，耗费一定的资金和时间，对于那些发生概率小且发生后损失也较小的风险因素，采取主动控制措施有时可能是不经济的。这表明，是否采取主动控制措施以及究竟采取什么主动控制措施，应在对风险因素进行定量分析的基础上，通过技术经济分析和比较来决定。在某些情况下，被动控制可能是较佳的选择。因此，对于建设工程目标控制来说，主动控制和被动控制两者缺一不可，都是实现建设工程目标所必须采取的控制方式，应将主动控制与被动控制紧密结合起来。如图 6 - 2 所示。

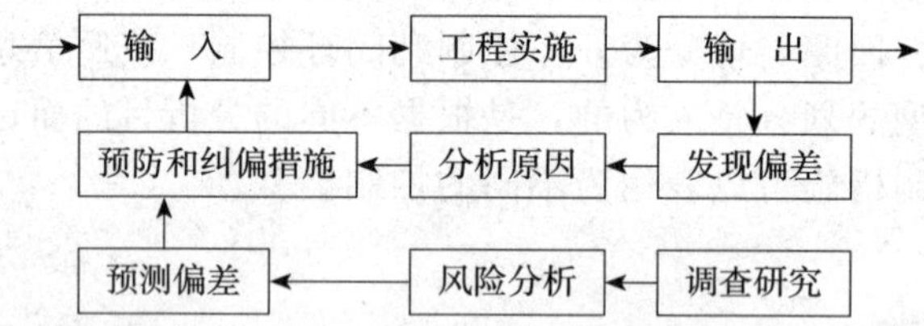

图 6 - 2　主动控制与被动控制相结合

要做到主动控制与被动控制相结合，关键在于处理好以下两方面问题：一是要扩大信息来源，即不仅要从本工程获得实施情况的信息，而且要从外部环境获得有关信息，包括已建同类工程的有关信息，这样才能对风险因素进行定量分析，使纠偏措施有针对性；二是要把握好输入这个环节，即要输入两类纠偏措施，不仅有纠正已经发生的偏差的措施，而且有预防和纠正可能发生的偏差的措施，这样才能取得较好的控制效果。

需要说明的是，虽然在建设工程实施过程中仅仅采取主动控制是不可能的，有时是不经济的，但不能因此而否定主动控制的重要性。实际上，牢固确定主动控制的思想，认真研究并制定多种主动控制措施，尤其要重视那些引起基本上不需要耗费资金、时间的主动控制措施，如组织、经济、合同方面的措施，并力求加大主动控制在控制过程中的比例，对于提高建设工程目标控制的效果，具有十分重要而现实的意义。

6.1.3 建设工程目标控制流程及其基本环节

6.1.3.1 建设工程目标控制流程

建设工程目标控制的流程如图 6 - 3 所示。

由于建设工程的建设周期长，在工程实施过程中所受到的风险因素很多，因而实际状况偏离目标和计划的情况是经常发生的，往往出现投资增加、工期拖延、工程质量和功能未达到预定要求等问题。这就需要在工程实施过程中，通过对目标、过程和活动的跟踪检查，全面、及时、准确地掌握有关信息，将工程实际状况与目标和计划进行比较。如果偏离了目标和计划，就需要采取纠正措施，或改变投入，或修改计划，使工程能在新的计划状态下进行。而任何控制措施都不可能一劳永逸，原有矛盾和问题解决了，还会出现新的矛盾和问题，需要不断地进行控制，因此控制工作具有动态性，是一个动态控制的过程。上述目标控制流程是一个不断循环的过程，直到工程建成交付使用，因而建设工程的目标控制是一个以工程建成交付使用为最终目标的有限循环过程。

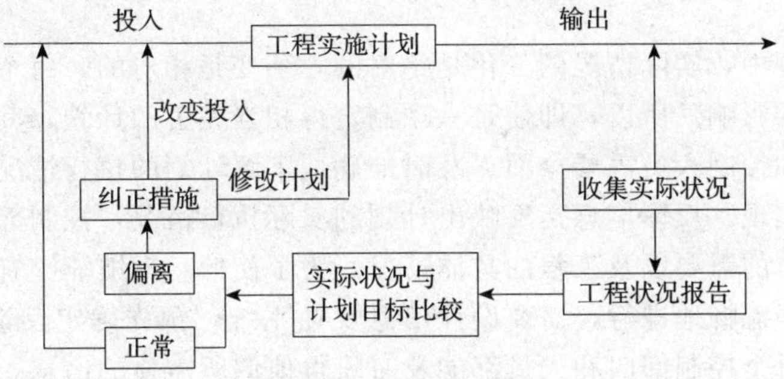

图 6-3 目标控制流程图

对于建设工程目标控制系统来说，由于收集实际数据、偏差分析、制定纠偏措施都主要是由目标控制人员来完成，都需要时间，这些工作不可能同时进行并在瞬间内完成，因而其控制实际上表现为周期性的循环过程，通常，在建设工程监理的实践中，投资控制、进度控制和常规质量控制问题的控制周期按周或月计，而严重的工程质量问题和事故，则需要及时加以控制。

由于系统本身的状态和外部环境是不断变化的，相应地就要求控制工作也随之变化。目标控制人员对建设工程本身的技术经济规律、目标控制工作规律的认识也是在不断变化的，他们的目标控制能力和水平也是在不断提高的，因而，即使在系统状态和环境变化不大的情况下，目标控制工作也可能发生较大的变化。这表明，目标控制也可能包含着对已采取的目标控制措施的调整或控制。

6.1.3.2 控制流程的基本环节

控制流程可进一步划分为输入、输出、反馈、对比、纠正五个基本环节，如图 6-4 所示。对于每个控制循环来说，如果缺少某一环节或某一环节出现问题，会导致循环障碍，降低控制的有效性，不能发挥循环控制的整体作用。因此，必须明确控制流程各个基本环节的有关内容并做好相应的控制工作。

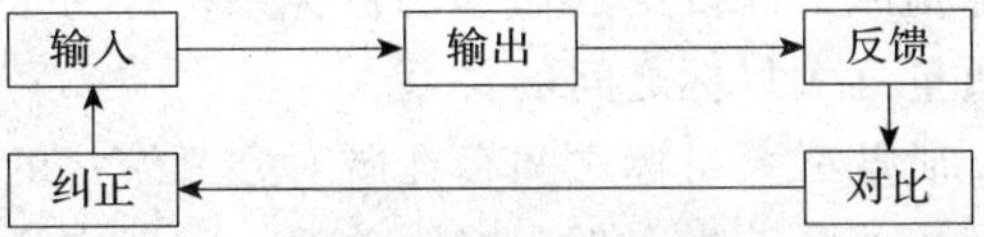

图 6-4 控制流程的五个基本环节

(1) 输入

建设工程的目标控制流程是一个循环的过程，每一循环从输入开始，首先涉及到的是主要的生产要素，包括人员、建筑材料、工程设备、施工机具、资金、施工方法、信息等。工程实施计划本身就包含着有关输入的计划。要使计划能够正常实施并达到预定的目标，就应当保证将质量、数量符合计划要求的资源按规定时间和地点输入到建设工程实施过程中去。

(2) 输出

输出是指由投入到产出的转换过程，如建设工程的建造过程，将设计图纸、分项工程、分部工程、单位工程、单项工程，最终输出完整的工程，完成一个转换过程。在建设工程实施过程中，监理工程师应当跟踪了解工程进展情况，掌握第一手资料，为分析原因、确定纠偏措施提供可靠依据。同时，对于可以及时解决的问题，应采取纠偏措施，避免“积重难返”。

(3) 反馈

在计划实施过程中，实际情况的变化是绝对的，不变是相对的，每个变化都会对目标和计划的实现带来一定的影响。所以，即使是一项制定得相当完善的计划，其运行结果也未必与计划一致。控制部门和控制人员需要全面、及时准确地了解计划的执行情况及其结果，而这就需要通过信息反馈来实现。反馈信息是反映出计划的实际执行情况，控制部门和人员需要什么信息，取决于监理工作的需要以及工程的具体情况。为了使信息反馈能够有效配合控制的各项工作，使整个控制过程流畅地进行，需要设计信息反馈系统，预先确定反馈信息的内容、形式、来源、传递等，使每个控制部门和人员都能及时获得他们所需要的信息。

(4) 对比

是将实际目标值与计划目标值进行比较，以确定是否产生偏差以及偏差的大小。进行对比工作，首先是确定实际目标值。这是在各种反馈信息的基础上，进行分析、综合，形成与计划目标相对应的目标值。然后将这些目标值与计划目标值进行对比，判断偏差。如果存在偏差，还要进一步判断偏差的程度大小，同时，还要分析产生偏差的原因，以便找到消除偏差的措施。

(5) 纠正

纠正即纠正偏差。根据偏差的大小和产生偏差的原因，有针对性地采取措施来纠正偏差。如果偏差较小，通常可采用较简单的措施纠偏，如果偏差较大，则需改变局部计划才能使计划目标得以实现。如果已经确认原定计划不能实现，就要重新确定目标，制订新计划，然后工程在新计划下进行。

6.1.4 建设工程监理的目标系统

建设工程监理的中心工作是对建设工程项目的目标进行控制，监理工作的好坏主要是看能否将建设工程项目置于监理工程师的控制之下。建设工程监理是监理企业受业主的委托，对建设工程项目实施的监督管理。由于监理活动是通过项目监理组织开展的，因此，监理目标是相对于项目监理组织而言的，监理目标也就是监理组织的目标。任何建设工程都有投资、进度、质量三大目标，这三大目标构成了建设工程监理的目标系统。为了有效地进行目标控制，就必须正确处理投资、进度、质量三大目标之间的关系。

建设工程投资、进度、质量三大目标之间存在既对立又统一的关系。

建设工程三大目标之间的关系首先表现为对立关系，一般来说，如果对建设工程的功能和质量要求较高，就需要采用较好的工程设备和建筑材料，投入较多的资金；同时，还需要精工细作，严格管理，一方面增加人力的投入（人工费相应增加），另一方面需要较长的建设时间。如果要加快进度、缩短工期，则需要加班加点或适当增加施工机械和人力，这将直接导致施工效率下降，单位产品的费用上升，从而使整个工程的总投资增加；另外，加快进度往往会打乱原有的计划，使建设工程实施的各个环节之间产生脱节现象，增加控制和协调的难度，有时不但不能达到加速的目的，而且会对工程质量带来不利影响或留下工程质量隐患。如果要降低投资，就需要考虑降低功能和质量要求，采用较差或普通的工程设备和建筑材料；同时，只能按费用最低的原则安排进度计划，整个工程需要的建设时间就较长。因此，不能奢望投资、进度、质量三大目标同时达到“最优”。

其次建设工程三大目标之间存在统一关系。在三大目标之间，如果要加快进度、缩短工期，虽然需要增加一定的投资，但是可以使整个建设工程提前投入使用，从而提早发挥投资效益，还能在一定程度上减少利息支出，如果提前发挥的投资效益超过因加快进度所增加的投资额度，则加快进度从经济角度来说就是可行的。如果提高功能和质量要求，虽然需要增加一次性投资，但是可降低工程投入使用后的运行费用和维修费用，从全寿命费用分析的角度则是节约投资的；在不少情况下，功能好、质量优的工程投入使用后的收益往往较高。从质量控制的角度讲，如果在实施过程中进行严格的质量控制，保证实现工程预定的功能和质量要求，则不仅可减少实施过程中的返工费用，而且可以大大减少投入使用后的维修费用。严格控制质量还能起到保证进度的作用。如果在工程实施过程中发现质量问题及时进行返工处理，虽然需要耗费时间，但可能只影响局部工作的进度，不影响整个工程的进度；或虽然影响整个工程的进度，但是比不及时返工而酿成重大工程质量事故对整个工程进度的影响要小，也比留下工程质量隐患到使用阶段才发现而不得不停止使用进行修理所造成的时间损失要小。

6.1.5　建设工程监理目标控制的措施

为了取得目标控制的理想效果，应当从多方面采取措施实施控制，通常可以将这些措施归纳为组织措施、技术措施、经济措施、合同措施等四个方面。这个措施在建设工程实施的各个阶段的具体运用不完全相同。

6.1.5.1　组织措施

组织措施是从目标控制的组织管理方面采取的措施，如落实目标控制的组织机构和人员，明确各级目标控制人员的任务和职能分工、权力和责任、改进目标控制的工作流程等。组织措施是其他各类措施的前提和保障，而且一般不需要增加什么费用，运用得当可以收到良好的效果，尤其是对由于业主原因所导致的目标偏差，这类措施可以成为首选措施，故应予以足够的重视。

6.1.5.2　技术措施

技术措施不仅对解决建设工程实施过程中的技术问题是不可缺少的，而且对纠正目标偏差也有相当重要的作用。任何一个技术方案都有基本确定的经济效果，不同的技术方案就有着不同的经济效果。因此，运用技术措施纠偏的关键，一是要能提出多个不同的技术方案，二是要对不同的技术方案进行技术经济分析。

6.1.5.3　经济措施

经济措施是最易为人接受和采用的措施。但经济措施决不仅仅是审核工程量及相应的付款和结算报告，还需要从一些全局性、总体性的问题上加以考虑，不要仅仅局限在已发生的费用上。通过偏差原因分析和未完工程投资预测，可发现一些现有和潜在的问题将引起未完工程的投资增加，对这些问题应以主动控制为出发点，及时采取预防措施。因此，经济措施的运用决不仅仅是财务人员的事情。

6.1.5.4 合同措施

合同措施除了拟订合同条款、参加合同谈判、处理合同执行过程中的问题、防止和处理索赔等措施之外，还要协助业主确定对目标控制有利的建设工程组织管理模式和合同结构，分析不同合同之间的相互联系和影响，对每一个合同作总体和具体分析等。由于投资控制、进度控制和质量控制均要以合同为依据，因此合同措施就显得尤为重要．这些合同措施对目标控制更具有全局性的影响。另外，在采取合同措施时要特别注意合同中所规定的业主和监理工程师的义务和责任。

6.2 建设工程质量控制

6.2.1 建设工程质量控制的目标

建设工程质量控制的目标，就是通过有效的质量控制工作和具体的质量控制措施，在满足投资和进度要求的前提下，实现工程预定的质量目标。

建设工程的质量首先必须符合国家现行的关于工程质量的法律、法规、技术标准和规范等有关规定，尤其是强制性标准的规定。这实际上也就明确了对设计、施工质量的基本要求。从这个角度讲，同类建设工程的质量目标具有共性，不因其业主、建造地点以及其他建设条件的不同而不同。

建设工程的质量目标又是通过合同加以约定的，其范围更广、内容更具体。任何建设工程都有其特定的功能和使用价值。由于建设工程都是根据业主的要求而兴建，不同的业主有不同的功能和使用价值要求，即使是同类建设工程，具体的要求也不同。因此，建设工程的功能与使用价值的质量目标是相对于业主的需要而言，并无固定和统一的标准。从这个角度讲，建设工程的质量目标都具有个性。

因此，建设工程质量控制的目标就要实现以上两方面的工程质量目标。由于工程共性质量目标一般都有严格、明确的规定，因而质量控制工作的对象和内容都比较明确，也可比较准确、客观地评价质量控制的效果。而工程个性质量目标具有一定的主观性，有时没有明确、统一的标准，因而质量控制工作的对象和内容较难把握，对质量控制效果的评价与评价方法和标准密切相关。因此，在建设工程的质量控制工作中，要注意对工程个性质量目标的控制，最好能预先明确控制效果定量评价的方法和标准。另外，对于合同约定的质量目标，必须保证其不得低于国家强制性质量标准的要求。

6.2.2 建设工程质量控制的特殊问题

建设工程质量控制有以下两个特殊问题：

(1) 建设工程质量实行三重控制

由于建设工程质量的特殊性，需要对其从三方面加以控制：

①实施者自身的质量控制，这是从产品生产者角度进行的质量控制；

②政府对工程质量的监督，这是从社会公众角度进行的质量控制；

③监理单位的质量控制，这是从业主角度或者说是从产品需求者角度进行的质量控制。对于建设工程质量，加强政府的质量监督和监理单位的质量控制是非常必要的，但绝不能因此而淡化或弱化实施者自身的质量控制。

（2）工程质量事故的多发性

工程质量事故在建设工程实施过程中具有多发性特点。如基础不均匀沉降、混凝土强度不足、屋面渗漏、建筑物倒塌等都有可能发生。如果说，拖延的工期、超额的投资还可能在以后的实施过程中挽回的话，那么，工程质量一旦不合格，就成了既定事实。不合格的工程，绝不会随着时间的推移而自己变成合格工程。

因此，对于不合格工程必须及时返工或返修，达到合格后才能进人下一工序、才能交付使用。否则，拖延的时间越长，所造成的损失后果也就越严重。

由于工程质量事故具有多发性特点，因此，应当对工程质量事故予以高度重视，从设计、施工以及材料和设备供应等多方面入手，进行全过程、全方位的质量控制，特别要尽可能做到主动控制、事前控制。在实施建设监理的工程上，减少一般性工程质量事故，杜绝工程质量重大事故，应当说是最基本的要求。为此，不仅监理单位要加强对工程质量事故的预控和处理，而且要加强工程实施者自身的质量控制，把减少和杜绝工程质量事故的具体措施落实到工程实施过程之中，落实到每一工序之中。

6.2.3　设计阶段的质量控制

在设计阶段，监理工程师应了解业主建设需求，协助业主制定建设工程质量目标规划；根据合同要求及时、准确、完善地提供设计工作所需的基础数据和资料；配合设计单位优化设计，并最终确认设计符合有关法规要求，符合技术、经济、财务、环境条件要求，满足业主对建设工程的功能和使用要求。

6.2.3.1　设计准备阶段监理的工作内容和方法

（1）工作内容

①组建项目监理机构，明确监理任务、内容和职责，编制监理规划和设计准备阶段投资进度计划并进行控制。

②组织设计招标或设计方案竞赛。编制设计招标文件，经建设单位签认后发出。会同建设单位对投标单位进行资质审查，组织评标或设计竞赛方案评选。

③编制设计大纲（设计纲要或设计任务书），确定设计质量要求和标准。

④优选设计单位，协助建设单位签订设计合同。

（2）主要工作方法

①收集和熟悉项目原始资料，充分领会建设单位意图。监理工程师首先要核查已批准的“项目建议书”、“可行性研究报告”、选址报告、城市规划部门的批文、土地使用要求、环境要求：工程地质和水文地质勘察报告、区域图、1/5000－1/10000 地形图；动力、资源、设备、气象、人防、消防、地震烈度、交通运输、生产工艺、基础设施等资料；有关设计规范、标准和技术经济指标等，并分析研究整理出满足设计要求的基本条件。其次要充分掌握和理解建设单位对项目建设的要求、设想和各种意图。只有这样才能找出二者的最佳交会点。

②项目总目标论证方法。监理工程师对建设单位提出的项目总投资、总进度、总质量目标

必须进行分析，论证其可行性。在确定的总投资数限定下，分析论证项目的规模、设备标准、装饰标准能否达到建设单位预期水平，进度目标能否实现；在进度目标限定下，要满足建设单位提出的项目规模、设备标准、装饰标准，估算总投资需要量。论证时应依据历史类似工程各种指标和条件与本项目进行差异分析比较，并分析项目建设中可能遇到的风险。

③以初步确定的总建筑规模和质量要求为基础，将论证后所得总投资和总进度切块分解，确定投资和进度规划。

④起草设计合同，并协助建设单位尽量与设计单位达成限额设计条款。

6.2.3.2 设计阶段监理的工作内容和方法

(1) 工作内容

①编制监理规划，确定目标控制计划。

②设计方案、图纸、概预算和主要设备、材料清单的审查，发现不符合要求的地方，分析原因，发出修改设计的指令。

③对设计工作协调控制。及时检查和控制设计的进度，作好各部门间的协调工作，使各专业设计之间相互配合、衔接，及时消除隐患。

④参与主要设备、材料的选型。

⑤组织对设计的评审或咨询。

⑥组织设计文件、图纸的报批、验收、分发、保管、使用和建档工作。

⑦组织设计交底与图纸会审；处理或参与处理设计变更和因设计引起的工程质量问题和质量事故。

⑧编写监理工作总结。

(2) 主要工作方法

①在建设单位与设计单位间发挥桥梁和纽带作用。设计阶段监理既不是自行设计，也不是完全监督设计单位，其根本目的是尽可能将建设单位的建设意图和要求贯彻给设计人员，并调动设计人员的积极性，发挥其技术潜力，综合经济、技术、环境、资源因素最大限度地反映落实到设计图上。这就要求监理工程师善于沟通，要通过各种方式了解建设单位想法，再以书面或口头形式与设计人员交换意见，进行磋商，起到桥梁和纽带作用。

②跟踪设计，审核制度化。对各阶段设置审查点，审核设计文件质量，如规范符合性、结构安全性、施工可行性等，概预算总额，设计进度完成情况，与相应标准和计划值进行分析比较。

③采用多种方案比较法。监理工程师要对设计人员所定的诸如建筑标准、结构方案、水、电、工艺等各种设计方案进行了解和分析，有条件时应进行两种或多种方案比较、判断确定最优方案。

④协调各相关单位关系。工程设计过程牵涉很多部门，包括很多设计单位、政府部门等，很多的专业交叉，故监理工程师必须掌握组织协调方法，营造良好的工作氛围，才会事半功倍。

6.2.4　施工阶段的质量控制

6.2.4.1　施工质量控制的系统过程

施工阶段的质量控制是一个由对投入的资源和条件的质量控制，进而对生产过程及各环节质量进行控制，直到对所完成的工程产出品的质量检验与控制为止的全过程的系统控制过程。这个过程可以有以下几种划分方式。

(1) 按工程实体质量形成过程的时间阶段划分

施工阶段的质量控制可以分为以下三个环节。如图 6－5 所示。

- 施工阶段质量控制
  - 施工准备控制
    - 设计交底和图纸会审
    - 施工生产要素质量审查
    - 施工组织设计（质量计划）的审查
    - 审查开工申请
  - 施工过程控制
    - 作业技术交底
    - 施工过程质量控制
    - 中间产品质量控制
    - 分部分项工程质量验收
  - 竣工验收控制
    - 竣工质量检验
    - 工程质量评定
    - 技术质量文件审核

图 6－5　施工阶段的质量控制过程

(2) 按工程实体形成过程中物质形态转化的阶段划分

①对投入的物质资源质量的控制；

②施工过程质量控制。即在使投入的物质资源转化为工程产品的过程中，对影响产品质量的各因素、各环节及中间产品的质量进行控制；

③对完成的工程产品质量的控制与验收。

在上述三个阶段的系统过程中，前两阶段对于最终产品质量的形成具有决定性的作用，而所投入的物质资源的质量控制对最终产品质量又具有举足轻重的影响。

(3) 按工程项目施工层次划分

通常任何一个大中型工程建设项目可以划分为若干层次。各组成部分之间的关系具有一定的施工先后顺序的逻辑关系。如建设工程项目可划分为单位工程、分部工程、分项工程、检验批等层次。

6.2.4.2　施工质量控制的依据

(1) 工程合同文件

工程施工承包合同文件和委托监理合同文件中分别规定了参与建设各方在质量控制方面的权利和义务，有关各方必须履行在合同中的承诺。对于监理单位，既要履行委托监理合同的条款，又要督促建设单位、监督承包单位、设计单位履行有关的质量控制条款。因此，监理工程师要熟悉这些条款，据以进行质量监督和控制。

(2) 设计文件

(3) 国家及政府有关部门颁布的有关质量管理方面的法律、法规性文件

(4) 有关质量检验与控制的专门技术法规性文件

这类文件一般是针对不同行业、不同的质量控制对象而制定的技术法规性的文件，包括各种有关的标准、规范、规程或规定。如：《建筑工程施工质量验收统一标准》（GB 50300—2001）、《混凝土结构工程施工质量验收规范》（GB 50204—2002）、《建筑装饰装修工程质量验收规范》（GB 50210—2001）等。

6.2.4.3 施工质量控制的工作程序

在施工阶段全过程中，监理工程师要进行全过程、全方位的监督、检查与控制，不仅涉及最终产品的检查、验收，而且涉及施工过程的各环节及中间产品的监督、检查与验收。这种全过程、全方位的质量监理一般程序如图 6-6 所示。

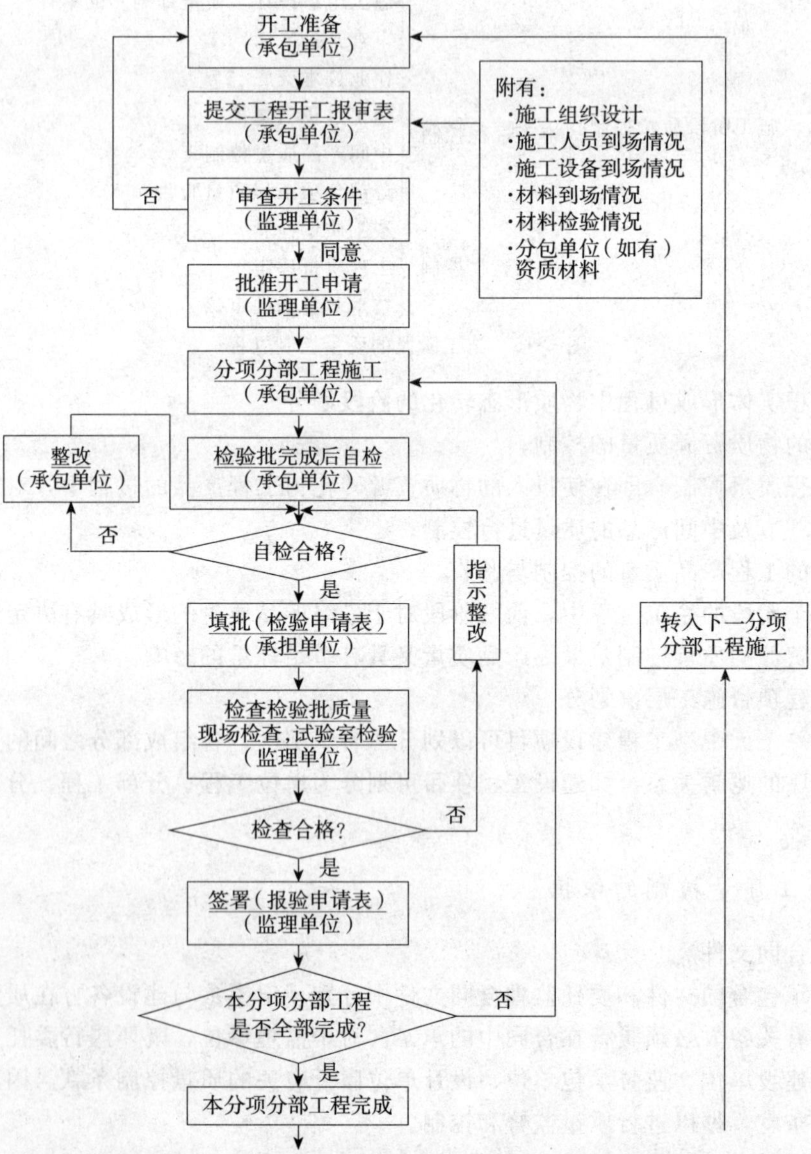

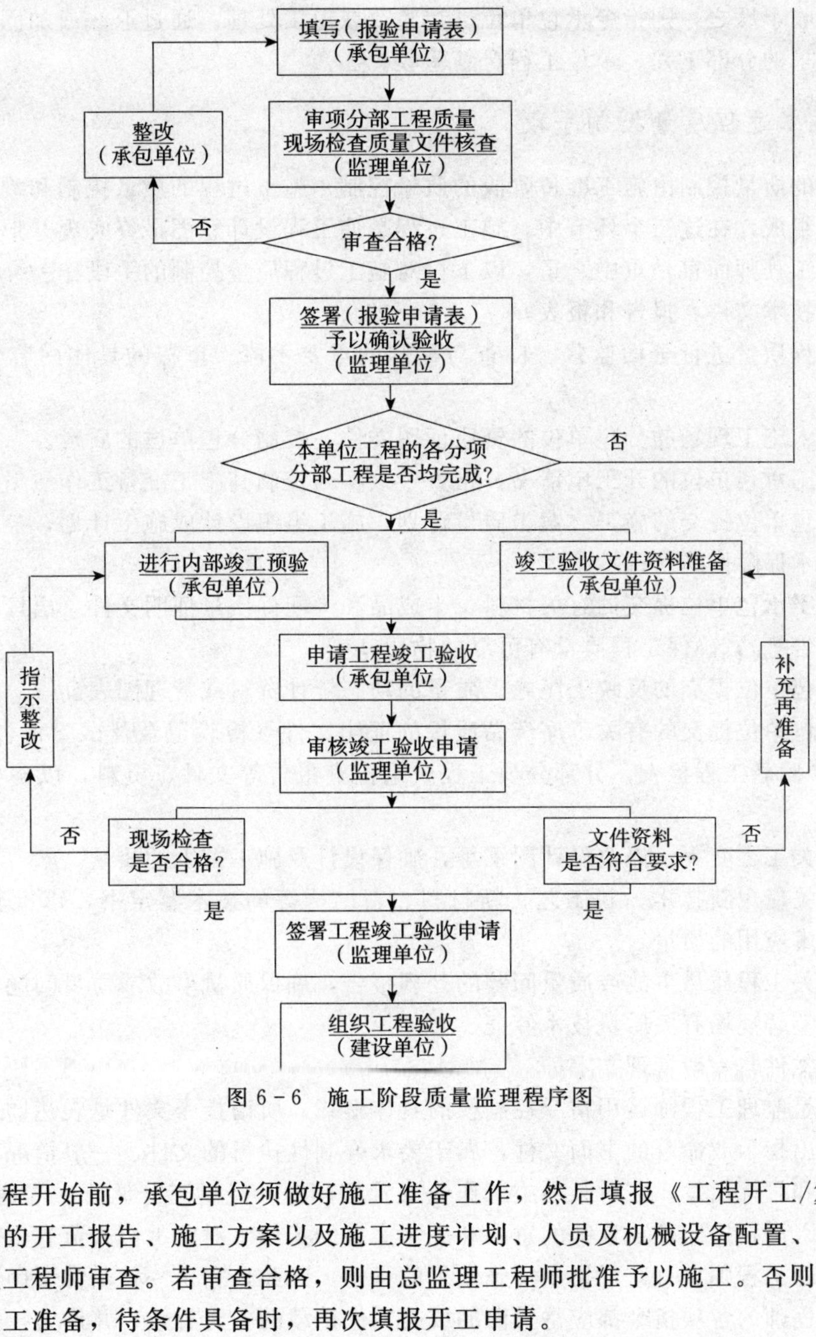

图 6-6　施工阶段质量监理程序图

在每项工程开始前，承包单位须做好施工准备工作，然后填报《工程开工/复工报审表》，附上该项工程的开工报告、施工方案以及施工进度计划、人员及机械设备配置、材料准备情况等，报送监理工程师审查。若审查合格，则由总监理工程师批准予以施工。否则，承包单位应进一步做好施工准备，待条件具备时，再次填报开工申请。

在施工过程中，监理工程师应督促承包单位加强内部质量管理，严格质量控制。施工作业过程均应按规定工艺和技术要求进行。在每道工序完成后，承包单位应进行自检，自检合格后，填报《________报验申请表》交监理工程师检验。监理工程师收到检查申请后应在合同规定的时间内到现场检验，检验合格后予以确认。

只有上一道工序被确认质量合格后，方能准许下道工序施工，按上述程序逐一完成每一道工序。当一个检验批、分项、分部工程完成后，承包单位首先对检验批、分项、分部工程进行自检，填写相应质量验收记录表，确认工程质量符合要求，然后向监理工程师提交《________报验申请表》并附上自检的相关资料，经监理工程师现场检查及对相关资料审核后，符合要求的予以签认验收，反之，则指令承包单位进行整改或返工处理。通过返修或加固处理仍不能满足安全使用要求的分部工程、单位工程严禁验收。

6.2.4.4 施工过程质量控制手段

施工阶段的质量控制由施工准备阶段的质量控制、施工过程的质量控制和竣工验收的质量控制三个环节组成，在这三个环节中，施工过程是使工程设计意图最终实现并形成工程实体的阶段，对监理工程师而言是重中之重，以下仅对施工过程质量控制的手段作一介绍。

(1) 审核技术文件、报告和报表

这是对工程质量进行全面监督、检查与控制的重要手段。审核的具体内容包括以下几个方面：

①审查进入施工现场的分包单位的资质证明文件，控制分包单位的质量。

②审批施工承包单位的开工申请书，检查、核实与控制其施工准备工作质量。

③审批承包单位提交的施工方案、质量计划、施工组织设计或施工计划，控制工程施工质量有可靠的技术保障措施。

④审批施工承包单位提交的有关材料、半成品和构配件质量证明文件（出厂合格证、质量检验或试验报告等)，确保工程质量有可靠的物质基础。

⑤审核承包单位提交的反映工序施工质量的动态统计资料或管理图表。

⑥审核承包单位提交的有关工序产品质量的证明文件（检验记录及试验报告)、工序交接检查（自检)，隐蔽工程检查，分部分项工程质量检查报告等文件、资料，以确保和控制施工过程的质量。

⑦审批有关工程变更、修改设计图纸等，确保设计及施工图纸的质量。

⑧审核有关应用新技术、新工艺、新材料、新结构等的技术鉴定书，审批其应用申请报告，确保新技术应用的质量。

⑨审批有关工程质量事故或质量问题的处理报告，确保质量事故或质量问题处理的质量。

⑩审核与签署现场有关质量技术签证、文件等。

(2) 指令文件与一般管理文书

指令文件是监理工程师运用指令控制权的具体形式。所谓指令文件是表达监理工程师对施工承包单位提出指示或命令的书面文件，属于要求强制性执行的文件。一般情况下是监理工程师从全局利益和目标出发，在对某项施工作业或管理问题，经过充分调研、沟通和决策之后，必须要求承包人严格按监理工程师的意图和主张实施的工作。对此承包人负有全面正确执行指令的责任，监理工程师负有监督指令实施效果的责任，因此，它是一种非常慎用而严肃的管理手段。监理工程师的各项指令都应是书面的或有文件记载的方为有效，并作为技术文件资料存档。如因时间紧迫，来不及做出正式的书面指令，也可以用口头指令的方式下达给承包单位，但随即应按合同规定，及时补充书面文件对口头指令予以确认。

指令文件一般均以监理工程师通知的方式下达，在监理指令中，开工指令、工程暂停指令及工程恢复施工指令也属指令文件。

一般管理文书，如监理工程师函、备忘录、会议纪要、发布有关信息、通报等，主要是对承包商工作状态和行为，提出建议、希望和劝阻等，不属强制性要求执行，仅供承包人自主决策参考。

(3) 现场监督和检查

现场监督检查的内容：

①开工前的检查。主要是检查开工前准备工作的质量，能否保证正常施工及工程施工质量。

②工序施工中的跟踪监督、检查与控制。主要是监督、检查在工序施工过程中，人员、施工机械设备、材料、施工方法及工艺或操作以及施工环境条件等是否均处于良好的状态，是否符合保证工程质量的要求，若发现问题及时纠偏和加以控制。

③对于重要的和对工程质量有重大影响的工序和工程部位，还应在现场进行施工过程的旁站监督与控制，确保使用材料及工艺过程质量。

现场监督检查的方式有：旁站、巡视和平行检验。

旁站 是指在关键部位或关键工序施工过程中由监理人员在现场进行跟班的监督活动。在施工阶段，很多工程的质量问题是由于现场施工或操作不当或不符合规程、标准所致，有些施工操作不符合要求的工程质量，虽然在表面上似乎影响不大，或外表上看不出来，但却隐藏着潜在的质量隐患与危险。例如浇筑混凝土时振捣时间不够或漏振，都会影响混凝土的密实度和强度，而只凭抽样检验并不一定能完全反映出实际情况。此外，抽样方法和取样操作如果不符合规程及标准的要求，其检验结果也同样不能反映实际情况。上述这类不符合规程或标准要求的违章施工或违章操作，只有通过监理人员的现场旁站监督与检查，才能发现问题并得到控制。旁站的部位或工序要根据工程特点，也应根据承包单位内部质量管理水平及技术操作水平决定。一般而言，混凝土灌注、预应力张拉过程及压浆、基础工程中的软基处理、复合地基施工（如搅拌桩、挤密桩、粉喷桩）、路面工程的沥青拌和料摊铺、沉井过程、桩基的打桩过程、防水施工、隧道衬砌施工中超挖部分的回填、边坡喷锚打锚杆等要实施旁站。

巡视 是指监理人员对正在施工的部位或工序现场进行的定期或不定期的监督活动，巡视是一种“面”上的活动，它不限于某一部位或过程，而旁站则是“点”的活动，它是针对某一部位或工序。因此，在施工过程中，监理人员必须加强对现场的巡视、旁站监督与检查，及时发现违章操作和不按设计要求、不按施工图纸或施工规范、规程或质量标准施工的现象，对不符合质量要求的要及时进行纠正和严格控制。

平行检验 是监理工程师利用一定的检查或检测手段在承包单位自检的基础上，按照一定的比例独立进行检查或检测的活动。它是监理工程师质量控制的一种重要手段，在技术复核及复验工作中采用，是监理工程师对施工质量进行验收，做出自己独立判断的重要依据之一。

(4) 规定质量监控工作程序

规定双方必须遵守的质量监控工作程序，按规定的程序进行工作，这也是进行质量监控的必要手段。例如，未提交开工申请单并得到监理工程师的审查、批准不得开工；未经监理工程师签署质量验收单并予以质量确认，不得进行下道工序；工程材料未经监理工程师批准不得在工程上使用等。

此外，还应具体规定交桩复验工作程序，设备、半成品、构配件材料进场检验工作程序，隐蔽工程验收、工序交接验收工作程序，检验批、分项、分部工程质量验收工作程序等。通过程序化管理，使监理工程师的质量控制工作进一步落实，做到科学、规范的管理和控制。

(5) 利用支付手段

这是国际上较通用的一种重要的控制手段，也是建设单位或合同中赋予监理工程师的支付控制权。从根本上讲，国际上对合同条件的管理主要是采用经济手段和法律手段。因此，质量监理是以计量支付控制权为保障手段的。所谓支付控制权就是：对施工承包单位支付任何工程款项，均需由总监理工程师审核签认支付证明书，没有总监理工程师签署的支付证书，建设单位不得向承包单位进行支付工程款。工程款支付的条件之一就是工程质量要达到规定的要求和标准。如果承包单位的工程质量达不到要求的标准，监理工程师有权采取拒绝签署支付证书的手段，停止对承包单位支付部分或全部工程款，由此造成的损失由承包单位负责。显然，这是十分有效的控制和约束手段。

6.2.5 工程质量事故的处理

6.2.5.1 工程质量事故的特点及分类

1. **工程质量事故的特点**

工程质量事故具有复杂性、严重性、可变性和多发性的特点。

2. **工程质量事故的分类**

建筑工程的质量事故一般可按下述不同的方法分类：

(1) 按事故造成的后果分

①未遂事故。发现质量问题及时采取措施，而未造成经济损失、延误工期或其他不良后果者，均属未遂事故。

②已遂事故。凡出现不符合质量标准或设计要求，已造成经济损失、工期延误或其他不良后果者，均构成已遂事故。

(2) 按事故的责任分

①指导责任事故。指由于在工程实施指导或领导失误而造成的质量事故。

②操作责任事故。指在施工过程中．由于实施操作者不按规程或标准实施操作，而造成的质量事故。

(3) 按事故产生的原因分

①技术原因引发的质量事故。是指在工程项目实施中由于设计、施工在技术上失误而造成的质量事故。

②管理原因引发的质量事故。主要是指由于管理上的不完善或失误而引发的质量事故。

③社会、经济原因引发的质量事故。主要是指由于社会、经济因素及社会上存在的弊端和不正之风引起建设中的错误行为，而导致出现质量事故。

(4) 按事故的性质及造成损失严重程度分

①一般事故。指直接经济损失在 5000 元（含 5000 元）—5 万元，或影响使用功能和工程结构安全，造成永久质量缺陷的质量事故。

②严重质量事故。指直接经济损失在 5 万元（含 5 万元）以上，不满 10 万元的，或严重影响使用功能或工程结构安全存在重大质量隐患的，或事故性质恶劣或造成 2 人以下重伤的。

③重大质量事故。指工程倒塌或报废，或由于质量事故，造成人员死亡或重伤 3 人以上，或直接经济损失 10 万元以上的。

按国家建设行政主管部门规定建设工程重大事故分为四个等级。工程建设过程中或由于勘察设计、监理、施工等过失造成工程质量低劣，而在交付使用后发生的重大质量事故，或因工程质量达不到合格标准，而需加固补强、返工或报废，直接经济损失 10 万元以上的重大质量事故。此外，由于施工安全问题，如施工脚手、平台倒塌，机械倾覆、触电、火灾等造成建设工程重大事故。建设工程重大事故分为以下四级：

一级：死亡 30 人以上或直接经济损失 300 万元以上；

二级：死亡 10 人以上 29 人以下或直接经济损失 100 万元以上，不满 300 万元；

三级：死亡 3 人以上，9 人以下或重伤 20 人以上或直接经济损失 30 万元以上，不满 100 万元；

四级：死亡 2 人以下，或重伤 3 人以上，19 人以下或直接经济损失 10 万元以上，不满 30 万元。

④特别重大事故。凡具备国务院发布的《特别重大事故调查程序暂行规定》所列发生一次死亡 30 人及其以上，或直接经济损失达 500 万元及其以上，或其他性质特别严重，均属特别重大事故。

6.2.5.2　工程质量事故处理的依据和程序

1. 工程质量事故处理的依据

工程质量事故发生后，事故处理主要应解决：搞清原因，落实措施，妥善处理，消除隐患，界定责任。其中核心及关键是搞清原因。

工程质量事故发生的原因是多方面的，有技术上的失误原因，有由于违反建设程序或法律法规的原因；有设计、施工的原因，也有是由于管理方面或材料方面的原因。引发事故的原因不同，事故责任的界定与承担也不同，事故的处理措施也不同。总之，对于所发生的质量事故，无论是分析原因、界定责任，以及做出处理决定，都需要以切实可靠的客观依据为基础。概括起来，进行工程质量事故处理的主要依据有以下四个方面：

（1）质量事故的实况资料。

（2）具有法律效力的、得到有关当事各方认可的工程承包合同、设计委托合同、材料或设备购销合同以及监理合同或分包合同等合同文件。

（3）有关的技术文件和档案。

（4）有关的建设法规。

在这四方面依据中，前三种是与特定的工程项日密切相关的具有特定性质的依据，第四种法规性依据，是具有很高权威性、约束性、通用性和普遍性的依据，因而它在工程质量事故处理的事务中，也具有极其重要的、不容置疑的作用。

2. 工程质量事故处理程序

工程质量事故发生后，一般可按照图 6－7 的程序进行处理。

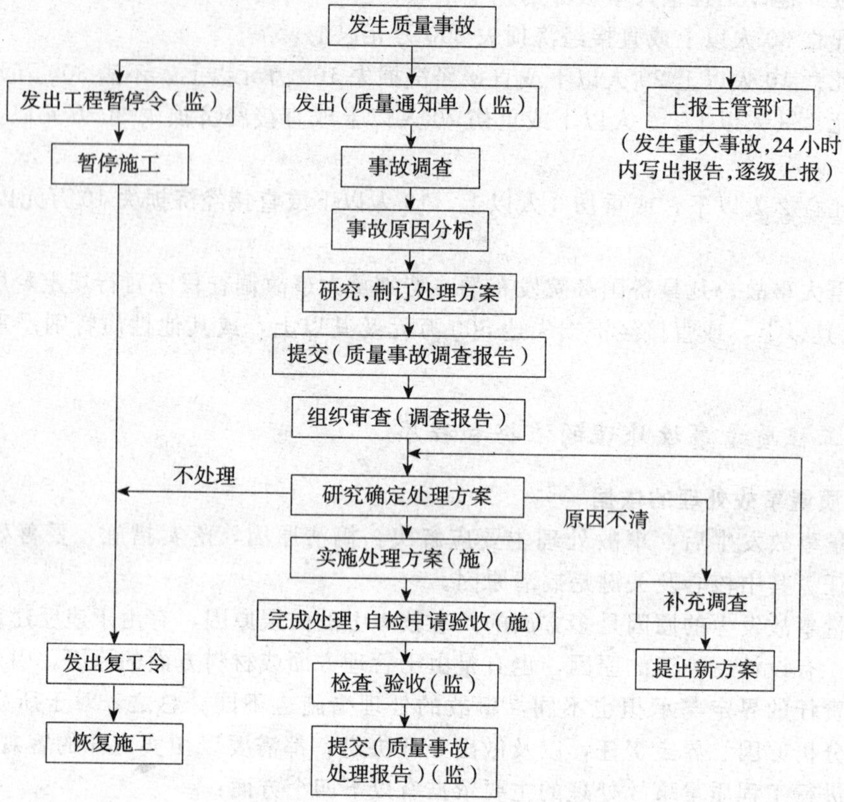

图 6-7 工程质量事故处理程序

6.2.5.3 工程质量事故原因分析方法

由于影响工程质量的因素众多，所以引起质量事故的原因也错综复杂，常常一项质量事故是由于多种原因引起的。究竟是哪类中的何种原因所引起，则应对事故的特征表现以及其在施工中和使用中所处的实际情况和条件进行具体分析。对工程质量事故原因进行分析可概括为如下的方法和步骤：

(1) 对事故情况进行细致的现场调查研究，充分了解与掌握质量事故或缺陷的现象和特征。

(2) 收集资料（如施工记录等），调查研究，摸清质量事故对象在整个施工过程中所处的环境及面临的各种情况。

(3) 分析造成质量事故的原因，根据对质量事故的现象及特征的了解，结合当时在施工过程中所面临的各种条件和情况，进行综合分析、比较和判断，找出最可能造成质量事故的原因。

对于某些工程质量事故。除要作上述的调查、分析外，还需要结合专门的计算进行验证，才能作出综合判断，找出其真正的原因。

6.2.5.4 工程质量事故处理的验收

监理工程师应通过组织检查和必要的鉴定，判断质量事故的技术处理是否达到了预期目的，消除了工程质量不合格和工程质量问题，是否仍留有隐患。如果达到预期的目的，监理工程师应进行验收并予以最终确认。

1. **检查验收**

工程质量事故处理完成后，监理工程师在施工单位自检合格报验的基础上，应严格按施工验收标准及有关规范的规定，结合监理人员的旁站、巡视和平行检验结果，依据质量事故技术处理方案设计要求，通过实际量测，检查各种资料数据进行验收，并应办理交工验收文件，组织各有关单位会签。

2. **必要的鉴定**

为确保工程质量事故的处理效果，凡涉及结构承载力等使用安全和使用重要性能的处理工作，常需做必要的试验和检验鉴定工作。检测鉴定必须委托政府批准的有资质的法定检测单位进行。

3. **验收结论**

对所有质量事故无论经过技术处理，通过检查鉴定验收还是不需要专门处理的，都应有明确的验收结论。若对后续工程施工有特定要求，或对建筑物使用有一定的限制条件，应在结论中提出。通常有以下几种验收结论：

（1）事故已排除，可以继续施工。

（2）隐患已消除，结构安全有保证。

（3）经修补处理后，完全能够满足使用要求。

（4）基本上满足使用要求，但使用时应有附加限制条件，如限制荷载等。

（5）对耐久性的结论。

（6）对建筑物外观影响的结论。

（7）对短期内难以做出结论的，可提出进一步观测检验意见。

对于处理后符合《建筑工程施工质量验收统一标准》规定的，监理工程师应予以验收确认，并应注明责任方主要承担的经济责任。对经加固补强或处理仍不能满足安全使用要求的分部工程、单位工程，应拒绝验收。

6.2.6　工程质量控制的统计分析方法

影响工程质量的因素很多，对某一工程质量问题而言，究竟哪个因素为主要因素，常用定性分析和定量分析两种方法。质量控制统计分析即为定量分析方法，该方法有很多种，以下仅介绍统计调查表法、分层法、排列图法和因果分析法。

6.2.6.1　统计调查表法

统计调查表法又称统计调查分析法，它是利用专门设计的统计表对质量数据进行收集、整理和粗略分析质量状态的一种方法。

在质量控制活动中，利用统计调查表收集数据，简便灵活，便于整理，实用有效。它没有固定格式，可根据需要和具体情况，设计出不同统计调查表。常用的有：

（1）分项工程作业质量分布调查表；

（2）不合格项目调查表；

（3）不合格原因调查表；

（4）施工质量检查评定用调查表等。

6.2.6.2 分层法

分层法又叫分类法，是将调查收集的原始数据，根据不同的目的和要求，按某一性质进行分组、整理的分析方法。

常用的分层有：按操作班组或操作者分层，按使用机械设备型号分层，按操作方法分层，按原材料供应单位、供应时间或等级分层，按施工时间分层，按检查手段、工作环境分层等。

例如某焊接工程共检查了50个焊接点，不合格的19个，不合格率为38%。已知该工程有A、B、C三个操作者，焊条来自甲、乙两个厂家。下面按操作者分层（表6-1）、按焊条供应厂家分层（表6-2）和按操作者与焊条供应厂家的综合分层（表6-3）分析之。

表6-1 按操作者分层分析表

操作者	不合格	合　格	不合格率（%）
A	6	13	32
B	3	9	25
C	10	9	53
合　计	19	31	38

表6-2 按焊条供应厂家分层分析表

供应厂家	不合格	合　格	不合格率（%）
甲	9	14	39
乙	10	17	37
合　计	19	31	38

表6-3 按操作者与焊条供应厂家的综合分层分析表

操作者	焊接质量	甲厂		乙厂		合计	
		焊接点	不合格率（%）	焊接点	不合格率（%）	焊接点	不合格率（%）
A	不合格	6	75	0	0	6	32
	合　格	2		11		13	
B	不合格	0	0	3	43	3	25
	合　格	5		4		9	
C	不合格	3	30	7	78	10	53
	合　格	7		2		9	
合　计	不合格	9	39	10	37	19	38
	合　格	14		17		31	

由表6-1可知，操作者B的质量较好，操作者C的质量较差。由表6-2可知，不论使用哪个厂家的焊条，不合格率相差不大。由表6-3可知，使用甲厂的焊条应采用B师傅的操作方法，使用乙厂的焊条应采用A师傅的操作方法，这样会使合格率大大提高。

6.2.6.3 排列图法

排列图法是利用排列图寻找影响质量主次因素的一种有效方法。排列图又叫帕累托图或主次因素分析图，它是由两个纵坐标、一个横坐标、几个连起来的直方形和一条曲线所组成，如图6-8所示。左侧的纵坐标表示频数，右侧纵坐标表示累计频率，并要求总频数与累计频率

100％在一条水平线上，横坐标表示影响质量的各个因素或项目，按影响程度大小从左至右等分排列，直方形的高度示意某个因素的影响大小。通常按累计频率划分为（0％－80％）、（80％－90％）、（90％－100％）三部分，与其对应的影响因素分别为 A、B、C 三类。A 类为主要因素，B 类为次要因素，C 类为一般因素。

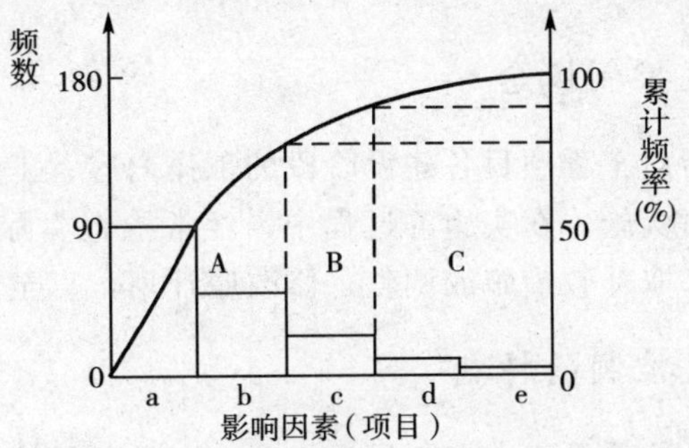

图 6－8　排列图

6.2.6.4　因果分析图法

因果分析图法是利用因果分析图来系统整理分析某个质量问题（结果）与其产生原因之间关系的有效工具。因果分析图也称特性要因图，又因其形状常被称为树枝图或鱼刺图。因果分析图的基本形式如图 6－9 所示。

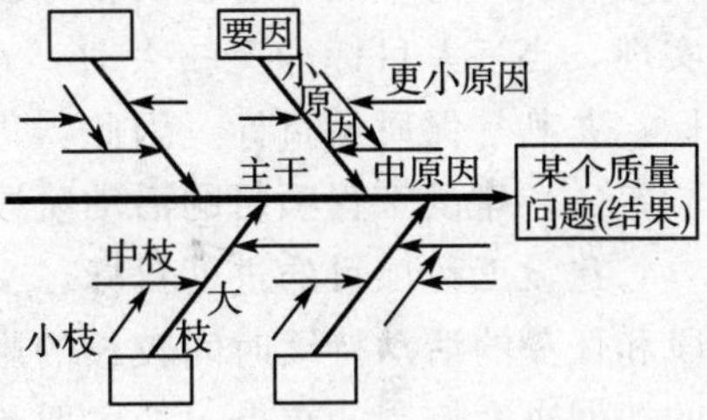

图 6－9　因果分析图的基本形式

因果分析图由质量特性（指某个质量问题）、要因（产生质量问题的主要原因）、枝干（指一系列箭线表示不同层次的原因）、主干（指较粗的直接指向质量问题的水平箭线）等所组成。

例如某工程混凝土强度不足的因果分析图如图 6－10 所示。图中“Δ”标记，表示经过分析，该因素为关键因素。

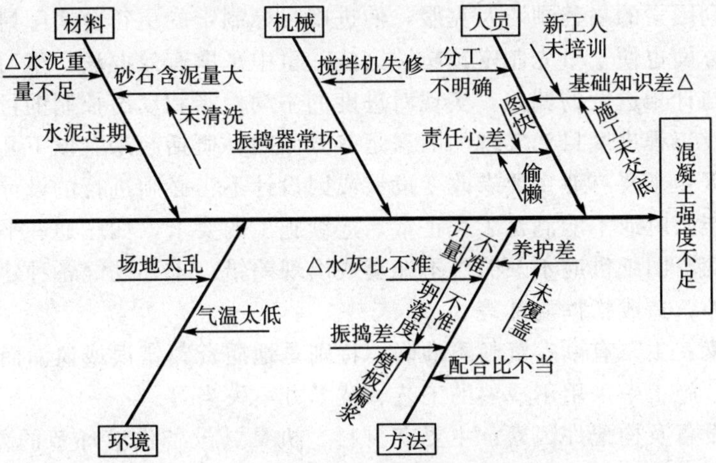

图 6－10　混凝土强度不足的因果分析图

6.3 建设工程进度控制

6.3.1 建设工程进度控制概述

6.3.1.1 建设工程进度控制概念

建设工程进度控制是指对工程项目各建设阶段的工作内容、工作程序、持续时间和衔接关系编制计划，将该计划付诸实施，在实施的过程中，经常检查实际进度是否按计划要求进行，对出现的偏差分析原因，采取补救措施或调整、修改原计划，直至工程竣工、交付使用。

6.3.1.2 建设工程进度控制的特点

建设工程进度控制是工程项目三大控制目标之一。它具备目标控制的共性问题，与其他目标相比有以下特点：

(1) 建设工程进度控制具有更多的风险

由于工程项目组成复杂，建设周期长，影响因素多，建设工程项目进度计划编制和实施都会遇到较大的风险；与投资目标和质量目标相比，各方责任主体在控制时较易忽视进度目标的实现，当三大目标冲突较大时，正常状态下，往往易选择牺牲进度目标而保全投资和质量目标，尤其是保质量目标。因此，进度控制有更多的风险。

(2) 建设工程项目的活动阶段和各阶段工作持续时间对进度目标实现的影响程度不同

建设工程项目的进度目标，受活动阶段和各阶段工作持续时间的影响。一般来说，实施阶段和任务的活动持续时间较长的影响程度要大。掌握这一点能使监理工程师在控制进度时更好的把握进度控制的重点，抓主要矛盾。

6.3.1.3 影响建设工程进度目标实现的因素分析

对影响建设工程进度目标实现的因素进行全方位、全面分析，一方面可促进对有利因素的充分利用和对不利因素的妥善预防及克服，使进度目标制定的更符合实际情况，既积极进取又稳妥可靠；另一方面也便于事先制定预防性措施，事中采取有效办法，事后进行妥善纠偏，达到缩小实际进度与计划进度的偏差，实现对进度的主动控制和动态控制的目的。

一般影响建设工程进度目标实现的因素是多方面的，概括起来有以下几项：

(1) **人的因素**：主要有业主要求改变设计或因设计不当必须进行的设计变更；业主提供的施工场地条件不能及时或不能满足工程正常、连续施工的要求，如三通一平未完成，临时用地申请手续未办妥等；图纸供应不及时、不配套或出现差错；未办理好各种建设手续；业主越过监理职权无端干涉，造成指挥混乱等。

(2) **技术因素**：主要有勘察资料不准确，特别是地质资料错误或遗漏而引起的未能预料的技术障碍；设计、施工中采用不成熟的工艺、技术方案失当等。

(3) **材料、设备及构配件因素**：主要有材料、机具、设备供应环节的差错，品种、规格、数量、时间不能满足工程进度的需要量等。

(4) **管理及组织因素**：主要有外界配合条件的问题，如交通运输受阻、水电供应条件不具备等；计划不周，导致停工待料和相关作业脱节，工程无法正常施工下去；各单位、各专业、各工序间交接、配合上的矛盾，打乱了计划安排；安全、质量事故的调查、分析、处理及争执的调解、仲裁等。

(5) 资金因素：主要有业主资金方面的问题，如未能及时向承包商和供应商付款等。

(6) 自然因素：主要有受地下埋藏物的影响，突发事件的影响，如恶劣天气、地震、临时停水、停电、交通中断、社会动乱等。

(7) 建筑市场环境：主要有社会干扰，如外单位临近工程施工干扰；节假日交通、市场整顿的限制；环境保护和噪声扰民的限制；周边占地户的干扰等。

监理工程师应针对上述存在的影响进度目标实现的干扰因素，逐一采取预防措施，主动控制以取得令人满意的控制效果。

6.3.1.4　建设工程进度控制的主要任务

(1) 设计前的准备阶段进度控制

包括向业主提供有关建设工程进度的信息资料，协助业主确定建设工程进度控制总目标；编制或审核建设工程项目总进度计划；编制或审核准备阶段详细工作进度计划并控制其实施；施工现场条件调研和分析等。

(2) 设计阶段进度控制

包括编制或审核设计阶段工作进度计划并控制其实施；编制或审核详细的出图计划并控制其执行；组织设计阶段进度控制协调会。

(3) 施工阶段进度控制

包括以下几个方面：

①编制或审核建设工程项目实施总进度计划。工程项目总进度计划是对工程项目实施起总控制作用的工期目标，是审核承包商提交的各分项、单位工程等实施计划的依据。工程项目总进度计划若有总承包单位则总承包商编制，监理工程师审核，若无总承包商则由监理工程师编制。

②审核各承包商提交的分项、单位工程的年度、季度、月度施工进度计划。主要审核其是否符合总工期控制目标的要求；审核施工进度与施工方案的协调性、合理性及可行性。

③审核承包商提交的施工总平面图，主要审核总平面布置是否紧凑、合理，是否符合短运输、少搬运的原则等。

④审核材料、构配件及设备的采购计划，主要看其是否与相应的进度计划配套。

⑤审核承包商提交的开工报告，下达开工令。

⑥工程进度计划实施过程的检查：主要检查承包商的实际进度与计划进度相比的执行情况，并形成进度检查报告。

⑦工程进度计划的调整及纠偏，分析进度计划检查报告，确定调整的对象和目标，选择适当的调整方法，审核承包商提交的纠偏方案，审批调整后付诸实施的新的施工进度计划并监督承包商实施。

⑧工程进度控制效果的分析与总结评价，主要评价合同工期的完成情况、施工进度控制经验及问题、科学的施工进度计划方法应用情况、施工进度计划控制的改进意见等，以提高工程项目的进度控制效果和水平。

6.3.1.5 建设工程进度控制的方法

(1) **行政控制方法**：是指管理者利用其行政上的地位和权力，通过发布指令、进行指导、协调、检查、考核。利用激励手段、监督、督促等方式进行进度控制。如国家通过行政手段审批项目建议书和可行性研究报告，对重大项目或大中型项目的工期进行决策，审批年度基本建设计划、制定工期定额，招投标管理部门审批招标文件中的开竣工日期及总工期等，都是行之有效的进度控制的行政控制方法。

(2) **经济控制方法**：是指与建设工程项目有关单位或个人用经济手段对进度控制进行影响和制约，如建设银行通过对投资的投放速度控制建设工程项目的实施进度；承包方实行经济承包责任制，制定经济分配与激励办法以调动积极性；业主在招标时给予进度优惠条件，鼓励投标单位加快进度等。经济控制方法与合同控制方法结合使用，更能提高其控制效果。

(3) **管理技术控制方法**：主要是指监理工程师的规划、控制和协调。管理技术方法是控制中的硬方法，以定量方法居多。其科学性更高，更能产生好的控制效果，一般应优先选用。

(4) **合同控制方法**：是指承发包双方依法签订的明确双方权利、义务关系的合同中，有明确工期或进度的条款，详细列明工期提前奖励或延期罚款的额度等，以合同的方式进一步明确工期或进度控制责任的方法，称为合同控制方法。在市场经济条件下，合同控制是最重要的主动控制方法之一。

进度控制的方法很多，在具体实施时，监理工程师应综合考虑建设工程项目的具体情况，选择上面的一种或几种方法进行进度控制，最好是几种方法并用，这样更能取得良好的控制效果。

6.3.1.6 进度控制的措施

进度控制的措施有组织措施、技术措施、经济措施、合同措施和信息管理措施等。

(1) **组织措施**

主要是落实建设工程项目中各层次进度目标的责任人、具体任务和工作责任；建立进度控制的组织系统；按建设工程项目对象系统的特征、主要阶段进行目标分解，建立进度控制目标体系；制定进度控制工作制度；对影响进度的风险因素和干扰因素进行分析、预测等。

(2) **经济措施**

是指各实施者实现进度计划的资金保证措施以及可能的奖罚措施。

(3) **技术措施**

主要是指采用切实可行的施工部署和技术方案，加快施工进度。

(4) **合同措施**

是指与建设工程项目有关的合同主体之间进度目标应相互协调、吻合。应以落实建设工程项目总进度计划为核心，通过分段发包，提前施工，以及各合同段的合同工期与进度计划的协调等。最终实现进度总控制目标。

(5) **管理措施**

是指不断收集工程实施实际进度的有关信息并进行整理统计后与计划进度比较，定期向决策者提供进度报告。

6.3.1.7　建设工程项目进度计划体系构成

建设工程项目进度计划是指导建设工程顺序开展，确保建设工程进度目标实现的指导性文件。建设工程项目进度计划体系包括以下几个方面。

1. 建设单位的计划系统

建设单位编制（也可委托监理单位编制）的进度计划包括工程项目前期工作计划、工程项目总进度计划和工程项目年度计划。

（1）工程项目前期工作计划

工程项目前期工作计划是指对工程项目可行性研究、项目评估及初步设计的工作进度安排，它可使工程项目前期决策阶段各项工作的时间得到控制。工程项目前期工作计划需要在预测的基础上编制。

（2）工程项目总进度计划

工程项目总进度计划是指初步设计被批准后，在编报工程项目年度计划之前，根据初步设计，对工程项目从开始建设（设计、施工准备）至竣工投产（动用）全过程的统一部署。其主要目的是安排各单位工程的建设进度，合理分配年度投资，组织各方面的协作，保证初步设计所确定的各项建设任务的完成，是编报建设工程年度计划的依据。

（3）工程项目年度计划

工程项目年度计划是依据工程项目总进度计划和批准的设计文件进行编制的。该计划既要满足工程项目总进度计划的要求，又要与当年可能获得的资金、设备、材料、施工力量相适应。应根据分批配套投产或交付使用的要求，合理安排本年度建设的工程项目。

2. 设计单位的计划系统

设计单位的计划系统包括：设计总进度计划、阶段性设计进度计划和设计作业进度计划。

（1）设计总进度计划

设计总进度计划主要用来安排自设计准备开始至施工图设计完成的总设计时间内所包含的各阶段工作的开始时间和完成时间，从而确保设计进度控制总目标的实现。

（2）阶段性设计进度计划

阶段性设计进度计划包括：设计准备工作进度计划、初步设计（技术设计）工作进度计划和施工图设计工作进度计划。这些计划是用来控制各阶段的设计进度，从而实现阶段性设计进度目标。在编制阶段性设计进度计划时，必须考虑设计总进度计划对各个设计阶段的时间要求。

（3）设计作业进度计划

为了控制各专业的设计进度，并作为设计人员承包设计任务的依据，应根据施工图设计工作进度计划、单位工程设计工日定额及所投入的设计人员数，编制设计作业进度计划。

3. 施工单位的计划系统

施工单位的进度计划系统包括：施工准备工作计划、施工总进度计划、单位工程施工进度计划及分部分项工程进度计划。

（1）施工准备工作计划

施工准备工作的主要任务是为建设工程的施工创造必要的技术和物资条件，统筹安排施工力量和施工现场。施工准备的工作内容通常包括：技术准备、物资准备、劳动组织准备、施工现场准备和施工场外准备。为落实各项施工准备工作，加强检查和监督，应根据各项施工准备工作的内容、时间和人员，编制施工准备工作计划。

(2) 施工总进度计划

施工总进度计划是根据施工部署中施工方案和工程项目的开展程序，对全工地所有单位工程作出时间上的安排。其目的在于确定各单位工程及全工地性工程的施工期限及开竣工日期，进而确定施工现场劳动力、材料、成品、半成品、施工机械的需要数量和调配情况，以及现场临时设施的数量、水电供应量和能源、交通需求量。因此，科学、合理地编制施工总进度计划，是保证整个建设工程按期交付使用，充分发挥投资效益，降低建设工程成本的重要条件。

(3) 单位工程施工进度计划

单位工程施工进度计划是在既定施工方案的基础上，根据规定的工期和各种资源供应条件，遵循各施工过程的合理施工顺序，对单位工程中的各施工过程作出时间和空间上的安排：并以此为依据，确定施工作业所必需的劳动力、施工机具和材料供应计划。因此，合理安排单位工程施工进度，是保证在规定工期内完成符合质量要求的工程任务的重要前提。同时，为编制各种资源需要量计划和施工准备工作计划提供依据。

(4) 分部分项工程进度计划

分部分项工程进度计划是针对工程量较大或施工技术比较复杂的分部分项工程，在依据工程具体情况所制定的施工方案基础上，对其各施工过程所作出的时间安排。如：大型基础土方工程、复杂的基础加固工程、大体积混凝土工程、大型桩基工程、大面积预制构件吊装工程等，均应编制详细的进度计划，以保证单位工程施工进度计划的顺利实施。此外，为了有效地控制建设工程施工进度，施工单位还应编制年度施工计划、季度施工计划和月（旬）作业计划，将施工进度计划逐层细化，逐级形成计划保证体系。

4. **建设工程监理单位的计划系统**

建设工程监理单位除了对上述几方的进度计划进行编制或审核外，还应编制自身的进度控制计划，以便更有效的进行监控。其计划系统主要包括以总监理工程师为控制责任主体的总进度计划、总进度分解计划、以各专业监理工程师为控制责任主体的各子项目进度计划和保证这些计划能顺利实施的进度控制工作制度、进度控制风险分析及进度控制方法规划等。

(1) 监理总进度计划

在对建设工程实施全过程监理的情况下，监理总进度计划是依据工程项目可行性研究报告、工程项目前期工作计划和工程项目总进度计划编制的，其目的是对建设工程进度控制总目标进行规划，明确建设工程前期准备、设计、施工、动用前准备及项目动用等各个阶段的进度安排。

(2) 监理总进度分解计划

包括按工程进展阶段和按时间分解的计划。按工程进展阶段分解的计划包括：设计准备阶段进度计划、设计阶段进度计划、施工阶段进度计划、动用前准备阶段进度计划等。按时间分解的计划又包括：年度进度计划、季度进度计划、月度进度计划等。

6.3.2 建设工程设计阶段的进度控制

6.3.2.1 建设工程设计阶段的进度控制目标

建设工程设计阶段是建设工程程序中一个重要阶段，同时也是影响建设工期的关键阶段。因此，监理工程师必须采取有效措施对建设工程项目的进度计划进行控制，以确保总进度目标的实现。而设计阶段进度控制的最终目标就是按质、按量、按时间要求提供施工图设计文件。包括：设计准备阶段进度控制目标、初步设计、技术设计时间目标和施工图设计时间目标，从而设计阶段进度控制目标便构成了一个以合同规定的设计进度总目标为总控制目标，以各专业出图计划分目标为控制基础的、系统的、完整的目标控制系统。

6.3.2.2 建设工程设计阶段进度控制工作程序

设计阶段进度控制的主要任务就是通过采取有效的控制措施使设计人员按批准的出图计划如期完成初步设计、技术设计、施工图设计等阶段的设计任务，并提交满足设计文件要求的设计图纸及说明。设计阶段进度控制一般按图6-11进行控制。

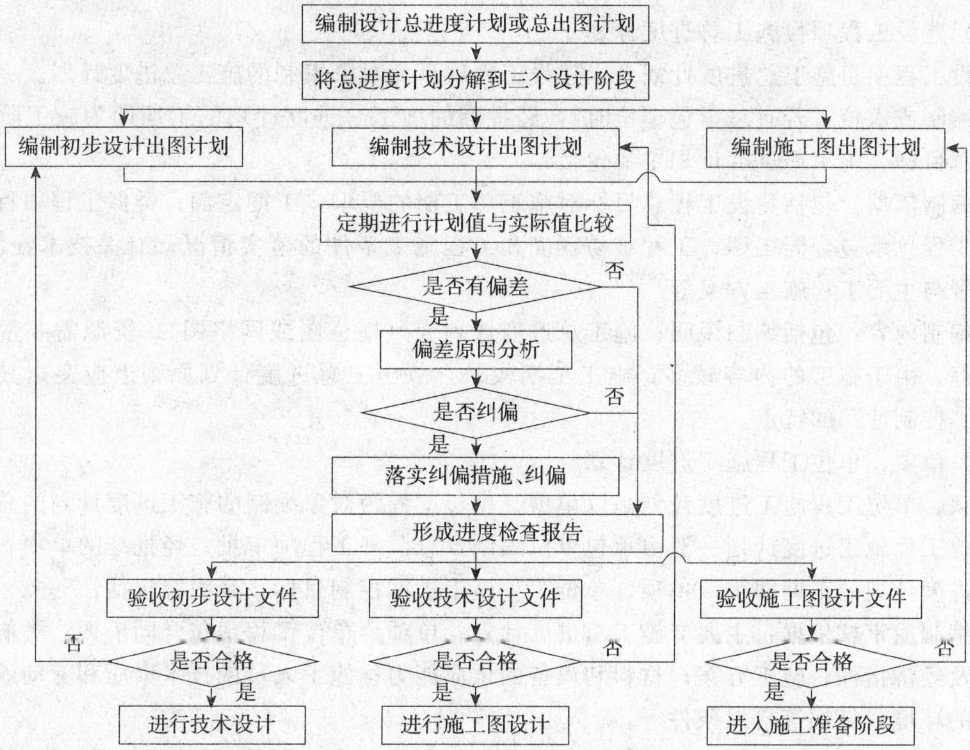

图6-11 设计阶段进度控制程序

6.3.2.3 设计阶段进度控制的主要任务

设计阶段进度控制的主要任务包括：编制设计阶段工作计划，并控制其实施；编制详细的出图计划，并控制其实施。

监理单位受业主的委托进行工程设计监理时，应落实项目监理班子中专门负责设计进度控制的人员，按合同要求对设计工作进度进行严格监控。在设计工作开始之前，首先应由监理工程师审查设计单位所编制的进度计划的合理性和可行性。在进度计划实施过程中，监理工程师应定期检查设计工作的实际完成情况，并与计划进度进行比较分析。一旦发现偏差，就应在分析原因的基础上提出纠偏措施，以加快设计工作进度。必要时，应对原进度计划进行调整或修订。在设计进度控制中，监理工程师要对设计单位填写的设计图纸进度表进行核查分析，并提出自己的见解。从而将各设计阶段的每一张图纸（包括其相应的设计文件）的进度都纳入监控之中。

6.3.3 建设工程施工阶段进度控制

6.3.3.1 施工阶段进度控制目标

建设工程施工阶段进度控制的目标是保证建设工程项目按期建成交付使用。为了有效地控制施工进度，提高进度控制的预见性和进度控制的主动性，在确定施工进度控制目标时，必须全面细致的分析与建设工程项目进度有关的各种因素。只有这样，才能拟定出一个科学、合理的进度控制目标。建设工程项目施工阶段进度控制目标系统主要由以下计划系统组成：

(1) 建设工程项目施工总进度计划

建设工程项目施工总进度计划是以建设工程项目为对象编制的施工总进度计划。一般由监理单位编制或审核（若有总承包单位时），经批准的施工总进度计划的工期即为施工阶段的进度控制总目标。施工总进度计划主要包括：

①编制依据：包括建设工程总目标对施工总工期的要求；工期定额；类似工程项目的实际进度；工程总承包合同工期；工程难易程度和工程施工条件的落实情况；有关技术经济资料；施工部署与主要工程施工方案等。

②编制内容：包括编制说明；施工总进度计划表（横道图或网络图）；资源需要量及供应平衡表等。由于施工的内容较多，施工工期较长，故施工总进度计划原则上应突出其“规划性”和“控制性”的特点。

(2) 单项、单位工程施工进度计划

单项、单位工程施工进度计划是以单项、单位工程为对象编制的施工进度计划的总称。单项、单位工程施工进度计划一般由承包单位编制，总监理工程师审批。经批准的单项、单位工程施工进度计划的工期即为该单项、单位工程施工进度控制目标。其内容包括：

①编制或审核依据：主要有施工总进度计划；单项、单位工程承包合同工期；类似工程实际进度及经济指标；施工方案；材料和设备的供应能力；施工人员的技术素质和劳动效率；施工现场的环境、气候等自然条件等。

②编制内容：包括编制说明、施工进度计划表（横道图或网络图）、资源需要量计划、风险分析及控制措施等。由于单项、单位工程施工进度计划包含的施工内容较具体明确，施工工期较短，故单项、单位工程施工进度计划既要突出其“规划指导性”，又要突出其“可行性和可操作性”。

③分部、分项工程施工进度计划：分部、分项工程施工进度计划是用来具体指导、控制分部、分项工程施工进度的计划性文件。它一般由承包单位按分部、分项工程进展情况编制的施工进度计划，由专业监理工程师审批，经批准的分部、分项工程施工进度计划的工期即为该阶段的进度控制目标。其编制依据和内容与单位工程施工进度计划相同。但分部、分项工程施工进度计划更为具体，故应突出其“可操作性”。

6.3.3.2 施工阶段进度控制程序

施工阶段进度控制程序一般按图 6-12 所示进行控制。

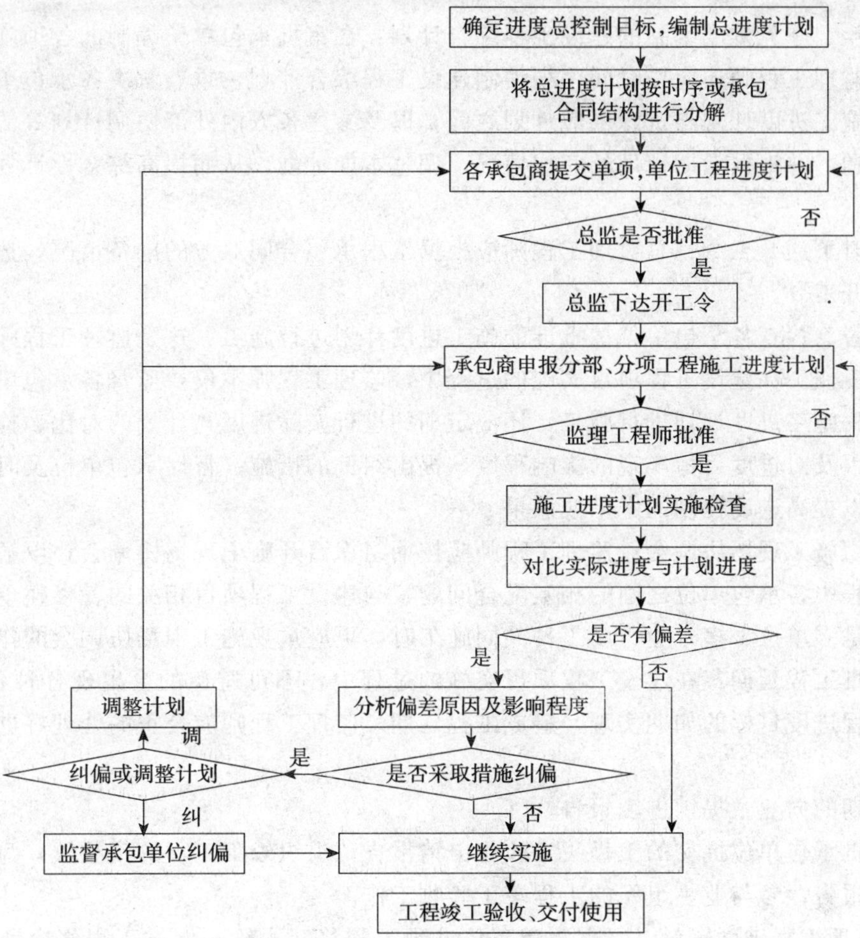

图 6-12　施工阶段进度控制程序

6.3.3.3　施工阶段进度控制工作内容

（1）各专业监理工程师分专业编制施工阶段进度控制工作细则：其主要内容包括施工进度控制目标体系；施工进度控制的主要工作内容；控制职责及责任人；进度控制工作程序；进度控制的方法；进度控制的具体措施；进度控制目标实现的风险分析及对策等。

（2）编制或审核施工总进度计划或单项、单位工程施工进度计划：监理工程师编制或审核施工总进度计划或单项、单位工程施工进度计划时重点应审核的内容有：各子项目施工进度计划的安排是否符合建设工程项目总进度目标的要求，是否符合工程承包合同中开、竣工日期的要求；施工总进度计划中是否有错项、漏项，分期分批施工是否满足分期分批动用计划的需要和配套动用的要求；施工顺序的安排是否符合施工工艺的要求；劳动力、材料、构配件、机具和设备的供应计划是否能保证进度计划的实现，供应计划是否均衡、需求高峰期是否有足够能力实现供应计划；业主的资金提供计划是否能满足进度计划需要；施工进度的安排是否与设计单位的出图计划相一致；业主提供的施工场地条件及甲供材料、设备尤其是进口设备的到货情况是否与施工进度计划相衔接；总分包单位各自编制的各项施工进度计划之间是否相协调，专业分工与进度计划的衔接是否明确合理；各级施工进度计划是否合理，是否容易造成对业主索赔的潜在诱因等。

(3) 按年、季、月度编制的建设工程综合计划：在审批承包单位编制的各项施工进度计划的基础上，监理工程师还应按时间序列编制建设工程综合计划，重点解决各承包单位施工进度计划之间，施工进度计划与资源供应计划之间，以及参建各方内外部协调计划等的综合平衡与相互衔接问题。并根据上期计划的完成情况，调整本期计划，从而提高综合性计划的指令性及控制性作用。

(4) 适时下达开工令：总监理工程师应根据工程承包合同双方的准备情况，选择合适的时机下达工程开工令。

(5) 监督、检查各承包单位按批准的施工进度计划进行施工：这是监理工程师进行进度控制的经常性工作。在建设工程项目实施的过程中，监理工程师不仅要监督各承包单位严格按批准的建设工程施工进度计划进行施工，还应定期的进行实际进度与计划的对比、检查、分析偏差出现的原因及对进度目标实现的影响程度，提出纠偏的措施、督促承包单位及时纠偏或调整进度计划。以提高进度控制的水平或效果。

(6) 组织施工现场协调会：监理工程师应按期组织召开施工现场协调会，以解决建设工程项目施工过程中各承包单位之间的相互配合问题、与建设工程项目相关的各参建单位之间的问题等。尤其是多单位、多专业、多工种共同施工时，更应重视施工现场协调会的作用。

(7) 审批工程延期：在建设工程项目实施的过程中，不可避免的会出现各种各样的变故，影响建设工程进度目标的如期实现，造成工程延期。监理工程师应公正的处理好进度方面的争议和索赔。

(8) 定期的向业主提供进度报告。

(9) 审批承包单位提交的工程竣工验收申请报告，组织竣工工程的预验收，为业主提供竣工工程评估报告，参与业主组织的工程竣工验收工作。

(10) 整理工程进度资料，督促承包单位办理工程移交手续，颁发工程移交证书，及时办理竣工工程的备案手续等。

6.3.3.4 施工进度计划的实施

施工进度计划的实施实际上就是按 PDCA 循环进行建设工程项目的目标控制的过程。在实施施工进度计划的过程中，应注意作好实际进度的实施记录，以便进行实际进度与计划进度的比较。实际进度的记录涉及要素主要有：持续时间、实物工程量、已完工程价值量和资源消耗指标等。

6.3.3.5 施工进度计划的检查

施工进度计划的检查是将实际进度与计划进度进行对比，以便掌握建设工程项目进度目标控制的实际进展情况，为下一步的控制工作提供依据。施工进度计划检查常用的方法有：

1. 横道图比较法

横道图比较法即将施工过程中观测到、记录下来的实际进度用横道图直接绘制于原横道图的下方，进行直接比较的方法。横道图比较法是管理者进行进度控制经常使用的一种简便的方法，通过对比，监理工程师便能很清晰和方便地分析出实际进度和计划进度的偏差，从而进行下一步的控制工作。用横道图比较法如图 6-13 所示。

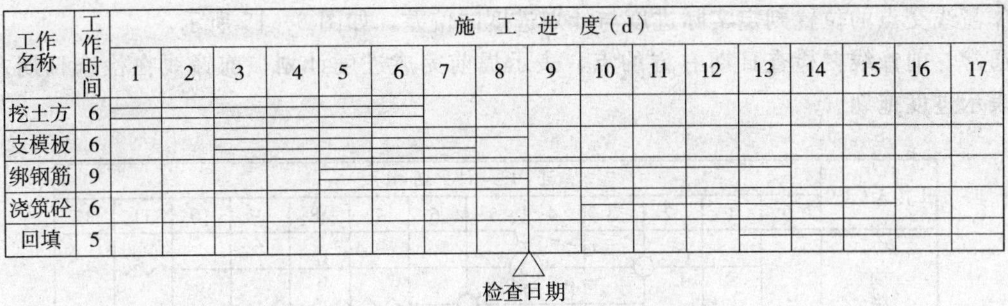

图 6-13　用横道图比较法检查进度计划

2. **用割线法检查实际进度**

用割线法检查实际进度如图 6-14 所示。点划线称为“切割线”，在第 10 天进行实际进度检查时，D 工作尚需 1 天（方括号内的数）才完成，G 工作尚需 8 天才能完成，L 工作尚需 2 天才能完成。

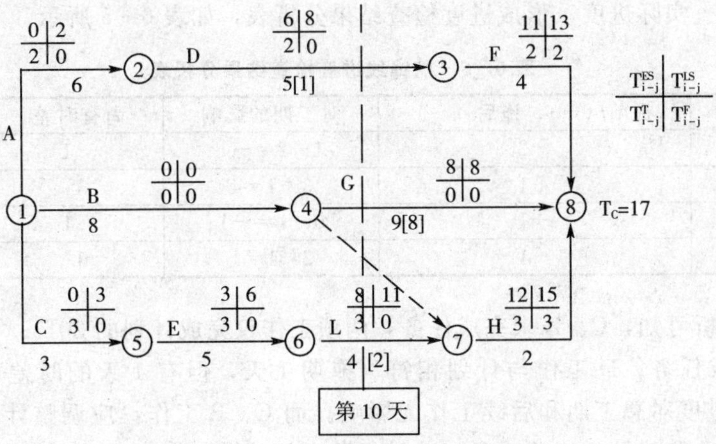

图 6-14　用切割线检查实际进度

用割线法进行实际进度检查，关键要形成如下分析表。表 6-4 为网络计划进行到第 10 天时的检查结果。

表 6-4　用切割线检查实际进度分析表

工作代号	检查时尚需时间	到计划最迟完成尚有时间	原有总时差	尚有时差	情况判断
D	1	13－10＝3	2	3－1＝2	正常
G	8	17－10＝7	0	7－8＝－1	拖期 1 天
L	2	15－10＝5	3	5－2＝3	正常

从上表的分析可知，D、L 工作正常，G 工作拖期 1 天。由于 G 工作是关键工作，所以它的拖期很有可能影响整个计划，导致整个进度拖期。故应考虑调整计划或采取赶工措施，追回损失的时间。

3. **前锋线比较法**

前锋线比较法是从检查时刻的时间坐标点出发，用点划线依次连接各工作任务的实际进度点，最后到计划检查时刻的时间坐标点的位置为止，形成一条一般为折线的前锋线，按前锋线与工作箭线交点的位置判定实际进度与计划进度的偏差。如图 6-15 所示。

通常，前锋线在检查日期右方的点，表示提前完成进度计划；前锋线在检查日期左方的点，表示进度拖期。

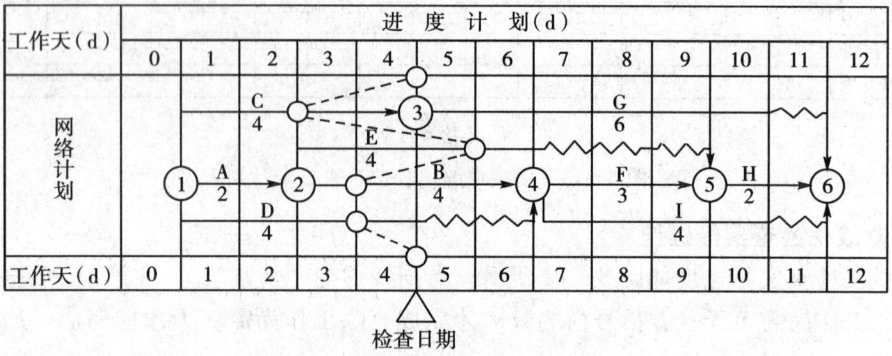

图 6-15 用前锋线检查实际进度

用前锋线检查实际进度，形成进度检查结果分析表，如表 6-5 所示。

表 6-5 前锋线进度检查结果分析表

工作代号	提前（＋）、拖后（－）	对工期的影响	尚有时差	情况判定
C	－2	1－2＝－1	－1	拖期 1 天
E	＋1	3＋1＝4	4	正常
B	－1	0－1＝－1	－1	拖期 1 天
D	－1	2－1＝1	1	正常

从上表的分析可知，C、B 未完成任务，两项工作仅完成计划的 50%；而 E 工作完成计划 150%，提前完成任务；D 工作与计划相符（拖期 1 天，但有 1 天的时差可以利用）。因此，D、E 维持当前进度对总工期和后续工作无影响。而 C、B 工作，应调整计划或采取相应的措施加快施工进度，尤其是 B 工作，处于关键线路上是关键工作，不采取措施肯定影响总工期。

4. **S 型曲线比较法**

S 型曲线是以横坐标表示进度计划的时间，纵坐标表示累计工作任务完成量而绘制出一条按计划时间累计完成任务量的曲线（见图 6-16）。S 型曲线能直观的反映工程的实际进展情况，一般在进行进度控制时，监理工程师都要事先做出计划的 S 型曲线，在建设工程项目实施的过程中，定期将实际进展情况绘制在原计划的 S 型曲线上直接进行比较。

通过比较可获得如下信息：

(1) 实际工程进展速度

如果按实际进展绘制出的点落在原计划的 S 曲线的左侧，则表示此刻实际进度比计划进度超前了，如图中的 a 点；反之，如果按实际进展绘制出的点落在原计划的 S 曲线的右侧，则表示此刻实际进度比计划进度拖后了，如图中的 b 点。

(2) 进度超前或拖后的时间

图中，$\triangle Ta$ 表示 Ta 时刻进度超前的时间，$\triangle T_b$ 表示 T_b 时刻进度拖后的时间。

(3) 工程量完成情况

图中，$\triangle Qa$ 表示 Ta 时刻超额完成的工程量（或工作量），$\triangle Q_b$ 表示 T_b 时刻拖欠的工程量（或工作量）。

(4) 后期工程进度预测

图中，虚线部分表示若后期工程按原计划实施，则总工期拖欠的预测值为△Tc。

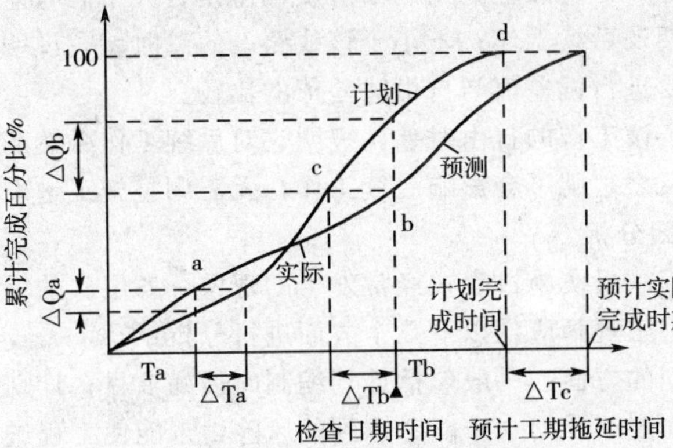

图 6-16　S 型曲线比较图

5. 香蕉型曲线比较法

香蕉型曲线是两种 S 型曲线组合成的闭合曲线：其一是以网络计划中各项工作任务的最早开始时间安排进度计划而绘制的 S 型曲线，称为 ES 曲线，即如图 6-17 所示的 A 曲线；其二是以网络计划中各项工作任务的最迟开始时间安排进度计划而绘制的 S 型曲线，称为 LS 曲线，即如图 6-17 所示的 B 曲线。检查方法是当计划进行到时间 t1 时刻，实际进度完成数量记录在 M 点。这个进度比 ES 要求的少完成$\triangle C_1 = OC_1 - OC$；比 LS 要求的多完成$\triangle C_2 = OC - OC_2$。由于它的进度比最迟时间要求提前，故不会影响总工期，只要控制得好，有可能提前$\triangle t_1 = Ot_1 - Ot_3$完成全部计划。同理可分析 t_2时间的进度状况。

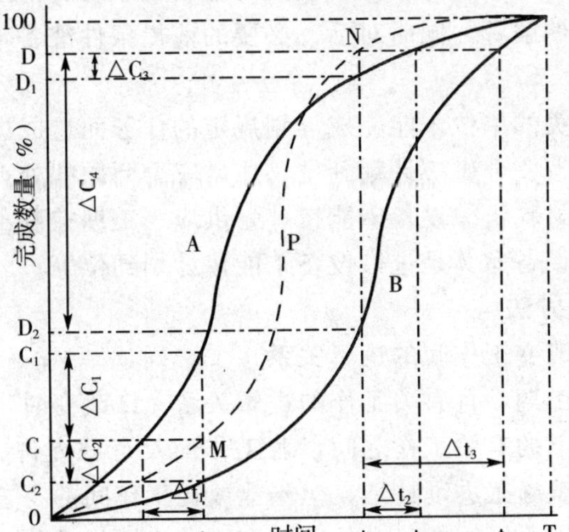

图 6-17　香蕉型曲线比较图

6.3.3.6　施工进度计划的调整

1. 施工进度计划调整的判定

施工进度计划的调整是建立在对施工进度计划检查结果分析的基础上进行的，一般从三个层次上进行分析，判断是否需要调整原施工进度计划。

（1）判断进度偏差是否是处于关键线路上的关键工作，只要偏差是处于关键线路上的关键工作，无论偏差大小，均将对总工期及后续工作产生影响，必须采取相应的措施调整进度计划。

（2）若进度偏差不在关键线路上，则判断进度偏差是否大于总时差，若大于该线路上的总时差，则必然影响总工期及后续工作；若小于该线路上的总时差，说明不影响总工期。但对后续工作是否有影响，则要进行偏差值与自由时差值的比较。

（3）若进度偏差大于该工作的自由时差，表明它对后续工作必然产生影响，需要对施工进度计划作相应的调整；反之，则不会影响后续工作，无需调整施工进度计划。

2. 施工进度偏差原因分析

进度偏差是建设工程项目实施过程中经常发生的现象，各层次的项目单元、各项目实施阶段都可能出现偏差。监理工程师应从以下几个方面进行分析：

（1）工期及相关计划的方面：一般包括计划编制时遗漏项目；计划值估算不足；资源供应能力与计划考虑不符；出现了计划中未能考虑到的风险，未能使工程进展达到预期的效果等。

（2）客观条件方面：客观条件的变化往往是控制者自身无法消除的，也是建设工程项目实施过程经常出现的。一般是由于设计的修改、设计错误、业主新的要求、修改项目目标及施工范围的扩大等造成工程量（或工作量）的增加；政府法律法规的改变、设计标准的提高等可能造成项目资源的短缺，使建设工程项目无法按期完成；不利周边环境的变化对建设工程项目的实施造成的干扰；发生不可抗力事件的影响等。

（3）主观因素方面：主要包括如下 6 点。

①监理工程师在编制或审批施工进度计划时未能与业主、承包单位或总包与分包之间等未能很好沟通，使计划与实际脱节。

②业主缺乏工期或合同意识，如施工图纸供应不及时、各种建设手续未能及时办理等。

③建设工程项目实施者对各个建设活动之间的逻辑关系没有清楚、深入的了解，下达建设工程任务时也没有作详细的解释，同时对活动必要的前提条件准备不足，各单位之间缺少协调和信息沟通等。

④与建设工程项目有关的单位未能完成计划规定的任务而造成进度的偏差，如设计单位出图不及时、业主资金未能按资金供应计划到位、质量安全问题的处理拖延了进度等。

⑤承包单位劳动力、材料机械设备未能按计划供应、工期控制不严等。

⑥业主供应的主材、设备尤其是进口设备未能按计划到位等。

3. 施工进度计划调整方法

（1）调整工作顺序，改变工作间的逻辑关系

当进度偏差影响到总工期，且有关工作的逻辑关系允许改变时，可以改变关键线路，对超过计划工期的非关键线路上的有关工作之间，若工作面及资源允许，则可通过组织流水施工、平行作业施工等方法来调整施工进度计划，但不能改变工作间的工艺关系。如在平面上对某些施工过程划分为若干个施工段组织施工，从而达到缩短工期的目的。

（2）缩短某些工作的持续时间

缩短某些工作的持续时间是通过采取增加资源投入、提高劳动效率等措施来缩短某些工作的持续时间，使工程进度加快，以保证按进度计划如期完成该工程项目的方法。实际控制时一般采取以下措施来压缩工作的持续时间。

①组织措施：通过增加工作面、增加施工作业队数、延长施工队的作业时间、增加劳动力及施工机械等措施来缩短工作的持续时间。

②技术措施：主要有改进施工工艺和施工技术、缩短施工工艺技术间歇时间、采用更先进的施工方法减少施工过程数、采用更先进的施工机械等。

③经济措施：让承包方实行包干奖励、提高奖金额度；让业主对承包方采取的技术、组织措施给予一定的经济补偿等。

④其他措施：主要有改善外部配合条件、改善劳动条件、加强施工过程中的调度等。

(3) 批准延期，调整原进度计划

当上述两种办法均不能采用时，监理工程师应根据工程项目的具体情况，批准工程延期，调整原施工进度计划。

在建设工程项目实施的过程中无论是调整原施工进度计划或采取措施减少作业时间，都涉及到额外费用的增加。因此，在调整施工进度计划或缩短施工作业时间时应选择费用增加最少的方案，并结合合同条款中工期延误罚款额度，综合考虑调整方案。

6.3.3.7　施工阶段工程延期的处理

在建设工程项目的施工过程中，由于建设工程的特殊性，不可避免地会发生工期的延长，一般这种延长有两种情况：工期延误和工程延期。虽然它们都是使工程拖期，但性质不同，如果是属于工期延误，则由此造成的一切损失均应由承包单位承担。同时，业主还有权对承包单位施行违约误期罚款；而如果是属于工程延期，则承包单位不仅有权要求延长工期，而且还有权向业主提出赔偿费用的要求以弥补由此造成的额外损失。

1. 工程延期的申报与审批

(1) 申报工程延期的条件：一般由于以下原因导致工程延期，承包单位有权提出延长工期的申请，监理工程师应按合同规定，批准工期顺延的具体时间。

①监理工程师发出工程变更指令而导致工程量增加；

②合同所涉及的任何可能造成工程延期的原因，如延期交图、工程暂停、对合格工程的剥离检查及不利的外界条件等；

③异常恶劣的气候条件；

④ 由业主造成的任何延误、干扰或障碍，如未及时提供施工场地、未及时付款等；

⑤除承包单位自身以外的其他任何原因。

(2) 工程延期的审批程序：工程延期的审批程序如图 6 - 18 所示。当工程延期事件发生后，承包单位应在合同规定的有效期内以书面形式通知监理工程师（即工程延期意向通知），以便于监理工程师尽早了解所发生的事件，及时作出一些减少延期损失的决定。随后，承包单位应在合同规定的有效期内（或监理工程师可能同意的合理期限内）向监理工程师提交详细的申述报告（延期理由及依据）。监理工程师收到该报告后应及时进行调查核实，准确地确定出工程延期时间。

当延期事件具有持续性，承包单位在合同规定的有效期内不能提交最终详细的申述报告时，应先向监理工程师提交阶段性的详情报告。监理工程师应在调查核实阶段性报告的基础上，尽快作出延长工期的临时决定。临时决定的延期时间不宜太长，一般不超过最终批准的延期时间。延期事件结束后，承包单位应在合同规定的期限内向监理工程师提交最终的详情报告。监理工程师应复查详情报告的全部内容，然后确定该延期事件所需要的延期时间。如果遇到比较复杂的延期事件，监理工程师可以成立专门小组进行处理。对于一时难以作出结论的延期事件，即使不属于持续性的事件，也可以采用先作出临时延期的决定，然后再作出最后决定的办法。这样既可以保证有充足的时间处理延期事件，又可以避免由于处理不及时而造成的损失。监理工程师在作出临时工程延期批准或最终工程延期批准之前，均应与业主和承包单位进行协商。

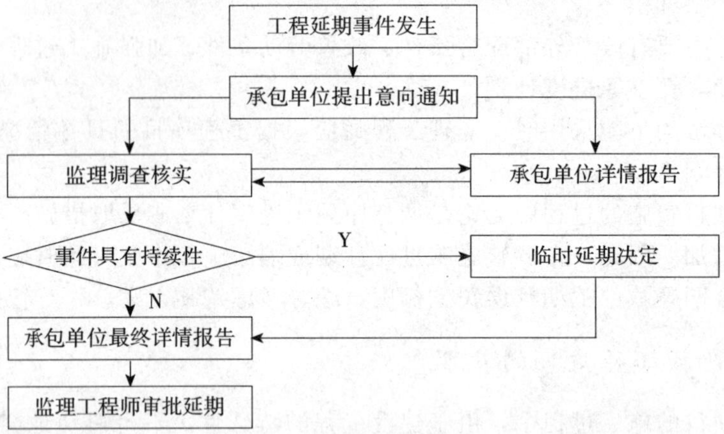

图 6－18 工程延期的审批程序

（3）工程延期的审批原则：监理工程师在审批工程延期时应遵循下列几点。

① 合同条件：监理工程师批准的工程延期必须符合合同条件。也就是说，导致工期拖延的原因确实属于承包单位自身以外的，否则不能批准为工程延期。这是监理工程师审批工程延期的一条根本原则。

②影响工期：发生延期事件的工程部位，无论其是否处在施工进度计划的关键线路上，只有当所延长的时间超过其相应的总时差时，才能批准工程延期。如果延期事件发生在非关键线路上，且延长的时间并未超过总时差，即使符合批准为工程延期的合同条件，也不能批准工程延期。应当说明，建设工程施工进度计划中的关键线路并非固定不变，他会随着工程的进展和情况的变化而转移。监理工程师应以承包单位提交的、经自己审核后的施工进度计划（不断调整后）为依据来决定是否批准工程延期。

③实际情况：批准的工程延期必须符合实际情况。为此，承包单位应对延期事件发生后的各类有关细节进行详细记载，并及时向监理工程师提交详细报告。与此同时，监理工程师也应对施工现场进行详细考察和分析，并做好有关记录，以便为合理确定工程延期时间提供可靠依据。

2. 工程延期的控制

发生工程延期事件，不仅影响工程的进展，而且会给业主带来损失：因此，监理工程师应做好以下工作，以减少或避免工程延期事件的发生。

（1）选择合适的时机下达工程开工令：监理工程师在下达工程开工令之前，应充分考虑业主的前期准备工作是否充分。特别是征地、拆迁问题是否已解决，设计图纸能否及时提供，以及付款方面有无问题等，以避免由于上述问题缺乏准备而造成工程延期。

（2）提醒业主履行施工承包合同中所规定的职责：在施工过程中，监理工程师应经常提醒业主履行自己的职责，提前做好施工场地及设计图纸的提供工作，并能及时支付工程进度款，以减少或避免由此而造成的工程延期。

（3）妥善处理工程延期事件：当延期事件发生以后，监理工程师应根据合同规定进行妥善处理。既要尽量减少工程延期时间及其损失，又要在详细调查研究的基础上合理批准工程延期时间。此外，业主在施工过程中应尽量减少干预、多协调，以避免由于业主的干扰和阻碍而导致延期事件的发生。

6.4　建设工程投资控制

6.4.1　概述

6.4.1.1　建设工程投资的概念

建设工程投资，一般是指进行某项建设工程花费的全部费用。生产性建设工程总投资包括建设投资和流动资产投资两部分，即由该工程项目有计划地进行固定资产再生产和形成相应无形资产以及建设工程其他投资组成。

建设工程投资一般应包括设备及工器具购置费用、建筑安装工程费用、建设工程其他费用、预备费、建设期利息、固定资产投资方向调节税等，如果是生产性建设工程投资，还应当包括流动资金部分，如图 6-19 所示。

- 建设工程总投资
  - 建设投资
    - 设备及工器具购置费用
      - 设备购置
        - 设备原价
        - 设备运杂费
      - 工具器具及生产家具购置费
    - 建筑安装工程费用
      - 直接费
        - 直接工程费
        - 措施费
      - 间接费
        - 规费
        - 企业管理费
      - 利润
      - 税金
    - 建设工程其他费用
      - 土地使用费
      - 与项目建设有关的其他费用
      - 与未来企业生产经营有关的费用
    - 预备费
      - 基本预备费
      - 涨价预备费
    - 建设期利息
    - 固定资产投资方向调节税（自 2000 年 1 月 1 日暂停征收）
  - 流动资产投资—铺底流动资金

图 6-19　我国现行建设工程投资构成

6.4.1.2　建设工程投资的确定

在确定工程开始施工之前，应预先对建设工程投资进行计算和确定。建设工程投资在不同阶段的具体表现形式为投资估算、设计概算、施工图预算、招标工程标底、投标报价、工程合同价等。建设工程投资表现形式多种多样，但确定的基本原理是相同的。采用何种建设工程投资的计算方法和表现形式主要取决于对建设工程的了解程度，应与建设工程和建设工作的深度相适应，建设工程投资的计算方法和表现形式不同，所需确定依据也就不同。建设工程投资的不同形式之间的对应关系如图 6－20 所示。

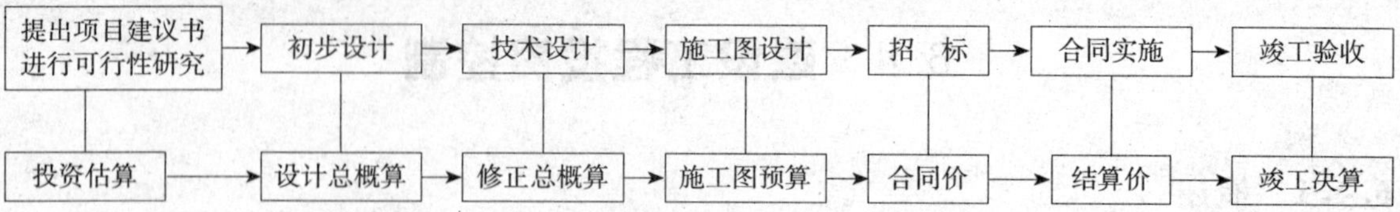

图 6－20　建设工程投资不同形式的对应关系

6.4.1.3　建设工程投资控制的概念

所谓建设工程投资控制，就是在投资决策阶段、设计阶段、建设项目发包阶段和施工阶段以及竣工阶段，把建设项目投资控制在批准的限额以内，随时纠正发生的偏差，以保证项目投资管理目标的实现，以求在各个建设项目中能够合理使用人力、物力、财力，取得较好的投资效益和社会效益。

就建设工程投资控制来说，要认识到建设工程项目是一个周期长、数量大的生产消费过程。由于建设项目多次计价，因此投资控制目标的设置也是一个动态的过程，它随着建设项目的进程，分阶段进行目标的控制。投资估算是初步设计阶段投资控制的目标；设计概算是进行技术设计的投资控制的目标；修正概算是施工图设计投资控制的目标；施工图预算或建安工程承包合同价格则是施工阶段建安工程投资控制的目标。有机联系的阶段目标相互制约、相互补充、前者控制后者，后者补充前者，共同组成项目投资控制的目标系统。

建设工程投资控制，不是单一的目标控制。控制项目投资目标，必须兼顾质量目标和进度目标。以保证质量、进度合理的前提下，把实际投资控制在目标值以内。

6.4.1.4　建设工程投资控制的重点

建设工程的投资控制是工程监理的一项主要任务，它贯穿于建设工程的各个阶段，贯穿于监理工作的各个环节，起到了对建设工程投资进行系统管理控制的作用。不同建设阶段，各种因素影响建设工程投资程度如图 6－21 所示。可见建设项目最后实现的经济效果，很大程度是由设计工作决定的，而设计工作又是体现和贯彻决策意图的。表明项目决策阶段对项目投资具有决定性影响，项目设计阶段对项目投资具有重要影响。也就是说，建设工程投资控制的重点是建设工程项目决策阶段和设计阶段。

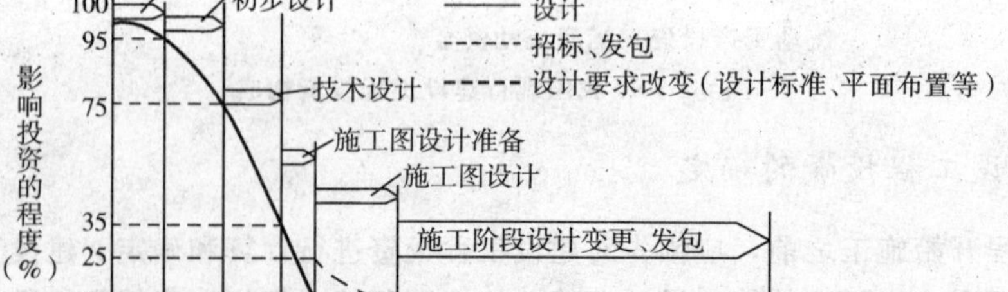

图 6－21　不同建设阶段影响建设工程投资程度示意图

6.4.1.5　工程监理在项目投资控制方面的目标和业务内容

（1）在建设前期阶段进行建设项目可行性研究，对拟建项目进行财务评价（微观经济评价）和国民经济评价（宏观经济评价）。

（2）在设计阶段，提出设计要求，用技术经济方法组织评选设计方案，协助选择勘察、设计单位，商签勘察、设计合同并组织实施审查设计概预算。

（3）在施工招标阶段，准备与发送招标文件，协助评审投标书，提出决标建议，协助建设单位与承建单位签订承包合同。

（4）在施工阶段，审查承包单位提出的施工组织设计，提出改进意见，督促检查承包单位严格执行工程承包合同，调解建设单位与承包单位之间的争议，处理经济索赔，签署工程款付款凭证，审查工程结算等。

工程监理在项目投资控制方面的目的是尽力实现实际投资不超过计划投资的目标。因监理工作过失而造成的重大事故的监理企业，要对事故的损失承担一定的经济赔偿，赔偿办法由监理合同事先约定。

6.4.2　决策阶段投资控制

建设工程项目的决策阶段是对项目投资控制影响最大的阶段，所以决策阶段合理确定投资额、控制投资是监理工程师做好投资控制的基础。决策阶段的投资控制主要体现在投资估算、项目评价等方面。

6.4.2.1　工程项目的投资估算

工程项目的投资估算是进行项目决策的主要依据，是建设项目投资的最高限额，是资金筹措、设计招标、优选设计单位和设计方案的依据。在决策阶段应采用适当的方法，合理确定估算投资。工程项目的投资估算方法很多，例如，资金周转率法、比例估算法，系数估算法、指标估算法等。

投资估算工作可分为项目建议书阶段的投资估算、初步可行性研究阶段的投资估算、详细可行性研究阶段的投资估算等。不同阶段所具备的条件、掌握的资料和投资估算的要求不同，因而投资估算的准确程度在不同阶段也不同。在项目建议书阶段投资的误差率可在±30%以内；初步可行性研究阶段，投资估算的误差率在±20%以内；详细可行性研究阶段，投资估算的误差率可在±10%以内。

6.4.2.2　项目评价

项目评价主要包括经济评价、环境影响评价和社会评价等内容。

（1）经济评价

项目的经济评价是项目可行性研究的有机组成部分和重要内容，是项目决策科学化的重要手段。经济评价的目的是根据国民经济和社会发展战略和行业、地区发展规划的要求，在做好产品（服务）市场需求预测及厂址选择、工艺技术选择等工程技术研究的基础上，计算项目的效益和费用，通过多方案的比较，对拟建项目的财务可行性和经济合理性进行论证，做出全面的经济评价，为项目的科学决策提供依据。财务评价（微观经济评价）一般包括对项目的盈利能力分析、偿债能力分析和不确定性分析三部分内容。

①根据建设工程项目财务评价指标体系是否考虑资金时间价值，可分为静态评价指标和动态评价指标，如图 6－22 所示。

- 财务评价指标
  - 静态评价指标
    - 静态资金回收期
    - 固定资产投资借款偿还期
    - 投资利润率
    - 投资利税率
    - 资本金利润率
    - 财务比率
      - 资产负债率
      - 流动比率
      - 速动比率
  - 动态评价指标
    - 动态投资回收期
    - 财务净现值
    - 财务内部收益率
    - 净现值率
    - 经济换汇成本
    - 经济节汇成本

图 6－22 财务评价指标分类之一

②项目财务评价指标按评价内容的不同，还可分为盈利能力分析指标和偿债能力分析指标两类，如图 6－23

- 财务评价指标
  - 盈利能力分析指标
    - 财务内部收益率
    - 财务净现值
    - 投资回收期
    - 投资利润率
  - 偿债能力分析指标
    - 借款偿还期
    - 利息备付率
    - 偿债备付率

图 6－23 财务评价指标分类之二

（2）环境影响评价

工程项目一般会引起项目所在地自然环境、社会环境和生态环境的变化，对环境状况、环境质量产生不同程度的影响。环境影响评价是在研究确定厂址方案和技术方案中，调查研究环境条件、识别和分析拟建项目影响环境的因素、研究提出治理和保护环境的措施、优选和优化环境保护方案。环境影响评价主要包括环境条件调查、环境影响因素分析、环境保护措施等。

（3）社会评价

社会评价是分析拟建项目对当地社会的影响和当地社会条件对项目的适应性和可接受程度，评价项目的社会可行性。社会评价适应于那些社会因素较复杂、社会影响较为显著、社会矛盾较为突出、社会风险较大的投资项目。

（4）风险分析

风险分析是在市场预测、技术方案、工程方案、融资方案和社会评价论证中已进行的初步风险分析的基础上，进一步综合分析识别拟建项目在建设和运营中潜在的主要风险要素，找出风险来源，判别风险程度，提出规避风险对策，降低风险损失。

6.4.3 设计阶段的投资控制

设计阶段是建设工程项目做出投资决策后投资控制的重点。在设计阶段主要是通过增强设计标准和标准设计的意识、采取限额设计方法、应用价值工程进行优化设计以及对设计概算的审查等手段和方法，使设计在满足质量和功能的前提下，实现投资的控制目标。

6.4.3.1 设计概算的编制

设计概算是在初步设计或扩大初步设计阶段，由设计单位按照设计要求概略地计算拟建工程从立项开始到交付使用为止全过程所发生的建设费用的文件，它是设计文件的组成部分。设计概算分为单位工程概算、单项工程综合概算、建设工程项目总概算 3 级。如图 6 - 24。

- 建设项目总概算
  - 单项工程综合概算
    - 单位工程概算
    - 单位设备及安装工程概算
  - 工程建设其他费用概算
  - 预备费、投资方向调节税、建设期贷款利息等

图 6 - 24　建设项目总概算

(1) 单位工程概算的主要编制方法

①建筑单位工程概算的编制方法

建筑单位工程概算编制的方法主要由扩大单价法、概算指标法和类似工程预算法。

②设备及安装单位工程概算的编制　设备及安装单位工程概算由设备购置费和安装工程费两部分组成。设备购置概算的编制一般按设备原价和设备运杂费进行计算。设备及安装工程概算可按预算单价法、扩大单价法和概算指标法等方法进行编制。

(2) 单项工程综合概算的编制

单项工程综合概算是单项工程建设费用的综合。一个单项建筑工程概算，一般包括土建．给排水、电气、采暖、通风、空调工程等单位工程概算。当不编总概算时，除了计算上述各单位工程预算，还应列入其他费用和预备费，主要建筑材料表及编制说明。

单项工程概算的编制方法只是各单位工程概算的汇总。

综合概算书是工程项目总概算书的组成部分，是编制总概算书的基础文件，一般由编制说明和综合概算两个部分组成。编制说明主要包括：编制依据；编制方法；主要材料和设备的数量；其他有关问题。

(3) 总概算的编制

建设工程项目总概算，即全部主要工程项目、辅助、附属或小型建筑工程、室外工程、工程建设其他费用以及预备费、固定资产投资方向调节税、建设期贷款利息等综合概算和单位工程概算的汇总后，所确定的整个建设工程项目总投资。其概算文件包括全部单位工程，单项工程的概算表以及主要建筑材料、设备表和编制说明。

总概算书一般主要包括编制说明和总概算表。有的还列出单项工程综合概算表、单位工程概算表。编制说明主要包括：工程概况；编制依据；编制范围；编制方法；投资分析；主要设备和材料数量；其他有关问题等。

初步设计概算应根据概算定额（概算指标）、费用定额等，以概算编制时的价格进行编制，并按照有关规定合理地预测概算编制至竣工期间的价格、利率、汇率等动态因素，打足建设工程项目投资。

6.4.3.2 监理工程师对设计概算的审查

审查设计概算，有利于合理分配投资基金，加强投资计划管理；促进概算编制单位严格执行国家有关概算的编制规定和费用标准，从而提高概算的编制质量；促进设计的技术先进性与经济合理性；使建设工程项目总投资做到准确、完整，防止任意扩大投资规模或出现漏项，从而减少投资资金缺口，缩小概算与预算之间的差距，避免初始故意压低概算投资，在实施过程中却不断要求增加投资，最后导致实际造价大幅度地突破概算。

6.4.3.3 施工图预算的编制

施工图预算是设计阶段控制工程造价的重要环节，是施工图设计不突破设计概算的重要措施。施工图预算的编制有工料单价法和综合单价法两种。

(1) 工料单价法

工料单价法是以分部分项工程量乘以单价后的合计为直接工程费，直接工程费以人工、材料、机械的消耗量及其相应价格确定。直接工程费汇总后另加间接费、利润、税金生成建筑工程或安装工程造价，其计算程序分为3种（见表6-6、6-7、6-8）。

表6-6 以直接费为计算基础

序 号	费用项目	计算方法	备 注
(1)	直接工程费	按预算表	
(2)	措施费	按规定标准计算	
(3)	小 计	(1) + (2)	
(4)	间接费	(3) ×相应费率	
(5)	利 润	(3) ×相应利润率	
(6)	合 计	(3) + (4) + (5)	
(7)	含税造价	(6) × (1+相应税率)	

表6-7 以人工费和机械费为计算基础

序 号	费用项目	计算方法	备 注
(1)	直接工程费	按预算表	
(2)	其中人工费和机械费	按预算表	
(3)	措 施 费	按规定标准计算	
(4)	其中人工费和机械费	按规定标准计算	
(5)	小 计	(1) + (3)	
(6)	人工费和机械费小计	(2) + (4)	
(7)	间 接 费	(6) ×相应费率	
(8)	利 润	(6) ×相应利润率	
(9)	合 计	(5) + (7) + (8)	
(10)	含税造价	(9) × (1+相应税率)	

表 6 - 8　以人工费为计算基础

序　号	费用项目	计算方法	备　注
(1)	直接工程费	按预算表	
(2)	直接工程费中人工费	按预算表	
(3)	措　施　费	按规定标准计算	
(4)	措施费中人工费	按规定标准计算	
(5)	小　计	(1) ＋ (3)	
(6)	人工费小计	(2) ＋ (4)	
(7)	间　接　费	(6) ×相应费率	
(8)	利　润	(6) ×相应利润率	
(9)	合　计	(5) ＋ (7) ＋ (8)	
(10)	含税造价	(9) × (1＋相应税率)	

(2) 综合单价法

综合单价法的分部分项工程单价为全费用单价，全费用单价经综合计算后生成，其内容包括直接工程费、间接费、利润和风险因素（措施费也可按此方法生成全费用价格）。各分项工程量乘以综合单价的合价汇总后，再加规费和税金，便可生成建筑或安装工程造价。

由于分部分项工程中的人工、材料、机械含量的比例不同，各分项工程可根据其材料费占人工费、材料费、机械费合计的比例（以字母“C”代表该项比值）在以下三种计算程序中选择一种，计算其综合单价。

①C＞Co（Co 为本地区原费用定额测算所选典型工程材料费占人工费、材料费和机械费合计的比例）时，可采用以人工费、材料费、机械费合计为基数计算该分项工程的间接费和利润。见表 6 - 9。

表 6 - 9　以直接费为计算基础

序　号	费用项目	计算方法	备　注
(1)	分项直接工程费	人工费＋材料费＋机械费	
(2)	间　接　费	(1) ×相应费率	
(3)	利　润	(1) ×相应利润率	
(4)	合　计	(1) ＋ (2) ＋ (3)	
(5)	含税造价	(4) × (1＋相应税率)	

②C＜Co 值的下限时，可采用以人工费和机械费合计为基数计算该分项的间接费和利润。见表 6 - 10。

表 6 - 10　以人工费和机械费为计算基础

序　号	费用项目	计算方法	备　注
(1)	分项直接工程费	人工费＋材料费＋机械费	
(2)	其中人工费和机械费	人工费＋机械费	
(3)	间　接　费	(2) ×相应费率	
(4)	利　润	(2) ×相应利润表	
(5)	合　计	(1) ＋ (3) ＋ (4)	
(6)	含税造价	(5) × (1＋相应税率)	

③如该分项的直接费仅为人工费，无材料费和机械费时，可采用以该分项的间接费和利润。见表6-11。

表6-11 以人工费为计算基础

序 号	费用项目	计算方法	备 注
(1)	分项直接工程费	人工费+材料费+机械费	
(2)	直接工程费中人工费	人工费	
(3)	间 接 费	(2)×相应费率	
(4)	利 润	(2)×相应利润率	
(5)	合 计	(1)+(3)+(4)	
(6)	含税造价	(5)×(1+相应税率)	

6.4.3.4 监理工程师对施工图预算的审查

施工图预算的审查重点是施工图预算的工程量计算是否准确，定额或单价套用是否合理，各项取费标准是否符合现行规定。审查可采用全面审查、筛选审查、对比审查、重点审查等多种方式，以保证投资控制的有效性。

6.4.4 招投标阶段的投资控制

在建设工程招投标阶段，监理工程师主要通过协助业主拟定招标方式、准备和发送招标文件、确定合同计价形式、编制标底、协助评审投标文件等具体工作，来控制建设合同价不突破预期的目标。

6.4.4.1 建设工程招标标底价格的确定

标底是建筑安装工程造价的表现形式之一。是由招标单位自行编制或委托有相应资质的工程造价咨询单位、经工程造价咨询资质管理部门核准认可或由工程发包代理等单位依据国家规定的计价依据和计价办法计算出来的工程造价，是招标人对建设工程的期望价格。也是判断投标报价合理性的依据，制定标底是工程招标的一项重要准备工作。

只有经过审定后的标底，才能保证其合理性、准确性和公正性。

对于实行招标承包的工程项目，若不重视标底的审查工作，承受招标风险的首先是业主。因此，必须认真对待标底价格，加强对标底价格的审查，保证标底的准确、严谨、严肃和科学。

6.4.4.2 建设工程施工评标和定标

监理工程师在招投标阶段除具有编制招标文件和标底的能力和技巧外，还必须掌握正确的评标定标的原则和科学的评标定标方法，正确地选择中标单位。

对一个投标商在技术能力、管理能力和资金来源等方面综合评价一般分为两个阶段进行。第一阶段是在投标邀请书发出以前，业主寻找对本工程有兴趣的并对本工程的特殊方面有经验的承包企业，然后对其进行评估，以确定他们是否是合适的“预定投标商”。第二阶段是从投标书的递交到评价结束。这一阶段是真正对承建商目前履行合同的能力进行最终的彻底的评价。不仅要对单个公司进行评价，还应包括对指定或批准使用的分包公司进行评价。并且要考虑与其相关的子公司或下属单位之间的合同关系或工作关系。

6.4.5　施工阶段的投资控制

建设工程项目施工阶段是资金投放量最大的阶段，又是合同双方利益冲突最大的阶段。再加上施工持续时间长、动态性强等特点，对施工阶段进行投资控制是非常重要的。监理工程师在工程项目施工阶段投资控制的主要工作包括：编制资金使用计划，审核工程款支付情况，审核工程变更报告、工程计量、工程款结算及处理索赔等。

6.4.5.1　编制资金使用计划

在施工阶段进行投资控制的基础和前提是合理确定投资资金使用计划。资金使用计划编制过程中最重要的步骤，就是项目投资目标的分解。根据投资控制目标和要求的不同，投资目标的分解可以分为按投资构成、按子项目、按时间三种分解类型。

(1) 按投资构成分解

工程项目投资构成主要包括：建筑安装工程投资、设备工器具购置投资以及工程建设其他投资构成。工程项目投资总目标的分解如图6－25。这种分解方式主要适用于有大量经验数据的工程项目。

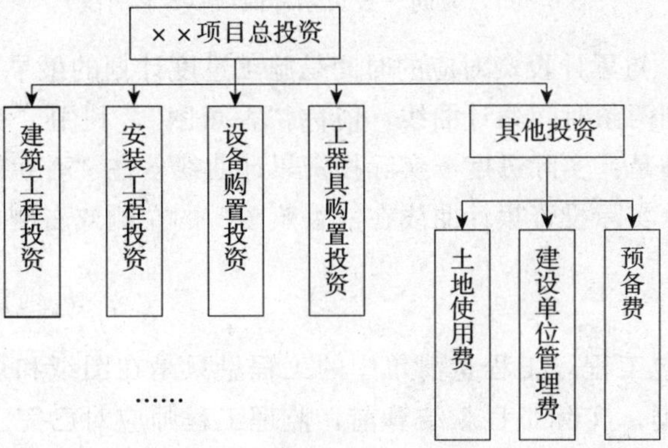

图6－25　按投资构成分解总投资

(2) 按子项目分解

这种分解方式适用于有多个单项工程的项目，如图6－26。

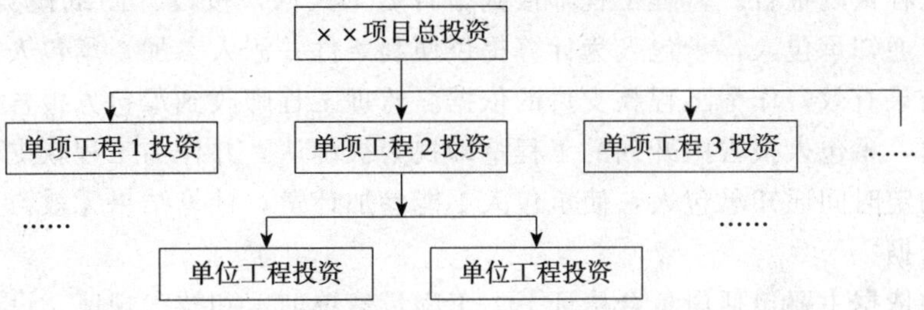

图6－26　按子项目分解总投资

(3) 按时间进度分解

工程项目的投资是分阶段、分期支出的，资金应用是否合理与资金的使用时间安排有密切关系。编制按时间进度的资金使用计划，通常先确定施工进度计划，然后在此基础上按时间－投资累计曲线（s形曲线）的形式做出投资计划。其基本步骤为：

①确定工程进度计划。

②根据每单位时间内完成的工程量或投入的人力、物力和财力，计算单位时间的投资，在时标网络上按时间编制投资支出计划。

③计算规定时间点的计划累计完成的投资额，

④按各规定时间的计划累计完成的投资额，绘制S形曲线。例：某项目在每月资金使用计划的基础上计算出累计投资，绘制的S形曲线如图6－27所示。

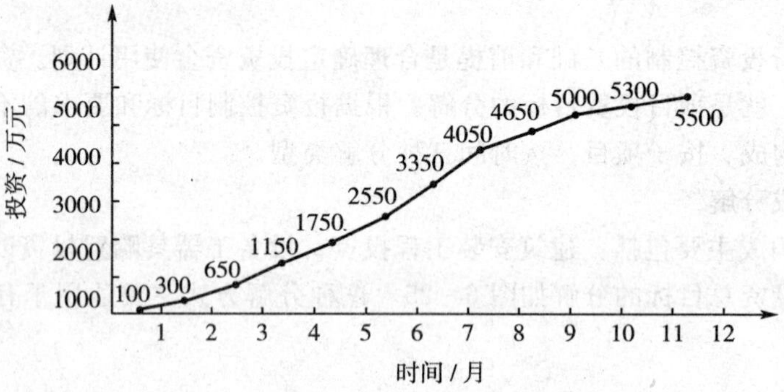

图6－27 时间—投资累计曲线（S形曲线）

在绘制S形曲线时，与累计投资对应的时间是施工进度计划的最早可能开始时间和最迟必须开始时间，因此，可得到两条时间累计曲线，俗称“香蕉图”。利用“香蕉图”对投资状况进行检查和控制，其基本原理是：实际进度一实际投资累计曲线若在“香蕉图”的左右曲线以内，说明投资实施正常，反之，实际投资累计曲线在“香蕉图”的左侧或右侧，则投资有偏差。

6.4.5.2 工程计量

采用单价合同的承包工程，工程量清单中的工程量只是在图纸和规范基础上的估算值，不能作为工程款的结算依据。实际工程款结算前，监理工程师应对已完工程量进行计量，作为工程款的结算凭据。工程计量是控制工程项目投资支出的关键环节，又是约束承包商履行合同义务的手段。

（1）计量程序

施工合同文本规定，工程计量的一般程序是：承包方在专用条款约定的时间内，向监理工程师提交已完工程量的报告。监理工程师接到报告后7天内，按设计图纸核实已完成工程量，并在计算前24h通知承包人，承包人为计算提供便利条件并派人参加。承包人得到通知后不参加计量，计算结果有效，作为工程款支付的依据。监理工程师收到承包方报告后7天内未进行计量，第8天起，承包人报告中开列的工程量即视为被确认，并作为工程款支付的依据。监理工程师不按照约定时间通知承包人，使承包人不能参加计量，计算结果无效。

（2）计算依据

工程计量的依据主要包括质量合格证书、工程量清单前言和技术规范、设计图纸。对于承包商已完的工程，并不是全部进行计量，而只是质量达到合同标准的已完工程才予以计量，所以质量合格证书是工程计量的基础和依据。监理工程师对已完工程计量，不能以实际完成的工程量为依据，而是主要以图纸为依据，对于承包商超出设计图纸要求增加的工程量和自身原因造成返工的工程量，不予计量。

(3) 计量方法

工程计量方法主要有均摊法、凭据法、断面法、图样法和分解计量法。监理工程师对工程项目进行计量，根据不同的计量方法。例如，为监理工程师提供宿舍、保养测量设备、保养气象记录设备、维护工地清洁和整洁等费用主要采用均摊法；提供建筑工程保养费、提供第三方责任险保险费、提供履约保证金按凭据法计量；填筑土方工程采用断面法计量；混凝土的体积等许多项目按图样法计量；若一个项目，根据工序或部位分解为若干子项时，可以使用分解计量法。

6.4.5.3　工程变更的索赔

在工程项目的实施过程中，由于多方面的情况变化，经常出现工程量变化、进度计划变更，以及发包方与承包方在执行合同中的争执等问题，有可能使该项目投资超出原来的预算投资，监理工程师必须严格予以控制，密切注意其对未完成工程投资支出的影响及对工期的影响。

(1) 工程变更的管理

①监理机构应按照下列程序处理工程变更：设计单位对原设计存在的缺陷提出的工程变更，应编制设计变更文件；建设单位或承包单位提出的变更，应提交总监理工程师，总监理工程师组织专业监理工程师审查。审查同意后，应由建设单位转交原设计单位编制设计变更文件。当工程变更涉及安全、环保等内容时，应按有关规定经有关部门审定。

②项目监理机构应了解实际情况并收集与工程变更有关的资料。

③总监理工程师必须根据实际情况、设计变更文件和其他有关资料，按照施工合同的有关款项，在指定的专业监理工程师完成确定工程变更项目与原工程项目之间的类似程度和难易程度；确定工程项目变更的工程量；确定工程变更的单价或总价工作后，对工程变更的费用和工期做出评估。

④总监理工程师应就工程变更费用及工期的评估情况与承包单位进行协调。

⑤总监理工程师签发工程变更单。工程变更单应包括工程变更要求、工程变更说明、工程变更费用和工期、必要的附件等内容，有设计变更文件的工程变更应附设计变更文件。

⑥项目监理机构根据变更单，监督承包单位实施。在建设单位和承包单位未能就工程变更的费用等方面达成协议时，项目监理机构应提出 个暂定的价格，作为临时支付工程款的依据。该工程款最终结算时，应以建设单位与承包单位达成的协议为依据。在总监理工程师签发工程变更单之前，承包单位不得实施工程变更。未经总监理工程师审查同意实施的工程变更，项目监理机构不得予以计量。

(2) 工程变更价款的确定方法

合同价格的变更，在一定的时间内，由承包方提出变更价格，报监理工程师批准后可调整合同价款和竣工日期。监理工程师审核承包方所提出的变更价款是否合理时可考虑以下原则：

①合同中是否有适用于变更工程的价格，按合同已有的价格变更合同价款；

②合同中只有类似于变更工程的价格，可以参照类似价格变更合同价款；

③合同中没有适用或类似于变更工程的价格，由承包人提出适当的变更价格，经监理工程师确定后执行。

实际工作中，可以采用合同中工程量清单的单价和价格来确定变更价款，也可以通过协商来确定单价和价格。

(3) 索赔控制

索赔是工程承包合同履行中，当事人一方因对方不履行或不完全履行约定的义务，或者由于对方的行为使权利人受到损失时，要求对方补偿损失的权利。索赔在工程项目实施过程中经常发生，其结果是导致项目的投资发生变化。因此索赔的控制也是建设工程施工阶段投资控制的重要手段。

6.4.5.4 工程结算

(1) 工程进度款结算方式

①按月结算与支付。即实行按月支付进度款，竣工后清算的办法。合同工期在两个年度以上的工程，在年终进行工程盘点，办理年度结算。

②分段结算与支付。即当年开工、当年不能竣工的工程按照工程形象进度，划分不同阶段支付工程进度款。具体划分在合同中明确。

(2) 工程价款支付的方法和时间

①工程预付备料款。指施工企业承包工程储备主要材料、构件所需的流动资金。

影响预付备料款的因素有：主要材料占施工产值的比重、材料储备天数、施工工期等。

$$\text{备料款限额}=\frac{\text{全年施工产值}\times\text{主要材料所占比重}}{\text{年度施工日历天数}}\times\text{材料储备天数}$$

一般建筑工程备料款不应超过当年建筑工作量的30%，安装工程不超当年工作量的10%—15%。预付备料款相当于发包方借给承包方的流动资金，到工程后期要陆续扣回，其方式为抵充工程价款。备料款的扣回一般按未完成工程中的主要材料及构件的价值等于备料款时开始扣，竣工前全部扣清。

令备料款为M，主要材料占工程价款的比重为N，则$\frac{M}{N}$为主要材料款为M时相应的工程价款。也就是说，当待完成工程价款还剩$\frac{M}{N}$时应开始起扣，亦即工程完成到T时应开始起扣。

$$T=P-\frac{M}{N}$$

式中，P为合同总价，T为起扣点，即预付备料款开始扣回时的累计完成工程量金额。

备料款预付的比例、收回的方式和时间，主要是业主与承包商在合同中事先约定的一种行为，不同的工程情况可视情况允许有一定的变动。

②工程款（进度款）支付。在确定计算结果后14天内，发包人应向承包人支付工程款（进度款）。按约定时间发包人应扣回的预付款，与工程款同期结算。法律、法规、政策变化和价格调整确定的合同价款，工程变更调整的合同价款及其他条款中约定的追加合同价款，应与工程款同期调整支付。

③竣工结算。工程竣工验收报告经发包人认可后28天内，承包人向发包人递交竣工结算报告及完整的结算资料，双方按照协议书约定的合同价款及专用条款约定的合同价款调整内容，进行竣工结算。

6.4.5.5 偏差分析

(1) 投资偏差的概念

在投资控制中，把投资的实际值与计划值的差异叫做投资偏差，即：

投资偏差＝已完工程实际投资－已完工程计划投资

结果为正表示投资增加，结果为负表示投资节约。但是，必须特别指出，进度偏差对投资偏差分析的结果有重要影响，如果不考虑就不能正确反映投资偏差的实际情况，如：某一阶段的投资超支，可能是由于进度超前导致，也可能是由于物价上涨导致。所以，必须引入进度偏差的概念。

进度偏差＝已完工程实际时间—已完工程计划时间

为了与投资偏差联系起来，进度偏差也可表示为：

进度偏差＝拟完工程计划投资—已完工程计划投资

所谓拟完工程计划投资，是指根据进度计划安排在某一确定时间内所应完成的工程内容的计划投资。

进度偏差为正值，表示工期拖延；结果为负值表示工期提前。

在进行投资偏差分析时，要同时对局部偏差和累计偏差进行分析。所谓局部偏差，有两层含义：一是相对于总项目的投资而言，指各单项工程、单位工程和分部分项工程的偏差。二是相对于项目实施的时间而言，指每一项目控制周期产生的偏差。累计偏差是局部偏差的累加，最终的累计偏差就是项目投资的偏差。

(2) 投资偏差产生的原因

偏差分析的一个重要目的，就是要寻求产生偏差的原因，经对产生偏差原因的系统分析，抓住主要原因，以便制定纠偏措施，控制投资目标。

建设工程项目是一项复杂的投资活动。由于参与建设各方主体对投资控制的力度不同，建设各个阶段所处的建设环境不同，都会造成投资偏差的产生。因此，投资偏差产生的原因是多方面的、复杂的。为了便于对投资偏差分析及制定纠偏措施，投资偏差产生的原因可按图 6－28所示进行分类。

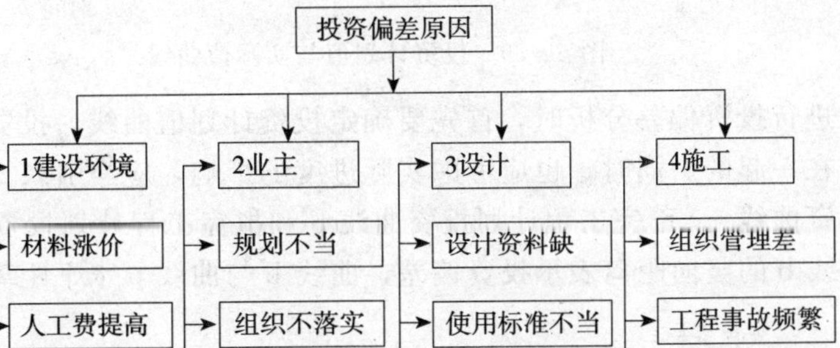

图 6－28　投资偏差原因分类

(3) 偏差分析的方法

偏差分析的方法有横道图法、表格法和曲线法等。在工程投资控制中，可以选择 1—2 种，或者三种方法组合应用。

①横道图法

横道图法是借用进度计划横道图来对投资偏差进行分析。该法的基本特点是用不同的横道标识来表示已完工程计划投资、拟完工程计划投资和已完工程实际投资，横道的长度与金额成正比例。横道图法的优点是形象、直观、一目了然。但是，这种方法反映的信息量少，一般用于项目的较高层次。

②表格法

表格法是进行偏差分析最常用的一种方法，它具有灵活、适应性强、信息量大、便于计算机辅助投资控制等特点。

③曲线法

曲线法是用投资曲线（S形曲线）来进行投资偏差分析的一种方法。见图6－29。其中a表示投资实际值曲线，p表示投资计划值曲线，两条曲线之间的竖向距离表示投资偏差。

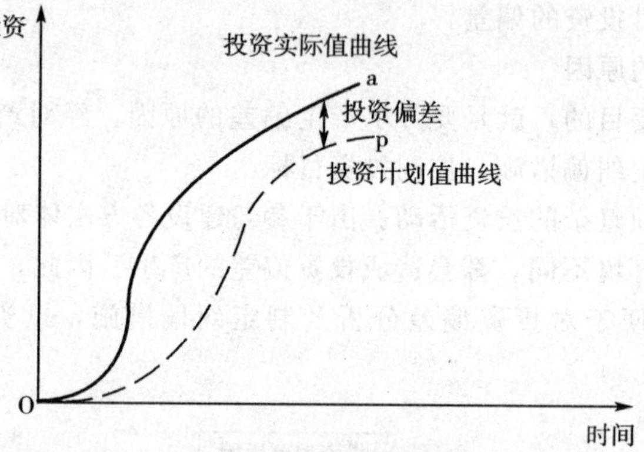

图6－29　投资计划值与实际值曲线

在用曲线法进行投资偏差分析时，首先要确定投资计划值曲线。投资计划值曲线是与确定的进度计划联系在一起的。同时，也应考虑实际进度的影响，应当引入3条投资参数曲线，即已完工程实际投资曲线a、已完工程计划投资曲线b和拟完工程计划投资曲线p，如图6－30。图中曲线a与曲线b的竖向距离表示投资偏差，曲线b与曲线p水平距离表示进度偏差。

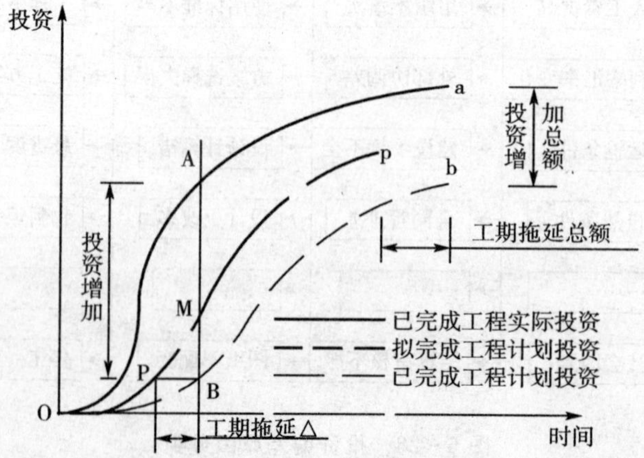

图6－30　3条投资参数曲线

图6－30反映的偏差为累计偏差。用曲线法进行偏差分析同样具有形象、直观的特点，但

这种方法很难直接用于定量分析，只能对定量分析起一定的指导作用。

(4) 纠偏

偏差原因进行分析的目的是为了有针对性地采取纠偏措施，从而实现投资的动态控制和主动控制。

纠偏首先要确定纠偏的主要对象，如前面介绍的偏差原因，有些是无法避免和控制的，如客观原因，充其量只能以其中少数原因做到防患于未然，力求减少该原因所产生的经济损失。对于施工原因所导致的经济损失通常是由承包商自己承担的，从投资控制的角度只能加强合同的管理，避免被承包商索赔。所以，这些偏差原因都不是纠偏的主要对象。纠偏的主要对象是业主原因和设计原因造成的投资偏差。在确定了纠偏的主要对象之后，就需要采取有针对性的纠偏措施。纠偏可采用组织措施、经济措施、技术措施和合同措施等。

6.4.5.6　建设项目的竣工决算

在项目完成后，监理工程师进行投资控制主要工作是：协助业主编制竣工决算、正确核定项目新增固定资产价值；分析考核项目的投资效果；督促承包商做好对项目的保修与回访工作；进行项目后评估。

(1) 竣工决算的概念

工程竣工决算是单项工程或建设项目完工后，以竣工结算资料为基础编制的，是反映整个工程项目从筹建到全部竣工的各项建设费用文件。

(2) 竣工决算的作用

①正确校核固定资产价值，考核和分析投资效果。

②及时办理竣工决算，并依此办理新增固定资产移交转账手续，可以缩短建设周期，节约建设投资。

③办理竣工决算后，工厂企业可以正确计算投入使用的固定资产折旧费，合理计算生产成本和企业利润。

④通过编制竣工决算，可全面清理工程建设财务，便于及时总结工程建设经验，积累各项技术经济资料。

⑤正确编制竣工决算，有利于正确地进行设计概算、施工图预算、竣工决算的“三算”对比。

(3) 竣工结算与竣工决算的关系

建设项目竣工决算是以工程竣工结算为基础进行编制的。它是在整个建设项目竣工结算的基础上，加上从筹建开始到工程全部竣工，有关工程建设的其他工程和费用支出，便构成了建设项目竣工决算的主体。它们的区别就在于以下几个方面：

①编制单位不同：竣工结算是由施工单位编制的，而竣工决算是由建设单位编制的。

②编制范围不同：竣工结算主要是针对单位工程编制的，每个单位工程竣工后，便可以进行编制，而竣工决算是针对建设项目编制的，必须在整个建设项目全部竣工后，才可以进行编制。

③编制作用不同：竣工结算是建设单位与施工单位结算工程价款的依据；是核对施工企业生产成果和考核工程成本的依据；是建设单位编制建设项目竣工决算的依据。而竣工决算是建设工程项目经济效益的全面反映，是项目法人核定各类新增资产价值，办理其交付使用的依据。通过竣工决算，一方面能够正确反映建设工程的实际造价和投资；另一方面可以通过竣工

决算与概算、预算的对比分析，考核投资控制的工作成效，总结经验教训，积累技术经济方面的基础资料，提高未来建设工程的投资效益。

（4）竣工决算的内容

建设工程项目的竣工决算应包括从筹建到竣工投产全过程的全部实际支出费用，即建安工程费、设备器具购置费和其他费用等。竣工决算的内容如图 6－31 所示。

- 竣工决算
  - 竣工决算报表
    - 大中型项目
      - 竣工工程概况表
      - 竣工财务决算表
      - 建设工程项目交付使用财产总表
      - 建设工程项目交付使用后投资效益表
    - 小型项目
      - 竣工决算总表
      - 交付使用财产明细表
  - 竣工决算报表说明书
    - 对工程总的评价从进度、质量、安全、造价进行分析说明
    - 各项财务和技术经济指标分析
      - 概算执行情况
      - 新增生产能力
      - 投资包干情况
      - 财务分析
    - 工程建设的经验教训、亟待解决的问题
  - 工程造价比较分析
    - 主要实物工作量
    - 主要材料消耗量
    - 考核建设单位管理费、建安工程间接费的取费标准
  - 竣工平面图

图 6－31 竣工决算内容构成图

（5）竣工决算的编制步骤

①收集、整理、分析原始资料从建设工程开始就按编制依据的要求、收集清点、整理有关资料，主要包括建设工程档案资料，如：设计文件、施工记录、上级批文、概（预）算文件、工程结算的归类整理，财务处理、财产物资的盘点核实及债权债务的清偿，做到账账、财账、账实、账表相符。对各种设备、材料、工具、器具等要逐项盘点合适并填列清单，妥善保管，或按照国家有关规定处理，不准任意侵占和挪用。

②对照、核实工程变动情况，重新核实各单位工程、单项工程造价。将竣工资料与原设计图纸进行查对、核实，必要时实地测量，确定实际变更情况；根据经审定的施工单位竣工结算等原始资料，按照有关规定对原概（预）算进行增减调整，重新核定工程造价。

③将审定后的待摊投资、设备工器具投资、建筑安装工程投资、建设工程其他投资等严格划定和核定后，分别记入相应的建设成本栏目内。

④编制竣工财务决算说明书，力求内容全面、简明扼要、文字流畅、说明问题。

⑤填报竣工财务决算报表。

⑥做好工程造价对比分析。

⑦清理、装订好竣工图。

⑧按国家规定上报，审批，存档。

【思考题】

1. 控制的类型有哪些？
2. 控制流程的基本环节有哪些？
3. 建设工程监理目标控制的措施有哪些？
4. 建设工程质量控制的目标是什么？
5. 简述施工阶段质量控制工作的流程。
6. 建筑工程质量事故的分类方法？
7. 工程质量事故处理程序及质量事故处理后的验收结论如何？
8. 建设工程进度控制的主要任务和主要措施？
9. 施工阶段进度控制的主要内容、检查方法和主要措施？
10. 工程延期的审批原则？
11. 建设工程总投资包括哪些内容？其表现形式有哪些？
12. 设计阶段投资控制的手段和方法有哪些？
13. 监理工程师对施工阶段投资控制的工作流程如何？
14. 在施工过程中监理工程师如何加强变更管理？
15. 投资偏差的原因有哪些？
16. 建设工程竣工决算的内容有哪些？

第7章　建设工程风险管理

7.1　风险管理概述

7.1.1　建设工程风险

风险是指由于可能发生的事件，造成实际结果与主观预料之间的差异，并且这种结果可能伴随某种损失的产生。风险是一种客观存在的、损失的发生具有不确定性的状态。它具有客观性、损失性和不确定性的特征，是不以人的意志为转移的。

7.1.1.1　风险的基本要素

风险是由风险因素、风险事故和风险损失三个基本要素构成的统一体，存在着因果关系：风险因素增加或产生风险事故，风险事故引起风险损失。

（1）风险因素

风险因素是指引起或增加风险事故发生的机会或扩大损失幅度的原因和条件。它是风险事故发生的潜在原因，是造成风险损失的根源。如果消除了所有风险因素，风险损失就不会发生。

（2）风险事故

风险事故是指由一种或几种风险因素共同作用而发生的任何造成生命财产损失的偶发事件。也就是说，风险事故是风险损失的媒介，是造成损失的直接的原因，即风险只有通过风险事故的发生，才能导致损失。如刹车系统失灵酿成车祸而导致人员伤亡，其中，刹车系统失灵是风险因素，车祸是风险事故，人员伤亡是风险损失。风险事故的发生是不确定的，这种不确定性是由内外部环境的复杂性和人们对于未来变化的预测能力有限而导致的。

（3）风险损失

在风险管理中，风险损失是指非故意的、非预期的和非计划的人身损害及财产经济价值的减少。显然，风险损失包括两方面的含义：一是非故意、非预期和非计划的事件；二是造成了人身伤害及财产经济价值的减少。如果缺乏其中任一方面，都不能称为风险损失。如设备折旧，虽有经济价值的减少，但不是风险损失。

7.1.1.2　风险的基本要素之间的关系

风险的基本要素之间的关系如图 7－1 所示，风险因素引发风险事故，风险事故导致损失，而损失所形成的结果就是风险。

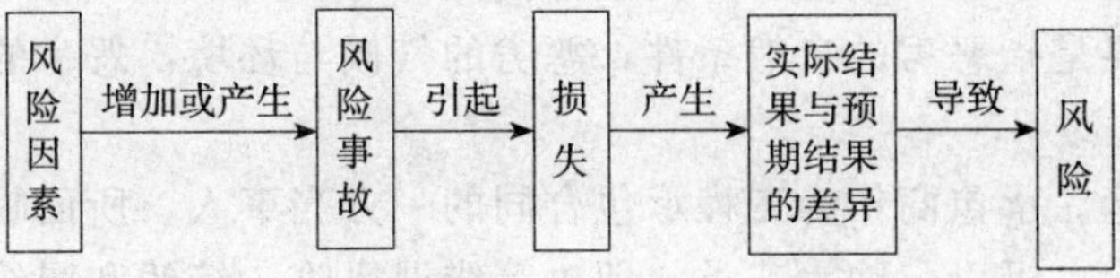

图 7-1　风险的基本要素及其关系

7.1.1.3　建设工程风险

风险在任何建设工程中都存在。建设工程作为集经济、技术、管理、组织等各方面于一体的综合性社会活动，在各个方面都存在着不确定性。这些不确定性会造成建设工程实施的失控现象，如工期延长、成本增加、计划修改等，最终导致工程经济效益降低，甚至建设失败。因此，项目管理人员必须充分重视建设工程的风险管理，将其纳入到建设工程管理之中。

7.1.2　建设工程风险的类型

建设工程的风险因素有很多，可以从不同的角度进行分类。

7.1.2.1　按照风险来源进行划分

风险因素包括自然风险、社会风险、经济风险、法律风险和政治风险。

（1）自然风险。如地震，风暴，异常恶劣的雨、雪、冰冻天气等；未能预测到的特殊地质条件，如泥石流、河塘、流沙、泉眼等；恶劣的施工现场条件等。

（2）社会风险。包括宗教信仰的影响和冲击、社会治安的稳定性、社会的禁忌、劳动者的文化素质、社会风气等。

（3）经济风险。包括国家经济政策的变化，产业结构的调整，银根紧缩；项目的产品市场变化；工程承包市场、材料供应市场、劳动力市场的变动；工资的提高、物价上涨、通货膨胀速度的加快；金融风险、外汇汇率的变化等。

（4）法律风险。如法律不健全，有法不依、执法不严，相关法律内容发生变化；可能对相关法律未能全面、正确地理解；环境保护法规的限制等。

（5）政治风险。通常表现为政局的不稳定性，战争、动乱、政变的可能性，国家的对外关系，政府信用和政府廉洁程度，政策及政策的稳定性，经济的开放程度，国有化的可能性、国内的民族矛盾、保护主义倾向等。

7.1.2.2　按照风险涉及的当事人划分

包括业主的风险、承包商的风险和咨询监理单位的风险。

（1）业主的风险。业主遇到的风险通常可以归纳为三类。即人为风险、经济风险和自然风险

①人为风险。包括政府或主管部门的专制行为，管理体制、法规不健全，资金筹措不力，不可预见事件，合同条款不严谨，承包商缺乏合作诚意以及履约不力或违约，材料供应商履约不力或违约，设计有错误，监理工程师失职等。

②经济风险。包括宏观经济形势不利，投资环境恶劣，市场物价不正常上涨，通货膨胀幅

度过大，投资回收期长，基础设施落后，资金筹措困难等。

③自然风险。主要是指恶劣的自然条件，恶劣的气候与环境，恶劣的现场条件以及不利的地理环境等。

(2) 承包商的风险。承包商作为工程承包合同的一方当事人，所面临的风险并不比业主的小。承包商遇到的风险也可以归纳为三类，即决策错误风险、缔约和履约风险、责任风险。

①决策错误风险。主要包括信息取舍失误或信息失真风险、中介与代理风险、保标与买标风险、报价失误风险等。

②缔约和履约风险。在缔约时，合同条款中存在不平等条款，合同中的定义不准确，合同条款有遗漏；在合同履行过程中，协调工作不力，管理手段落后，既缺乏索赔技巧，又不善于运用价格调值办法。

③责任风险。主要包括职业责任风险、法律责任风险、替代责任风险和人事责任风险。

(3) 咨询监理单位的风险。咨询监理单位虽然不是工程承包合同的当事人，但因其在建设工程管理体系中的独特地位，不可避免地要承受其自身的风险。咨询监理单位的风险主要来源于业主、承包商和职业责任三个方面。

①来自业主的风险。主要包括业主不遵循客观规律的过高要求，项目可行性研究缺乏严肃性，宏观管理不力，投资先天不足，业主的盲目干预等。

②来自承包商的风险。主要指承包商投标时不诚实，承包商缺乏商业道德，以及承包商的素质太差等。

③职业责任风险。主要指投资估算不准，设计文件及设计概算审查不严，自身的能力和水平不适应监理工作的要求等。

7.1.2.3 按照建设工程的进展阶段划分

包括项目建设阶段的风险、项目试生产阶段的风险和项目生产经营阶段的风险。

(1) 项目建设阶段的风险。项目建设阶段的风险是从项目正式动工建设开始计算的。项目动工建设之后，大量的资金投入到购买工程用地、购买工程设备、支付工程施工费用当中，贷款的利息也由于项目还未产生任何收入而计入资本成本。从贷款银行和投资者的角度，在这一阶段随着资金的不断投入，项目的风险也随之增加，在项目建设完工时项目的风险也达到或接近了最高点。

利用不同形式的建设工程合同，可以影响项目建设期风险的变化，有可能将项目建设期的部分风险由业主转移给工程承包公司。建设工程合同的一个极端是固定价格、固定工期的“交钥匙”合同，另一个极端是“实报实销”合同，在两者之间又有多种中间类型的合同形式。在“交钥匙”合同中，项目建设的控制权和建设期风险主要由工程承包公司承担；而在“实报实销”合同中，项目建设期风险及项目控制权几乎全部落在项目的投资者身上。

(2) 项目试生产阶段的风险。项目试生产阶段的风险仍然是很高的，即使这时项目建成投产，但如果项目不能按照原定的成本计划生产出符合质量的产品，也就意味着项目现金流量的分析和预测是不正确的，项目有可能产生不出足够的现金流量支付生产费用和偿还债务。

(3) 项目生产经营阶段的风险。项目进入正常的运转后，如果项目可行性研究报告中的假设条件符合实际情况，项目应该产生出足够的现金流量支付生产经营费用，偿还债务，并为投资者提供理想的收益。这一阶段的项目风险主要表现在生产、市场、金融以及其他一些不可预见因素方面。

7.1.2.4　按项目风险的可控制性划分

包括项目的核心风险和项目的环境风险。

（1）**项目的核心风险**。是指与项目建设和生产经营管理直接有关的风险，这类风险是项目投资者在项目建设或生产经营过程中无法避免而且必须承担的风险，同时也是投资者应该知道如何去管理和控制的风险。因此，项目的核心风险亦称为可控制风险。

（2）**项目的环境风险**。是指项目的生产经营由于受到超出企业控制范围的经济环境变化的影响而遭受到损失的风险。这类风险企业无法控制，并在很大程度上也无法准确地预测，因而项目的环境风险也被称为项目的不可控制风险。

7.1.3　建设工程风险管理程序

建设工程风险管理是一个确定和度量项目风险，以及制定、选择和管理风险处理方案的过程。其目标是通过风险分析减少项目决策的不确定性，以便决策更加科学，以及在项目实施阶段，保证目标控制的顺利进行，更好地实现建设工程的质量、进度和造价目标。

建设工程风险管理是指参与建设工程建设的各方，包括发包方、承包方和勘察、设计、监理咨询等单位在建设工程的筹划、勘察设计、工程施工以及竣工后投入使用各阶段采取的辨识、评估、处理建设工程风险的措施和方法。建设工程的风险管理主要包括以下几个环节。

（1）**目标的建立**。风险管理的目标是选择最经济和有效的方法使风险成本最小，它可以分为损失前的管理目标和损失后的管理目标，前者想方设法减少和避免损失的发生；而后者是在损失一旦发生后，尽可能减少直接损失和间接损失，使其尽快恢复到损失前的状况。

（2）**风险的识别**。要对付风险，首先必须先识别风险。针对不同项目性质、规模和技术条件，风险管理人员根据自身的知识、经验和丰富信息资料，选择多种方法和途径，尽可能全面地辨识出所面临的各种风险，并加以分类。

（3）**风险分析和评价**。是对建设工程风险发生概率及严重程度进行定量化分析和评价的过程。

（4）**规划并决策**。对项目风险进行识别和分析之后，就应该对各种风险管理对策进行规划，并根据项目风险管理的总体目标，就处理项目风险的最佳对策组合进行决策。一般而言，风险管理有三种对策：风险控制、风险保留和风险转移。

（5）**计划实施**。当风险管理者对各种风险管理对策作出选择之后，必须制订具体的计划，如安全计划、损失控制计划、应急计划等，并付诸实施；以及在选择购买工程保险时，确定恰当的水平和合理的保费，选择保险公司等。

（6）**检查和总结**。通过检查和总结，可以使风险管理者及时发现偏差、纠正错误、减少成本；控制计划的执行，调整工作方法；总结经验，提高风险管理水平。

7.2　建设工程风险识别

风险通常具有隐蔽性，不容易被人们准确地识别和预测。因此，识别风险在风险管理中尤为重要。所谓风险识别，就是对所有可能的风险事件来源和结果进行实事求是地调查分析。

建设工程风险识别是建设工程风险管理的最基础的环节，其他的建设工程风险管理都必须以风险识别的结果为基础。风险因素识别首先要认识和确定建设工程究竟可能会存在哪些风险因素，这些风险因素会给建设工程带来什么影响，具体原因又是什么？同时结合风险程度的估计，得知建设工程的主要风险因素。

7.2.1 建设工程风险基本特征和识别原则

(1) 具有不确定性和可能造成损失是风险的最基本特征，要从这个基本特征入手去识别风险因素；

(2) 建设工程风险具有阶段性，在建设工程的不同阶段存在的主要风险有所不同，识别风险因素要考虑其阶段性；

(3) 建设工程风险因行业和项目不同而具有特殊性，因此风险因素的识别要注意针对性，强调具体项目具体分析；

(4) 建设工程风险具有相对性，对于建设工程的有关各方（不同的风险管理主体）可能会有不同的风险，或者同样的风险因素对不同方面体现出的影响大小不同。因此识别风险时要注意其相对性。

工程风险识别的任务就是通过运用工程风险识别方法找出依附在建设工程上的风险源，这里研究的风险源仅包括建设工程内部风险源，暂不研究存在于建设工程环境中的风险源。尽管建设工程在用途、结构和施工工艺上呈现着多样性，但是大多数工程都包含建筑工程和安装工程两个部分。这里分别介绍建筑工程和安装工程通常存在的风险源。

7.2.2 建筑工程的主要风险源

建筑工程的风险源是指工程建筑施工过程中导致风险发生的原因，其风险源与建筑工程施工环节和施工工艺有关。从建筑工程的基本结构和施工流程来看，建筑工程主要涉及土方工程、基础工程、钢筋混凝土结构工程、砌体工程、钢结构工程等基本结构。为了了解建筑工程的主要风险源，这里按照建筑工程的主要结构介绍风险特征。

7.2.2.1 土方工程的风险源及其风险

土方工程涉及土的开挖和填实，以及放坡、支护、降低地下水、碾压、夯实等施工过程。土方工程施工过程主要有4类风险源：一是自然条件，具体包括地质；土层构造和土的性质；水文；地下水位、地下水质和地下水流速；气候；暴雨、寒冻等。二是结构特征，开挖的深度和宽度；填筑的高度和厚度。三是施工因素，降水方法、放坡尺寸、防塌措施；施工方法、选用机械、施工顺序；支护材料、支护设计、场地布置。四是周边环境，周边建筑情况、周边的基础设施的位置、周边其他工程的施工情况。土方工程的主要风险发生在开挖和填土环节。开挖时，边坡出现塌方、滑坡、底部沉陷、流沙、冻胀、基底倾斜及上部结构变形等。填土时，发生沉陷、橡皮土、塌方、冻胀及融沉等。

7.2.2.2 基础工程的风险源及其风险

基础工程主要有3类风险源：一是地基勘察失误，主要表现为地基勘察不认真，未能按照规程勘测以获得准确的地质资料。二是设计缺陷，主要表现为基础设计不满足工程地质条件或上部结构承载要求，载荷计算不准确。三是施工环节出现问题，施工过程未能认真按照图纸和设计施工程序施工，另外由于技术人员和施工人员的素质较差导致误解或曲解设计意图。基础工程的主要风险事故有：建筑物的变形、建筑基础裂缝、建筑物地基强度破坏、建筑的地基溶蚀与渗透破坏、地基震害、地基冻胀、人工地基、设备基础质量事故、桩基础工程事故等。

7.2.2.3　钢筋混凝土结构工程的风险源及其风险

钢筋混凝土结构工程的风险源：一是自然因素：暴雨、地震、洪水等自然灾害。二是原材料因素：建筑材料、结构材料等质量不合格；三是测量放样方面的因素：测量精度不够、测量和放样的方法有问题；四是模板工程中的风险因素：尺寸有误、模板刚度和强度不足、支撑不够。五是钢筋工程中的风险因素：钢筋加工制作、钢筋的布置错误。六是混凝土工程中的风险因素：混凝土拌制、混凝土浇筑错误、振捣不足、养护不当。七是构件安装工程的风险因素：构件制作缺陷、安装构件的位置偏差、安装的连接不足。八是预应力混凝土工程方面的因素是预应力钢筋和锚具的质量缺陷，主要表现为先张法时预应力钢筋表面不洁净，张拉台座的强度和刚度不足；后张法时孔道质量差或预应力控制不准确。钢筋混凝土结构工程的主要风险事故有混凝土裂缝、错位变形、钢筋工程事故、混凝土工程事故、预应力混凝土工程事故、倒塌事故等。

7.2.2.4　砌体工程的风险源及其风险

砌体工程的风险源：一是材料因素，表现为砖石等砌块材料的强度、形状及含水量等；水泥的强度等级的选择及质量；砂浆的配合比；砂浆搅拌质量。二是砌筑技术，表现为砖石砌筑的排列组合不当：每层砌筑太高、砂浆未凝固前砌体沉降不均匀而变形失稳；砂浆不饱满造成砌体整体性差。三是自然条件，表现为雨水增加了砌体的含水量，影响砂浆初凝时间；雨水冲失水泥石灰等粘结材料，影响材料的刚度和粘结；大风使砌体倒塌或变形；寒冬破坏粘结材料的强度。砌体工程的主要风险有裂缝、倾斜和倒塌，承重墙体的裂缝和倾斜影响结构的整体性及受力性能，严重时可能导致结构的变形和失稳，而砌筑墙体的倒塌导致建筑整体或局部破坏，是非常严重的风险事故。

7.2.2.5　钢结构工程的风险源及其风险

钢结构施工过程分为构件制作、现场安装、防腐蚀和防火处理。该结构的主要风险源有五类：一是自然灾害，包括台风、地震、泥石流等自然界的不可抗力对钢结构的影响；二是设计风险因素，表现为对载荷的估计不足、结构和布置不合理、结构计算错误等；三是材料因素，包括钢材的机械性能和化学成分等不符合要求，焊接材料和螺栓等连接材料的化学成分或强度不符合要求；四是制作方面的因素，包括材料选用不当、制作尺寸偏差、违反操作规程、设备和工具不完善；五是安装因素，施工程序不正确、操作错误、支撑和结构的刚度不足、缺少熟练的工人和技术人员。钢结构工程的主要风险有焊接质量风险、铆接和螺栓连接等的质量问题、钢结构变形、倒塌事故等。

7.2.3　安装工程的主要风险源

安装工程主要包括室内给排水工程、室内采暖和热水供应工程、通风与空调工程、建筑电气安装工程、通用机械设备安装工程、自动化仪表安装工程等。

7.2.3.1　室内给排水工程的主要风险源及风险

室内给排水工程分为给水和排水两部分，室内给水工程共分为管道安装工程、管道附件及卫生器具给水配件安装工程、附属设备安装工程等三个分项工程。

室内给水安装工程的主要风险源来自设备和设备安装过程两方面因素：设备方面的风险源包括设备的防腐能力不合格，坡度不标准，托、吊加工形式不符合要求；设备安装不符合操作规程。

室内给水工程的主要风险：(1) 管道支、吊、托架加工形式不符合要求；(2) 下料、打孔时违反规定；(3) 安装前未防腐；(4) 包揸与管径不匹配；(5) 给水管道与其他管道平行或交叉敷设的净距不符合要求；(6) 消防栓安装方向、阀门标高不符合要求、消防箱安装倾斜、安装盖板不紧贴墙面；(7) 管道水压试验不正规，多数未经吹洗。

室内排水工程分为管道安装工程和卫生器具安装工程两个分部工程。该类工程的风险源主要来自设备本身和设备安装两方面。设备本身的风险源包括坡度不均匀、管道或器具与附件不匹配、设备防腐能力不合格。设备安装的风险源包括管道安装前不检查或末认真检查，以及安装操作不符合要求等。

室内排水工程风险：(1) 铸铁管用前未检查，存在裂纹、砂眼等缺陷；(2) 立管垂直度超标，影响排污效果；(3) 排水管道的吊钩或卡箍设置不规则，数量偏少，固定方式不符合要求，卡箍与管径不匹配；(4) 卫生器具安装器具固定方式不符合规定，用未经处理的木砖造成脱落；(5) 支、托架安装不平，与器具接触不紧密，导致接口漏水；(6) 排水栓、地漏安装不符合要求，不平不直并高出地面，造成室内积水。

7.2.3.2 室内采暖和热水供应工程

该工程分为管道安装工程、散热器及太阳能热水器安装工程、附属设备安装工程等三个分项工程。三个分项工程的风险源包括设备本身和设备安装两个环节。

设备本身的风险源表现为设备的质量是否合格以及不同型号和功能的设备之间是否匹配。设备安装的风险源在于安装过程不符合操作规程。其主要风险表现如下方面：一是主管、支管敷设坡度不符合要求或严重倒坡；二是施工时不按规定设置排气装置与泄水装置；三是管道穿墙及楼板不按规定设置套管，造成粉刷层、楼板、墙体拉裂，套管洞不密封造成漏水；四是散热器安装坐标标高不符合要求，支、托架设置不符合规定，组装中不按规定进行水压实验；五是各类散热器的支、托架数量在无设计要求时，未参照有关的国家标准执行。

7.2.3.3 建筑电气安装工程

该工程主要分为线路敷设、硬母线和滑接线安装工程、电气器具、设备安装等。建筑电气安装工程的主要风险源存在于设备本身和设备安装两个环节。

设备本身的风险源包括未进行防腐处理或防腐不全及吊杆不直等，另一方面是设备安装过程不符合操作规程。建筑电气安装工程的风险主要发生在线路敷设、硬母线和滑接线安装工程和电气器具、设备安装等三个环节风险。

首先是线路敷设的风险：(1) 薄壁电线管焊接部位强度不够造成穿线不安全；(2) 电线管防腐处理不到位，造成穿线后，甚至还未穿线，管子已锈蚀；(3) 管口有毛刺，护口不齐全，管子进入箱盒长短不一，方向随意，影响电气器具安装，危及用电安全；(4) 穿线变形缝处不按规定设置补偿装置，造成建筑物沉降不均时将电线管和电线拉断，导致安全事故和不必要的停电；(5) 生产厂房内及隧道和其他管道内的电缆敷设，其电缆的排列、电缆间距离、电缆与热力管道及其他管道平行和交叉的净距离不符合要求，导致维修困难，甚至造成用电事故。

硬母线和滑接线安装工程风险：母线搭接的接触面处理不平、接触不严密、搭接处的螺栓不镀锌、配件不全、不同材质母线搭接不按规定处理。

电气器具与设备安装工程风险：(1) 电力变压器本体安装前，基础不验收，不办理验收手续，出现基础尺寸与变压器本体不符；(2) 装有气体继电器的变压器不按规定设置坡度，保护装置报警失灵；(3) 成套配电柜的安装与基础型钢焊死、不利于检修和维修；盘内接线排列不整齐，回路编号不全；(4) 灯具安装、吊杆灯的吊杆不直等；(5) 开关插座坐标和标高偏差很大、暗插座和暗开关的盖板不贴墙面、不按规定接线、危及用电安全。

7.2.3.4　通用机械设备安装工程

通用机械设备安装工程的风险源来自设备安装操作不符合规程，以及在使用过程中不按程序进行试运转。通用机械设备安装工程风险主要表现在设备基础及垫铁和设备试运转两个环节。

设备基础及垫铁的风险：(1) 设备安装前对基础不验收，不办理交接手续，出现基础强度不够、标高不对等缺陷，导致机械设备返工，严重的造成机械设备或人身安全事故；(2) 设备基础尺寸不符合规定；(3) 不设置设备安装的基准线和标高线，造成设备安装位置和标高不准，甚至造成永久性质量缺陷；(4) 设备上定位基准的面、线、点对安装基准线的允许偏差不符合规定；(5) 设备垫铁的组数、块数、面积和位置不符合要求。垫铁的形式选用不符合所装设备的需要，造成设备安装不平、震动超标、严重地影响了设备本身及管线正常运行。

7.2.3.5　自动化仪表安装工程

该工程的主要风险源是安装过程不符合要求。主要风险表现在仪表管道敷设、仪表电缆敷设、仪表设备和盘安装等三个环节的风险。

仪表管道敷设的风险：(1) 支架制作形式不统一，下料打孔用气割，毛刺不清除，不作防腐处理就安装；(2) 管道敷设不平不直，排列不整齐，成排管弯曲不一致，坡度不按规定设置，影响管道安装质量和表计准确性；(3) 管道敷设前不清洗，焊接的焊缝成形不好，尤其高压管的焊接不按程序焊接操作，影响管道质量，构成质量隐患。

仪表电缆敷设的风险：(1) 支架安装形式不统一，不平不直、排列不整齐、间距不均匀、影响观感质量和电缆敷设质量；(2) 电缆敷设紊乱，与管道或其他电缆的间距不符合要求，标志不清晰、不安全，危及使用安全。

仪表设备和盘安装风险：(1) 所配仪表设备合格证不齐全，安装位置不准，不按规定使用垫片等，影响仪表的使用功能；(2) 仪表安装位置不准、不平不直、成组盘排列不整齐，影响观感质量。

7.2.4　建设工程风险识别方法

风险识别的基础在于对项目风险的分解。项目风险的分解就是根据项目风险的相互关系将其分解成若干个子系统，而且分解的程度足以使人们较为容易地识别出项目的风险，使风险识别具有较好的准确性、完整性和系统性。

7.2.4.1　项目风险的分解

项目风险的分解可以根据建设工程的特点以及风险管理人员的知识按以下途径进行：

(1) 目标维：按项目目标进行分解，即考虑影响项目费用、进度、质量和安全目标实现的风险的可能性。

(2) 时间维：按项目建设的阶段分解，即考虑建设工程进展不同阶段的不同风险。

(3) 结构维：按项目结构组成分解，同时相关技术群也能按其并列或相互支持的关系进行分解。

(4) 环境维：按项目与其所在环境的关系分解。在此，环境指的是自然环境和社会、政治、军事、社会心理等非自然环境中一切同项目建设有关的联系。

(5) 因素维：按项目风险因素的分类分解。

在风险分解过程中，有时并不仅仅是采用一种方法就能达到目的，而需要几种方法的相互结合。如图 7-2 即是常见的由时间维、目标维和因素维三方面对建设工程风险的分解。

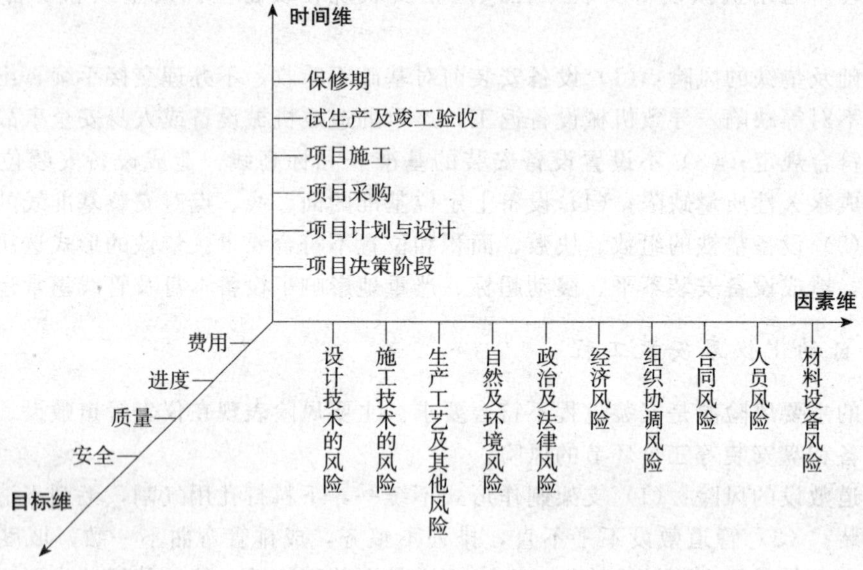

图 7-2 项目风险分解图

7.2.4.2 常见的风险识别技术和工具

识别风险是一项复杂的工作，具有代表性的几种方法如下：

(1) 核对表。人们考虑问题有联想的习惯。在过去经验的启示下，思想常常变得很活跃，浮想联翩。风险识别实际是关于将来风险事件的设想，是一种预测。如果把人们经历过的风险事件及其来源罗列出来，写成一张核对表，那么，项目管理人员看了就容易开阔思路，容易想到本项目会有哪些潜在的风险。核对表可以包含多种内容，例如，以前项目成功或失败的原因、项目其他方面规划的结果（范围、成本、质量、进度、采购与合同、人力资源与沟通等计划成果）、项目产品或服务的说明书、项目班子成员的技能、项目可用的资源等等。还可以到保险公司去索取资料，认真研究其中的保险例外，这些东西能够提醒还有哪些风险尚未考虑到。

(2) 项目工作分解结构（WBS）。风险识别要减少项目结构的不确定性，就要弄清项目的组成、各个组成部分的性质和相互间的关系、项目同环境之间的关系等。项目工作分解结构是完成这项任务的有力工具。项目管理的其他方面，例如范围、进度和成本管理，也要使用项目工作分解结构。因此，在风险识别中利用这个已有的现成工具并不会给项目班子增加额外的工作量。

（3）常识、经验和判断。以前完成的项目积累起来的资料、数据、经验和教训，项目班子成员个人的常识、经验和判断在风险识别时非常有用。对于那些采用新技术、无先例可循的项目，更是如此。另外，邀请与项目有关的各方，同他们就风险识别进行面对面的讨论，也有可能触及一般规划活动中未曾或不能发现的风险。

（4）实验或试验。利用实验或试验结果识别风险实际上是花钱买信息。例如，在软件开发项目中，预先做一个原型，就是一种实验；在地震区建设高耸的电视塔，预先做一个模型，放到振动台上进行抗震试验等。实验或试验还包括数学模型、计算机模拟或市场调查等方法。进行文献调查也属于这种办法。

（5）敏感性分析。敏感性分析用来研究项目寿命期内，当项目变数（例如产量、产品价格、变动成本等）以及项目的各种前提与假设发生变动时，项目的性能（例如现金流的净现值、内部收益率等）会出现怎样的变化以及变化的范围如何。敏感性分析能够回答哪些项目变数或假设的变化对项目的性能影响最大。这样，项目管理人员就能识别出风险隐藏在哪些项目变数或假设条件下。

7.3 建设工程风险分析与评价

7.3.1 风险衡量

识别风险之后，应分别对各种风险进行衡量与比较，以确定各种风险的相对重要性。

衡量风险时应考虑两个方面：损失发生的频率或发生的次数和这些损失的严重性，而损失严重性比其发生的频率或次数更为重要。例如，工程完全毁损虽然只有一次，但这一次足可造成致命损伤；而局部塌方虽有多处或发生较为频繁，却不致使工程全部毁损。

7.3.1.1 风险程度等级分类

为了衡量风险的大小，一般都要对风险程度进行分级。风险程度包括风险损失的大小和发生可能性两个方面。可以综合考虑这两个方面的大小对项目风险程度进行分类。不同的偏好会导致不同的分类。按照风险因素对项目影响程度和风险发生的可能性大小进行划分，风险程度等级分为一般风险、较大风险、严重风险和灾难性风险。

（1）一般风险。风险发生的可能性不大，或者即使发生，造成的损失较小，一般不影响项目的可行性。

（2）较大风险。风险发生的可能性较大，或者发生后造成的损失较大，但造成的损失程度是项目可以接受的。

（3）严重风险。有两种情况，一是风险发生的可能性大，风险造成的损失大，使项目由可行变为不可行；二是风险发生后造成的损失严重，但是风险发生的概率很小，采取有效的防范措施，项目仍然可以正常实施。

（4）灾难性风险。风险发生的可能性很大，一旦发生将产生灾难性后果，项目无法承受。

7.3.1.2 概率与概率分布

衡量风险潜在损失的最重要方法是确定风险的概率分布，这也是当前工程风险管理最常用的方法之一。概率分布不仅能使人们能比较准确地衡量风险，还可能有助于选定风险管理决策方案。

与某结果相联系的概率是该结果发生的可能性，其概率在0—1之间变化。如果某一结果发生的可能性为0，即该结果的发生概率为0，则该结果不可能发生；如果该结果发生的概率接近1，则该结果很可能发生。依据主观推断而得出的概率称为主观概率，依据长期统计分析而得出的概率称为客观概率。在衡量建设工程风险概率时，通常有两种方法，一种是主要依据主观概率的相对比较法，一种是接近于客观概率的概率分布法。

(1) 相对比较法

它是美国的风险管理专家 Richard Prouty 提出的方法。这种方法是估计各种风险事件发生的概率，将其分为以下四种情况：

① “几乎为零”：这种风险事件可认为不会发生。

② “很小的”：这种风险事件虽然有可能发生，但现在没有发生并且能预测将来有时会发生。

③ “中等的”：这种风险事件偶尔会发生，并且能预测将来有时会发生。

④ “一定的”：这种风险事件一直在有规律地发生，并且能够预期未来也是有规律地发生。因此可以认为风险事件发生的概率较大。

(2) 概率分布法

概率分布表明每一可能结果发生的概率。由于在构成概率分布所相应的时间内，每一项目的潜在损失的概率分布仅有一个结果能够发生，因此，各项目中的损失概率之和必然等于1。这样就可以通过潜在损失的概率分布，较为全面地衡量建设工程风险。

概率分布法的常见形式是建立概率分布表。概率分布表不能凭空设想或凭主观推断建立。确立概率分布表应参考相关的历史资料，依据理论上的概率分布，并借鉴他人的经验（如保险公司、行业协会、统计部门和其他有关部门的经验）对自己的判断进行调整和补充。

风险发生的概率及其后果可描述为极高、高、中、低、极低5级。其对项目主要目标影响评价如表7-1所示。

表7-1 风险对项目主要目标影响评价表

	极低	低	中	高	极高
费用	不明显的费用增加	费用增加小于5%	费用增加介于5%—10%	费用增加介于10%—20%	费用增加大于20%
进度	不明显的进度拖延	进度拖延小于5%	进度拖延介于5%—10%	进度拖延介于10%—20%	进度拖延大于20%
范围	范围减少几乎觉察不到	范围次要部分受到影响	范围主要部分受到影响	范围减少不被业主接受	项目最终产品实际没用
质量	质量等级降低不易察觉	只有少数非常苛求的工作收到影响	质量降低需要业主批准	质量降低不被业主接受	项目最终产品实际不能使用

7.3.2　风险评价的主要内容

风险评价是对将会出现的各种不确定性及其可能造成的各种影响和影响程度进行恰如其分的分析和评估。通过对那些不太明显的不确定性的关注，对风险影响的揭示，对潜在风险的分析和对自身能力的评估，并采取相应的对策，从而达到降低风险的不利影响或减少其发生的可能性之目的。

尽管每一个风险都有其自身的规律和特点、影响范围和影响量，但可以通过分析，将它们的影响统一为成本目标的形式，以货币单位来度量。风险评价的主要内容包括：

（1）**风险存在和发生的时间分析**。即风险在项目的哪个阶段、哪个环节中发生。许多风险有明显的阶段性，有的风险直接与具体的工程活动相联系。这个分析对风险的预警有很大作用。

（2）**风险的影响和损失分析**。风险的影响是一个非常复杂的问题，有的风险影响面较小，有的风险影响面很大，可能会引起整个工程的中断或报废。

（3）**风险发生的可能性分析**。研究风险自身的规律性，通常可用概率表示。

（4）**风险级别分析**。风险因素非常多，涉及各个方面，但人们并非对所有风险都予以十分重视，否则会大大增加管理费用。可以根据风险损失期望值的大小，按 ABC 分类法进行分类。A 类风险是管理的重点，B 类风险应顾及到，而 C 类风险可以不考虑。

（5）**风险的起因和可控性分析**。对风险起因的研究是为风险预测、对策研究、责任分析服务的。可控性分析将为对策研究提供依据。

7.3.3　风险评价的步骤

风险评价可分为三步：

（1）**确定风险评价基准**。风险评价基准就是针对每一种风险后果确定的可接受水平。单个风险和整体风险都要确定评价基准，可分别称为单个评价基准和整体评价基准。风险的可接受水平可以是绝对的，也可以是相对的。

（2）**确定项目整体风险水平**。项目整体风险水平是综合所有个别风险之后而确定的。

（3）**判断项目风险水平**。将项目单个风险水平与单个评价基准、整体风险水平与整体评价基准对比，判断项目风险是否在可接受的范围之内，进而确定该项目是否应该继续进行。

7.3.4　风险评价的方法

风险评价通常是凭经验、靠预测进行，但其也可借助于一些基本的分析方法。常用的风险评价方法有调查分析法、专家打分法、层次分析法、蒙特卡罗法、敏感性分析法、模糊数学法、控制区间与记忆模型法、决策树法、效用理论等。

7.3.4.1　专家打分法

专家打分法是将风险因素按照风险程度排序，并对各风险因素赋予一个相应的权值，例如，从 0 到 10 之间的一个数，0 代表没有风险，10 代表风险最大。然后将各个风险的权值相加，再同风险评价基准进行比较，判断项目风险水平是否可以接受。

例如某项目要经过五个阶段。该项目的风险因素及专家打分见表 7－2。假定项目整体评价基准为 0.6，试判断该项目整体风险水平是否可以接受。

表 7-2　专家打分表

风险因素 / 阶段	费用风险	工期风险	质量风险	组织风险	技术风险	各阶段风险权值和
可行性研究	5	6	3	8	7	29
设　计	4	5	7	2	8	26
实　验	6	3	2	3	8	22
施　工	9	7	5	2	2	25
试运行	2	2	3	1	4	12
总　计	26	23	20	16	29	114

由表 7-2 可知，其中的最大风险权值是 9，故最大风险权值和应为：

阶段数×风险因素数×最大风险权值＝5×5×9＝225

而全部风险权值和为 114，故该项目整体风险水平＝114/225＝0.5067＜0.6，由此可见，该项目整体风险水平可以接受。

专家打分法容易使用，其作用的大小则取决于填入表中数值的准确性。

7.3.4.2　*层次分析法*

层次分析法处理问题的步骤是：先确定评价的目标，再明确方案评价的准则，然后把目标、评价准则连同行动方案一起构造为一个层次结构模型。在该模型中，目标、评价准则和行动方案处于不同的层次，彼此之间的关系可用线段表示。评价准则可以细分为多层。

建立起层次结构模型之后，评价者根据自己的知识、经验和判断，从第一个准则层开始向下，逐步确定各层诸因素相对于上一层各因素的重要性权数，然后经过计算，排出备选方案的风险大小顺序。

层次分析法可以将无法量化的风险按照其大小排出顺序，把它们彼此区别开来。

例如某小型国有企业有两个重组方案：中外合资或实行股份制。经过分析识别出三个主要风险：经济风险、技术风险和社会风险。经济风险主要指国有资产流失；技术风险是指企业重组后生产新产品的技术把握程度；社会风险是指在职和退休职工的安排问题等。企业决策者需要分析判断哪一个重组方案的风险较大。

解：首先，建立层次结构模型。本例中的层次结构模型如图 7-3 所示。

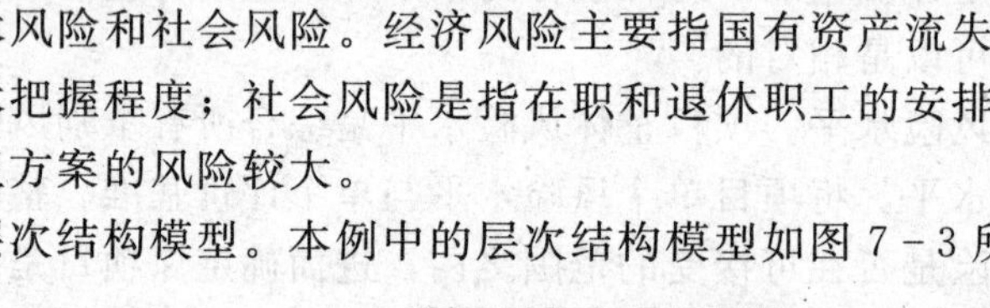

图 7-3　企业重组风险评价层次结构模型

然后，确定各层不同因素相对于上一层各因素的重要性权数，进而计算表示方案风险大小顺序的权数向量。层次分析法在确定各层不同因素相对于上一层各因素的重要性权数时，采用两两比较的方法。两个因素之间进行比较，可以表 7-3 中的标度表示。

表 7-3　风险因素对比标度

标度	定　　义
1	表示两因素相比，具有同样重要程度
3	表示两因素相比，一个因素比另一个因素稍微重要
5	表示两因素相比，一个因素比另一个因素明显重要
7	表示两因素相比，一个因素比另一个因素强烈重要
9	表示两因素相比，一个因素比另一个因素极端重要
2，4，6，8	上述两相邻判断中间值，如 2 为属于同样重要和稍微重要之间

在本例中，评价准则层有经济风险、技术风险和社会风险三个因素。评价者从评价目标“风险最大的重组方案”的角度，将这三个因素的重要性两两相比，得到的结果写入 3×3 的判断矩阵 A 中：

$$A=\begin{pmatrix}1 & 5 & 1/2\\ 1/5 & 1 & 1/8\\ 2 & 8 & 1\end{pmatrix}$$

而在方案层中，有合资和实行股份制两个因素。评价者分别从经济风险、技术风险和社会风险的角度，将这两个因素的重要性两两相比，得到的结果写入 2×2 的判断矩阵 A_1、A_2、A_3 中：

$$A_1=\begin{pmatrix}1 & 4\\ 1/4 & 1\end{pmatrix}\qquad A_2=\begin{pmatrix}1 & 1/5\\ 5 & 1\end{pmatrix},\qquad A_3=\begin{pmatrix}1 & 1/5\\ 1/5 & 1\end{pmatrix}$$

得到判断矩阵后，就要计算判断矩阵的特征向量。A，A_1，A_2，A_3 的特征向量分别用 W，W_1，W_2，W_3 表示。下面以 W 为例介绍特征向量的一种计算方法。

首先，计算 A 的各行之和。

$$\begin{bmatrix}1+5+1/2=13/2\\ 1/5+1+1+8=53/40\\ 2+8+1=11\end{bmatrix}=\begin{bmatrix}6.5\\ 1.325\\ 11\end{bmatrix}$$

其次，计算各行的平均值。由于 A 有 3 列，故平均值为：

$$\begin{pmatrix}6.5/3\\ 1.325/3\\ 11/3\end{pmatrix}=\begin{pmatrix}2.1667\\ 0.4417\\ 3.6667\end{pmatrix}$$

第三，标准化。即将各行向量值分别除以三行之和 2.1667＋0.4417＋3.6667＝6.2751，使各行向量值之和为 1。于是得到 A 的特征向量：

$$W=\begin{pmatrix}0.3453\\ 0.0704\\ 0.5843\end{pmatrix}$$

特征向量 W 表明，从评价目标“风险最大的重组方案”的角度，社会风险最重要，经济风险次之，技术风险第三。另外，这三个因素之间的差异在 W 中也一目了然。

按照上面同样的计算方法，得到 A_1、A_2 和 A_3 的特征向量 W_1、W_2、W_3 如下：

$$W_1=\begin{pmatrix}0.8\\ 0.2\end{pmatrix}\qquad W_2=\begin{pmatrix}0.1667\\ 0.8333\end{pmatrix}\qquad W_3=\begin{pmatrix}0.8333\\ 0.1667\end{pmatrix}$$

W_1表明，从经济风险的角度，“合资”方案比“实行股份制”方案风险大。W_2表明，从技术风险的角度，“合资”方案比“实行股份制”方案风险小。W_3表明，从社会风险的角度，“合资”方案比“实行股份制”方案风险大。

特征向量 W_1、W_2、W_3 分别从经济风险、技术风险和社会风险的角度比较了“合资”和“实行股份制”两个方案。如果想从评价目标“风险最大的重组方案”的角度来判断这两个方案哪个风险较大，则必须用特征向量 W_1、W_2、W_3 构造一个“综合矩阵 C”。

$$C=(W_1\quad W_2\quad W_3)=\begin{pmatrix}0.8 & 0.1667 & 0.8333\\ 0.2 & 0.8333 & 0.1667\end{pmatrix}$$

然后，用矩阵 C 乘以特征向量 W，得到一个新向量 W_f 即：

$$W_f=CW=\begin{pmatrix}0.8 & 0.1667 & 0.8333\\ 0.2 & 0.8333 & 0.1667\end{pmatrix}\begin{pmatrix}0.3453\\ 0.0704\\ 0.5843\end{pmatrix}=\begin{pmatrix}0.7449\\ 0.2191\end{pmatrix}$$

向量 W_f表明，从评价目标“风险最大的重组方案”的整体角度，即综合了经济风险、技术风险和社会风险三个方面之后，“合资”方案比“实行股份制”方案风险大。

7.3.4.3 模糊数学法

建设工程中潜含各种风险因素，很大一部分难以用数字来准确地加以定量描述，但都可以利用历史经验或专家知识，用语言生动地描述出它们的性质及其可能的影响结果。并且，现有的绝大多数风险分析模型都是基于需要数字的定量技术，而与风险分析相关的大部分信息却是很难用数字表示的，但易于用文字或句子来描述，这种性质最适合于采用模糊数学模型来解决问题。

模糊数学处理非数字化、模糊的变量有独到之处，并能提供合理的数学规则去解决变量问题，相应得出的数学结果又能通过一定的方法转为语言描述。这一特性极适于解决建设工程中普遍存在的潜在风险，因为绝大多数工程的风险都是模糊的、难准确定义且不易用语言描述的。

7.3.4.4 概率树分析法

(1) 假定风险变量之间是相互独立的，可以通过对每个风险变量各种状态取值的不同组合计算项目的内部收益率或净现值等指标。根据每个风险变量状态的组合计算得到的内部收益率或净现值的概率为每个风险变量所处状态的联合概率，即各风险变量所处状态发生概率的乘积。

若风险变量有 A、B、C…N；

每个输入变量有状态A_1，A_2，…A_{n1}；

B_1，B_2，…B_{n2}；

……

M_1，M_2，…M_{nm}

各种状态发生的概率

$$\sum_{i=1}^{n_1}P\{A_i\}=P\{A_1\}+P\{A_2\}+\cdots P\{n_1\}=1$$

$$\sum_{i=1}^{n} P\{B_i\} = 1 \qquad \cdots$$

$$\sum_{i=1}^{nm} P\{M_i\} = 1$$

则各种状态组合的联合概率为：$P\{A_1\} \times P\{B_1\} \cdots P\{N_1\}$，$P\{A_2\} \times P\{B_2\} \cdots P\{N_2\}$，$\cdots P\{A_{n1}\} \times P\{B_{n2}\} \times \cdots \times P\{M_{mn}\}$，共有这种状态组合和相应的联合概率 $N_1 \times N_2 \times \cdots \times N_{nm}$ 个。

(2) 评价指标（净现值或内部收益率等）由小到大进行顺序排列，列出相应的联合概率和从小到大的累计概率，并绘制评价指标为横轴，累计概率为纵轴的累计概率曲线。计算评价指标的期望值、方差、标准差和离散系数。

(3) 由累计概率（或累计概率图）计算出 $P\{NPV(i_c)<0\}$ 或 $P\{IRR<i_c\}$ 的累计概率，同时也可获得：

$$P\{NPV(i_c) \geqslant 0\} = 1 - P\{NPV(i_c) < 0\}$$

$$P\{IRR \geqslant i_c\} = 1 - P\{IRR < i_c\}$$

当风险变量数和每个变量的状态数较多大于三个时，这时状态组合数过多，一般不适于使用概率树方法。若各风险变量之间不是独立，而存在相互关联时，也不适于使用这种方法。

7.3.4.5　敏感性分析法

敏感性分析方法只考虑影响建设工程成本的几个重要因素的变化，如利率、投资额、运行成本等，而不是采用工作分解结构把总成本按工作性质细分为各子项目成本，从子项目成本角度考虑风险因素的影响，再综合成整个项目风险。敏感性分析方法的结果可以为决策者提供这样的信息：工程目标成本对哪个成本单项因素的变化最为敏感，哪个其次，可以相应排出对成本单项的敏感性顺序。这样的结果也说明，使用敏感性分析方法分析工程风险不可能得出具体的风险影响程度资金值，它只能说明一种影响程度。

一般在项目决策阶段的可行性研究中使用敏感性分析方法分析工程风险。使用这种方法，能向决策者简要地提供影响项目成本变化的因素及其影响程度，使决策者在做最终决策时考虑这些因素的影响，并优先考虑某种最敏感因素对成本的影响。因此，敏感性分析方法一般被认为是一个有用的决策工具。

7.3.4.6　蒙特卡罗法

蒙特卡罗法又称随机模拟法或统计试验法，它是一种通过对随机变量的统计试验、随机模拟来估计经济风险和工程风险的数学方法。其特点是用数学方法模拟实际概率过程，然后加以统计处理。蒙特卡罗法可以直接处理每一种风险因素的不确定性，减少不确定因素在很多情况下所作决策的偏差或失误，并把这种不确定性在成本方面的影响以概率分布的形式表示出来。因此，被公认为是一种有效的方法。现在，应用蒙特卡罗法可以通过编制计算机软件来实现模拟过程，从而大大提高工作效率，节约分析的时间和精力，可以应用于较复杂的大中型项目。

使用蒙特卡罗法分析建设工程风险的基本程序如图 7-4 所示。

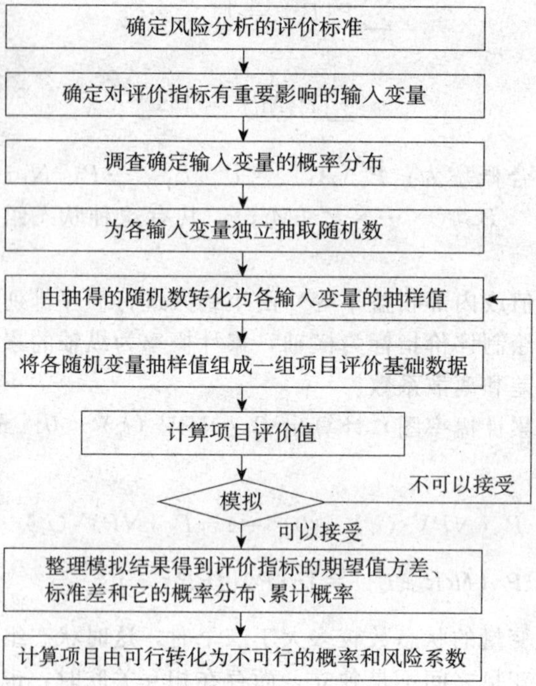

图 7－4 蒙特卡罗法风险评价程序图

7.4 建设工程风险处理

建设工程风险管理中有三种风险的处理对策，即风险控制、风险自留和风险转移。也可将风险对策分为两类：一类是风险控制对策，一类是风险的财务对策。

7.4.1 风险控制对策

采用风险控制对策可降低预期损失或使这种损失更具有可测性，从而改变风险。这种方法包括风险回避、风险预防、风险分离、风险分散及风险转移。

7.4.1.1 风险回避

风险回避主要是中断风险来源，使其不发生或遏制其发展。回避风险有两种基本途径，一是拒绝承担风险，如了解到某建设工程风险较大，则不参与该工程的投标或拒绝业主的投标邀请；二是放弃以前所承担的风险，如了解到某一研究计划有许多新的过去未发现的风险，决定放弃研究以避免风险。

回避风险虽然是一种风险防范措施，但是一种消极的防范手段。因为，在现代社会经营中广泛存在着各种风险，要想完全回避是不可能的。再者，回避风险固然能避免损失，但同时也失去了获利的机会。

7.4.1.2 风险预防

风险预防是指减少风险发生的机会或降低风险的严重性，设法使风险最小化。通常有两种途径。

（1）风险预防：指采用各种预防措施以杜绝风险发生的可能。例如，供应商通过扩大供应渠道以避免货物滞销；承包商通过提高质量控制标准以防止因质量不合格而返工或罚款；工程现场管理人员通过加强安全教育和强化安全措施，减少事故的发生等等。业主要求承包商出具各种保函就是为了防止承包商不履约或履约不力，而承包商要求在合同中赋予其索赔权利也是为了防止业主违约或发生种种不测事件。

（2）减少风险：指在风险损失已经不可避免的情况下，通过种种措施遏制风险势头继续恶化或局限其扩展范围使其不再蔓延。例如，承包商在业主付款误期超过合同规定期限情况下采取停工或撤出施工队伍并提出索赔要求，甚至提起诉讼；业主在确信承包商无力继续实施其委托的工程时立即撤换承包商；施工事故发生后采取紧急救护等都是为了达到减少风险的目的。

7.4.1.3　风险分离

风险分离是指将各风险单位间隔开，以避免发生连锁反应或互相牵连。这种处理可以将风险局限在一定范围内，从而达到减少损失的目的。

风险分离常用于工程中的设备采购。为了尽量减少因汇率波动而遭致的汇率风险，在若干不同的国家采购设备，付款采用多种货币。

在施工过程中，承包商对材料进行分隔存放也是风险分离手段。这样可以避免材料集中于一处时可能遭受的损失。

7.4.1.4　风险分散

风险分散是通过增加风险单位以减轻总体风险的压力，达到共同分摊集体风险的目的。建设工程总的风险有一定的范围，这些风险必须在项目参加者之间进行分配。每个参与者都必须承担一定的风险责任，这样他才有管理和控制风险的积极性。风险分配通常在任务书、责任书、合同、招标文件等文件中规定。在起草这些文件时都应对风险作估计、定义和分配。

7.4.1.5　风险转移

有些风险无法通过上述手段进行有效控制，经营者只好采取转移手段以保护自己。风险转移并非损失转嫁，也不能认为是损人利己或有损商业道德。因为有许多风险对一些人的确可能造成损失，但转移后并不一定给他人造成损失。其原因是各人的优势不一样，因而对风险的承受能力也不一样。

风险转移的手段常用于工程承包的分包、技术转让或财产出租。合同、技术或财产的所有人通过分包工程、转让技术或合同、出租设备或房屋等手段将应由自己全部承担的风险部分或全部转移至他人，从而减轻自身的风险压力。

7.4.2　财务对策

采用财务对策即经济手段来处理确实会发生的损失。这些对策包括风险的财务转移、风险自留、风险准备金和自我保险。

7.4.2.1　风险的财务转移

风险的财务转移是指转移人寻求用外来资金补偿确实会发生或业已发生的风险。风险的财务转移包括保险的风险财务转移（即通过保险进行转移）和非保险的风险财务转移（即通过合同条款达到转移目的）。

保险的风险财务转移的实施手段是购买保险。通过保险，投保人将自己本应承担的归咎责任（因他人过失而承担的责任）和赔偿责任（因本人过失或不可抗力所造成损失的风险责任）转嫁给保险公司，从而使自己免受风险损失。

非保险的风险财务转移的实施手段则是除保险以外的其他经济手段，如根据承包合同，业主可将其对公众在建筑物附近受到伤害的部分或全部责任转移至承包商，这种转移属于非保险的财务风险转移，而承包商则通过投保第三者责任又将这一风险转移至保险公司。非保险的风险财务转移的另一种形式是通过担保银行或保险公司开具保证书或保函。

7.4.2.2 风险自留

风险自留是将风险留给自己承担，不予转移。这种手段有时是无意识的，即当初并曾预测到，不曾有意识地采取种种有效措施，以致最后只好由自己承受；但有时也可以是主动的，即有意识、有计划地将若干风险主动留给自己。这种情况下，风险承受人通常已做好了处理风险的准备。

主动的或有计划的风险自留是否合理明智，取决于风险自留决策的有关环境。风险自留在一些情况下是唯一可能的决策。有时企业不能预防损失，回避又不可能，且没有转移的可能性，企业别无选择，只能自留风险。但是，如果风险自留并非唯一可能的对策时，风险管理人员应认真分析研究，通盘考虑，制定最佳决策。

决定风险自留须符合以下条件之一：

(1) 自留费用低于保险公司所收取的费用；

(2) 企业的期望损失低于保险人的估计；

(3) 企业有较多的风险单位；

(4) 企业的最大潜在损失或最大期望损失较小；

(5) 短期内企业有承受最大潜在损失或最大期望损失的经济能力；

(6) 风险管理的目标可以承受年度损失的重大差异；

(7) 费用和损失支付分布于很长时间里，因而导致很大的机会成本；

(8) 投资机会很好；

(9) 内部服务或非保险人服务优良。

如实际情况与上述条件相反，无疑应放弃自留风险的决策。

7.4.2.3 风险准备金

风险准备金是从财务的角度为风险作准备，在计划（或合同价）中另外增加一笔费用。例如，在投标报价中，承包商经常根据工程技术、业主的资信、自然环境、合同等方面风险的大小、发生的可能性，在报价中加上一笔不可预见风险费。准备金的多少是一项管理决策。从理论上说，准备金的数量应与风险损失期望值相等，即为风险发生所产生的损失与发生的可能性（概率）的乘积。即；

风险准备金＝风险损失×发生的概率

除了应考虑到理论值的高低外，还应考虑到项目边界条件的状态。例如，对承包商来说，决定报价中的不可预见风险费要考虑到竞争者的数量、中标的可能性、项目对企业经营的影响等因素。如果风险准备金高，报价竞争力降低，中标的可能性很小，不中标的风险就大。

7.4.2.4　自我保险

自我保险是指建立内部保险机制或保险机构，通过这种保险机制，承担企业的各种可能风险。尽管这种办法属于购买保险范围或范畴，但这种保险机制或机构终归隶属于企业内部，即使购买保险的开支有时可能大于自留风险所需支出，但因保险机构与企业的利益一致，各家内部可能有盈有亏，而从总体上依然能取得平衡，好处未落入外人之手。因此，自我保险决策在许多时候也具有相当重要的意义。

7.4.3　建设工程风险处理研究的要点

（1）风险处理研究应贯穿于决策分析与评价的全过程

决策分析与评价是一项复杂的系统工程，而风险因素又可能存在于技术、市场、工程、经济等各个方面。在正确识别出建设工程各方面的风险因素之后，应从方案设计上就采取规避防范风险的措施。因此风险处理研究应贯穿于决策分析与评价的全过程。

（2）风险处理应有针对性

建设工程可能涉及各种各样的风险因素，且各个建设工程又不尽相同。风险处理研究应有很强的针对性，应结合行业特点，针对特定项目主要的或关键的风险因素提出必要的措施，将其影响降低到最小程度。

（3）风险处理应有可行性

决策分析与评价阶段所进行的风险处理研究应立足于现实客观的基础之上，提出的风险处理应是切实可行的。所谓可行，不仅指技术上可行，且从财力、人力和物力方面也是可行的。

（4）风险处理应有经济性

规避防范风险是要付出代价的，如果提出的风险处理所花费的费用远大于可能造成的风险损失，该对策将毫无意义。在风险处理研究中应将规避防范风险措施所付出的代价与该风险可能造成的损失进行权衡，旨在寻求以最少的费用获取最大的风险收益。

（5）风险处理研究是项目有关各方的共同任务

风险处理研究不仅有助于避免决策失误而且是建设工程以后风险管理的基础，因此它应是建设工程有关各方的共同任务。项目发起人和投资者应积极参与和协助进行风险处理研究，并真正重视风险处理研究的结果。

【思考题】

1. 风险最基本的特征是什么？建设工程风险的基本特征是什么？
2. 风险的种类有哪些？
3. 识别风险的方法有哪些？
4. 建筑工程的主要风险源有哪些？
5. 钢结构工程的风险源及其风险是什么？
6. 如何衡量风险的大小？
7. 风险评价的方法有哪些？什么是层次分析法？
8. 为什么要有计划的风险自留？

第8章 建设工程合同管理

8.1 合同概述

8.1.1 合同的基本概念

合同是平等主体的自然人、法人、其他组织之间设立、变更、终止民事权利义务关系的协议。合同是指具有平等民事主体资格的当事人，为了达到一定目的，经过自愿、平等、协商一致而设立、变更、终止民事权利义务关系达成的协议。

8.1.1.1 合同法律关系主体

合同法律关系主体，是指参加合同法律关系，依法享有权利、承担义务的当事人。

合同法律关系主体的种类有：

(1) 自然人：自然人是指基于出生而成为民事法律关系主体的有生命的人。自然人作为合同法律关系的主体应当具有相应的民事权利能力和民事行为能力。

(2) 法人：法人是指按照法定程序成立，设有一定的组织机构，拥有独立的财产或独立经营管理的财产，能以自己的名义在社会经济活动中享有权利和承担义务，并能在法院起诉和应诉的社会组织。

(3) 其他组织：其他组织是指依法成立，但不具备法人资格，而能以自己的名义参与民事活动的经济实体或者法人的分支机构等社会组织。

8.1.1.2 合同法律关系客体

合同法律关系的客体，是指法律关系主体的权利和义务所指向的对象。在法律关系中，主体之间的权利义务之争总是围绕着一定的对象所展开的，没有一定的对象，也就没有权利义务之分，当然也就不会存在法律关系了。

合同法律关系客体的种类有：

(1) 行为：是指人们在主观意志支配下所实施的具体活动，包括作为和不作为。如：义务人向权利人支付一定的货币，交付一定的物，完成一定的工作，提供一定的劳务等，还包括权利人对其所有物的支配行为。

(2) 财：一般是指货币资金，也包括有价证券，它是生产和流通过程中停留在货币形态上的那部分资金，如借款合同的信贷资金。

(3) 物：物是指可为人们控制，具有使用价值和价值的生产资料和消费资料。我们所说的物，即是合同中的标的，其种类和范围均由法律加以规定。

(4) 智力成果：智力成果亦称非物质财富，它是指脑力劳动的成果。如专利权、商标权和著作权等。

8.1.1.3　合同法律关系的内容

合同法律关系的内容，即是合同主要条款所规范的主体的权利和义务。

（1）权利

权利，是指权利主体依据法律规定和约定，有权按照自己的意志做出某种行为，同时要求义务主体做出某种行为或者不得做出某种行为，以实现合法权益。当权利受到侵犯时，法律将予以保护。一方面，权利受到国家保护，如果一个人的权利因他人干涉而无法实现或受到了他人的侵害时，可以请求国家协助实现其权利或保护其权利；另一方面，权利是有行为界限的，超出法律规定，非分的或过分的要求就是不合法的或不被视为合法的权利。权利主体不能以实现自己的权利为目的而侵犯他人的合法权利或侵犯国家和集体的利益。

（2）义务

义务，是指义务主体依据法律规定和权利主体的合法要求，必须做出某种行为或不得做出某种行为，以保证权利主体实现其权益，否则要承担法律责任。一方面，义务人履行义务是权利人享有权利的保障，所以，法律规范都针对保障权利人的权利规定了具体的法律义务。尤其是强制性规范，更是侧重了对义务的规定，而不是对权利的规定。另一方面，法律义务对义务人来说是必须履行的，如果不履行，国家就要依法强制执行，因不履行造成后果的，还要追究其法律责任。

8.1.1.4　合同的类别

《中华人民共和国合同法》（以下简称《合同法》）分则中列出的有：买卖合同；供用电、水、气、热力合同；赠与合同；借款合同；租赁合同；融资租赁合同；承揽合同；建设工程合同；运输合同；技术合同；保管合同；仓储合同；委托合同；行纪合同；居间合同等 15 种包括经济、技术和其他民事等列名合同。

8.1.2　合同的订立

8.1.2.1　合同当事人的主体资格

《合同法》第 9 条规定：“当事人订立合同，应当具有相应的民事权利能力和民事行为能力。当事人依法可以委托代理人订立合同。”

（1）合同当事人的民事权利能力和民事行为能力

《合同法》的上述条款明确规定，作为合同当事人的自然人、法人和其他组织应当具有相应的主体资格——民事权利能力和民事行为能力。

（2）合同当事人——自然人、法人、其他组织

（3）委托代理人订立合同

法律规定，当事人在订立合同时，由于主观或客观的原因，不能由法人的法定代表人、其他组织的负责人亲自签订时，可以依法委托代理人订立合同。代理人代理授权人、委托人签订合同时，应向第三人出示授权人签发的授权委托书，并在授权委托书写明的授权范围内订立合同。

8.1.2.2 合同的形式和内容

1. 合同的形式

合同的形式，是指合同当事人双方对合同的内容、条款经过协商，做出共同的意思表示的具体方式。

《合同法》第10条规定："当事人订立合同，有书面形式、口头形式和其他形式。法律、行政法规规定采用书面形式的，应当采用书面形式。当事人约定采用书面形式的，应当采用书面形式。"

《合同法》第36条规定："法律、行政法规规定或者当事人约定采用书面形式订立合同，当事人未采用书面形式但一方已经履行主要义务，对方接受的，该合同成立。"

《合同法》第11条规定："书面形式是指合同书、信件和数据电文（包括电报、电传、传真、电子数据交换和电子邮件）等可以有形地表现所载内容的形式。"

2. 合同的内容

关于合同一般条款的法理解释如下：

（1）当事人的名称或者姓名和住所

当事人的名称或者姓名，是指法人和其他组织的名称；住所是指他们的主要办事机构的所在地。

（2）标的

标的，是指合同当事人双方权利和义务共同指向的事物。即合同法律关系的客体。标的可以是货物、劳务、工程项目或者货币等。依据合同种类的不同，合同的标的也各有不同。例如，买卖合同的标的是货物；建筑工程合同的标的是工程建设项目；货物运输合同的标的是运输劳务；借款合同的标的是货币；委托合同的标的是委托人委托受托人处理委托事务等。

标的是合同的核心，它是合同当事人权利和义务的焦点。尽管当事人双方签订合同的主观意向各有不同，但最后必须集中在一个标的上。因此，当事人双方签订合同时，首先要明确合同的标的，没有标的或者标的不明确，必然会导致合同无法履行，甚至产生纠纷。

（3）数量

数量，是计算标的的尺度。它把标的定量化，以便确立合同当事人之间的权利和义务的量化指标，从而计算价款或报酬。国家颁布了《关于在我国统一实行法定计量单位的命令》。根据该命令的规定，签订合同时，必须使用国家法定计量单位，做到计量标准化、规范化。如果计量单位不统一，一方面会降低工作效率；另一方面也会因发生误解而引起纠纷。

（4）质量

质量是标的物内在特殊物质属性和一定的社会属性，是标的物质性差异的具体特征。它是标的物价值和使用价值的集中表现，并决定着标的物的经济效益和社会效益，还直接关系到生产的安全和人身的健康等。因此，当事人签订合同时，必须对标的物的质量做出明确的规定。标的物的质量，有国家标准的按国家标准签订；没有国家标准而有行业标准的，按行业标准签订，或者有地方标准的按地方标准签订；如果标的物是没有上述标准的新产品时，可按企业新产品鉴定的标准（如产品说明书、合格证载明的），写明相应的质量标准。

国家鼓励企业采用国际质量标准。

（5）价款或者报酬

价款，通常是指当事人一方为取得对方出让标的物，而支付给对方一定数额的货币；报酬，通常是指当事人一方为对方提供劳务、服务等，从而向对方收取一定数额的货币报酬。在建立社会主义市场经济过程中，当事人签订合同时，应接受有关部门的监督，不得违反有关规定，扰乱社会经济秩序。

(6) 履行期限、地点和方式

履行期限，是指当事人交付标的和支付价款或报酬的日期。也就是依据合同的约定，权利人要求义务人履行的请求权发生的时间。合同的履行期限，是一项重要条款，当事人必须写明具体的履行起止日期，避免因履行期限不明确而产生纠纷。倘若合同当事人在合同中没有约定履行期限，只能按照有关规定处理。

履行地点，是指当事人交付标的和支付价款或报酬的地点。它包括标的的交付、提取地点；服务、劳务或工程项目建设的地点；价款或报酬结算的地点等。合同履行地也是一项重要条款，它不仅关系到当事人实现权利和承担义务的发生地，还关系到人民法院受理合同纠纷案件的管辖地问题。因此，合同当事人双方签订合同时，必须将履行地点写明，并且要写得具体、准确，以免发生差错而引起纠纷。

履行方式，是指合同当事人双方约定以哪种方式转移标的物和结算价款。履行方式应视所签订合同的类别而定。例如，买卖货物、提供服务、完成工作合同，其履行方式均有所不同，此外在某些合同中还应当写明包装、结算等方式，以利合同的完善履行。

(7) 违约责任

违约责任，是指合同当事人约定一方或双方不履行或不完全履行合同义务时，必须承担的法律责任。违约责任包括支付违约金、偿付赔偿金以及发生意外事故的处理等其他责任。法律有规定责任范围的按规定处理；法律没有规定责任范围的，由当事人双方协商议定办理。

(8) 解决争议的方法

解决争议的方法，是指合同当事人选择解决合同纠纷的方式、地点等。根据我国法律的有关规定，当事人解决合同争议时，实行“或仲裁或审判”，即当事人可以在合同中约定选择仲裁机构或人民法院解决争议；当事人可以就仲裁机构或诉讼的管辖机关的地点进行议定选择。当事人如果在合同中既没有约定仲裁条款，事后又没有达成新的仲裁协议，那么，当事人只能通过诉讼的途径解决合同纠纷，因为起诉权是当事人的法定权。

8.1.2.3 合同示范文本与格式条款合同

(1) 合同条款的标准化

由于合同条款在合同管理中的重要性，所以合同双方都很重视。对作为条款编写者的一方而言，必须慎重推敲每一个词句，防止出现任何不妥或有疏漏之处。对另一方而言，必须仔细研读合同条款，发现有明显错误应及时指出，予以更正，有模糊之处必须及时要求对方澄清，以便充分理解合同条款表示的真实思想与意图，还必须考虑条款可能带来的机遇和风险。只有在这些基础上才能得出一个合适的报价。因此，在订立一个合同过程中，双方在编制、研究、协商合同条款上要投入很多的人力、物力和时间。

世界各国为了减少每个工程都必须花在编制讨论合同条款上的人力物力消耗，也为了避免和减少由于合同条款的缺陷而引起的纠纷，都制订出自己国家的工程承包标准合同条款。二次世界大战以后，国际工程的招标承包日益增加，也陆续形成了一些国际工程常用的标准合同条款。

(2) **常见的标准合同条款**

国际国内有代表性的标准合同条款见表 8-1。

表 8-1 标准合同条款

适用范围	编制者	标准合同条款名称
准国际	国际咨询工程师联合会 (Federation Internationale Des Ingenieurs Conscils)	FIDIC 合同条款
英国及英联邦	英国土木工程师学会 (Institute of Civil Engineers)	ICE 合同条款
国际金融组织	欧洲发展基金会 (European Development Fund)	EDF 合同条款
	世界银行(国际复兴开发银行) (International Bank for Reconstruction and Development)	"工程采购招标文件样本"等
	亚洲开发银行 (Asian Development Bank)	"土木工程采购招标文件样本"等
美国	美国建筑师学会 (The American Institute of Architecta)	AIA 合同条款
	美国总承包商协会 (Asssociated Ceneral Contractors of America)	ACC 合同条款
	美国工程师合同文件委员会 (Enggineers Joint Contrat Doucument Committee)	EJCDC 合同条款
	美国联邦政府	SF—23A 合同条款
中国	中国财政部	"世界银行贷款项目招标采购文件范本"
	中国国家工商行政管理局、建设部	建设工程施工合同
	中国国家工商行政管理局、建设部	建设工程委托监理合同

(3) **合同示范文本**

《合同法》第 12 条第 2 款规定:"当事人可以参照各类合同的示范文本订立合同。"合同示范文本是指由一定机关事先拟定的对当事人订立相关合同起示范作用的合同文本。此类合同文本中的合同条款有些内容是拟定好的,有些内容是没有拟定需要当事人双方协商一致填写的。合同的示范文本只供当事人订立合同时参考使用,因此,合同示范文本与格式条款合同不同。

(4) **格式条款合同**

格式条款合同,是指合同当事人一方(如某些垄断性企业)为了重复使用而事先拟定出一定格式的文本。文本中的合同条款在未与另一方协商一致的前提下已经确定且不可更改。

《合同法》为了维护公平原则,确保格式条款合同文本中相对人的合法权益,在第 39 条、40 条和 41 条对格式条款合同作了专门的限制性规定。

第一,采用格式条款订立合同的,提供格式条款的一方应当遵循公平原则确定当事人之间的权利和义务,并采取合理的方式提请对方注意免除或者限制其责任的条款,按照对方的要求，对该条款予以说明。

第二，格式条款合同中具有《合同法》第 50 条和第 53 条规定情形的，或者提供格式条款一方免除其责任、加重对方责任、排除对方主要权利的。该条款无效。

第三，对格式条款的理解发生争议的，应当按照通常理解予以解释。对格式条款有两种以上解释的，应当做出不利于提供格式条款一方的解释。格式条款和非格式条款不一致的，应当采用非格式条款。

8.1.2.4 要约与承诺

《合同法》第 13 条规定："当事人订立合同，采用要约、承诺方式。"要约与承诺，是当事人订立合同必经的程序，也即当事人双方就合同的一般条款经过协商一致并签署书面协议的过程。《合同法》中关于当事人通过要约与承诺签订合同的法律行为作了全面、完善的规定。订立合同的过程，一般先由当事人一方提出要约，再由另一方做出承诺的意思表示，经签字、盖章后，合同即告成立。在法律程序上，把订立合同的全过程划分为要约与承诺两个阶段。要约与承诺属于法律行为，当事人双方一旦做出相应的意思表示，就要受到法律的约束，否则必须承担法律责任。

8.1.2.5 缔约过失

(1) 缔约过失的概念

缔约过失，是指合同订立过程中，当事人一方因未履行依据诚实信用原则应承担的义务，而导致当事人另一方受到损失，应承担相应民事责任，即缔约过失责任。

(2) 缔约过失责任的法律规定

《合同法》第 42 条规定：当事人在订立合同过程中有下列情形之一，给予对方造成损失的，应当承担损害赔偿责任：

(1) 假借订立合同，恶意进行磋商；

(2) 故意隐瞒与订立合同有关的重要事实或者提供虚假情况；

(3) 有其他违背诚实信用原则的行为。

《合同法》第 43 条规定：当事人在订立合同过程中知悉的商业秘密，无论合同是否成立，不得泄露或者不正当地使用。泄露或者不正当地使用该商业秘密时给对方造成损失的，应当承担损害赔偿责任。

8.1.3 合同的效力

8.1.3.1 合同无效

(1) 合同无效的概念

合同无效，是指虽经合同当事人协商订立，但因其不具备或违反了法定条件，国家法律规定不承认其效力的合同。

(2)《合同法》关于无效合同的法律规定

《合同法》第 52 条规定：有下列情形之一的，合同无效。

①一方以欺诈、胁迫的手段订立合同，损害国家利益；

②恶意串通，损害国家、集体或者第三人利益；

③以合法形式掩盖非法目的；

④损害社会公共利益；

⑤违反法律、行政法规的强制性规定。

8.1.3.2 当事人请求人民法院或仲裁机构变更或撤销的合同

(1) 当事人依法请求变更或撤销的合同的概念

当事人依法请求变更或撤销的合同，是指合同当事人订立的合同欠缺生效条件时，一方当事人可以依照自己的意思，请求人民法院或仲裁机构做出裁定，从而使合同的内容变更或者使合同的效力归于消灭的合同。

(2) 可变更或可撤销的合同的法律规定

《合同法》第 54 条规定："下列合同，当事人一方有权请求人民法院或者仲裁机构变更或者撤销：①因重大误解订立的；②在订立合同时显失公平的。一方以欺诈、胁迫的手段或者乘人之危，使对方在违背真实意思的情况下订立的合同，受损害方有权请求人民法院或者仲裁机构变更或者撤销。当事人请求变更的，人民法院或者仲裁机构不得撤销。"

8.1.3.3 无效的合同或被撤销的合同的法律效力

无效的合同或被撤销的合同的法律效力问题，是《合同法》中第 3 章合同的效力的重要内容，当事人订立的合同被确认无效或者被撤销后，并不表明当事人的权利和义务的全部结束。

(1) 合同自始无效和部分无效

《合同法》第 56 条规定："无效的合同或者被撤销的合同自始没有法律约束力。合同部分无效，不影响其他部分效力的，其他部分仍然有效。"

①自始无效。是指合同一旦被确认为无效或者被撤销，即将产生溯及力，使合同从订立时起即不具有法律约束力。

②合同部分无效。是指合同的部分内容无效，即无效或者被撤销而宣告无效的只涉及合同的部分内容，那么，合同的其他部分仍然有效。

(2) 合同无效、被撤销或者终止时，有关解决争议的条款的效力

《合同法》第 57 条规定："合同无效、被撤销或者终止时，不影响合同中独立存在的有关解决争议方法的条款的效力。"依照此项法条的规定，合同中关于解决争议的方法条款的效力具有相对的独立性，因此，不受合同无效、变更或者终止的影响。也即合同无效、合同变更或者合同终止并不必然导致合同中解决争议方法的条款无效、变更、终止。

8.1.4 合同的履行

8.1.4.1 合同履行的原则

依照《合同法》的规定，合同当事人履行合同时，应遵循以下原则：

(1) 全面、适当履行的原则

全面、适当履行，是指合同当事人双方应当按照合同约定全面履行自己的义务，包括履行义务的主体、标的、数量、质量、价款或者报酬以及履行的方式、地点、期限等，都应当按照合同的约定全面履行。

（2）遵循诚实信用的原则

诚实信用原则，是我国《民法通则》的基本原则，也是《合同法》的一项十分重要的原则，它贯穿于合同的订立、履行、变更、终止等全过程。因此，当事人在订立合同时，要讲诚实、要守信用、要善意，当事人双方要互相协作，合同才能圆满地履行。

（3）公平合理，促进合同履行的原则

合同当事人双方自订立合同起，直到合同的履行、变更、转让以及发生争议时对纠纷的解决，都应当依据公平合理的原则，按照《合同法》的规定，根据合同的性质、目的和交易习惯，善意地履行通知、协助、保密等附随义务。

（4）当事人一方不得擅自变更合同的原则

8.1.4.2　合同履行中条款空缺的法律适用

（1）合同条款空缺的概念

合同条款空缺，是指合同生效后，当事人对合同条款约定的缺陷，依法采取完善或妥善处理的法律行为。

当事人订立合同时，对合同条款的约定应当明确、具体，以便于合同履行。然而，由于有些当事人因合同法律知识的欠缺，对事物认识上的错误以及疏忽大意等原因，而出现欠缺某些条款或者条款约定不明确，致使合同难以履行，为了维护合同当事人的正当权益，法律规定允许当事人之间可以约定，采取措施，补救合同条款空缺的问题。

（2）协议补充、按照有关规定或者交易习惯

《合同法》第 61 条规定："合同生效后，当事人就质量、价款或者报酬、履行地点等内容没有约定或者约定不明确的，可以协议补充；不能达成补充协议的，按照合同有关条款或者交易习惯确定。"

（3）合同内容不明确，又不能达成补充协议时的法律适用

《合同法》第 62 条规定："当事人就有关合同内容约定不明确，依照本法第 61 条的规定仍不能确定的，适用下列规定：

①质量要求不明确的，按照国家标准、行业标准履行；没有国家标准、行业标准的，按照通常标准或者符合合同目的的特定标准履行。

②价款或者报酬不明确的，按照订立合同时履行地市场价格履行；依法应当执行政府定价或者政府指导价的，按照规定履行。

③履行地点不明确，给付货币的，在接受货币一方所在地履行；交付不动产的，在不动产所在地履行；其他标的，在履行义务一方所在地履行。

④履行期限不明的，债务人可以随时履行，债权人也可以随时要求履行，但应当给对方必要的准备时间。

⑤履行方式不明确的，按照有利于实现合同目的的方式履行。

⑥履行费用的负担不明确的，由履行义务一方负担。"

8.1.5 违约责任

8.1.5.1 当事人违约及违约责任的形式

(1) 违约责任的法律规定

《合同法》第107条规定:“当事人一方不履行合同义务或者履行合同义务不符合约定的,应当承担继续履行、采取补救措施或者赔偿损失等违约责任。”

依照《合同法》的上述规定,当事人不履行合同义务或履行合同义务不符合约定时,就要承担违约责任。此项规定确立了对违约责任实行“严格责任原则”,只有不可抗力的原因方可免责。至于缔约过失、无效合同或可撤销合同,则采取过错责任,《合同法》分则中特别规定了过错责任的,实行过错责任原则。

(2) 当事人承担违约责任的形式

①继续履行合同。是指违反合同的当事人不论是否已经承担赔偿金或者违约金责任,都必须根据对方的要求,在自己能够履行的条件下,对原合同未履行的部分继续履行。

②采取补救措施。是指在违反合同的事实发生后,为防止损失发生或者扩大,而由违反合同行为人采取修理、重作、更换等措施。

③赔偿损失。是指当事人一方违反合同造成对方损失时,应以其相应价值的财产予以补偿。赔偿损失应以实际损失为依据。

8.1.5.2 解决合同争议的方式

合同当事人之间发生争议,有时是难免的。如果争议发生了,当事人之间首先应当依据公平合理和诚实信用的原则,本着互谅互让的精神,进行自愿协商解决争议,或者通过调解解决纠纷。如果当事人不愿和解、调解或者和解、调解不成的,可以依据“或裁或审制”的规定,请求仲裁机构仲裁,或者向人民法院起诉,以求裁判彼此之间的纠纷。

《合同法》第128条规定:“当事人可以通过和解或者调解解决合同争议。当事人不愿和解、调解或者和解、调解不成的,可以根据仲裁协议向仲裁机构申请仲裁。涉外合同的当事人可以根据仲裁协议向中国仲裁机构或者其他仲裁机构申请仲裁。当事人没有订立仲裁协议或者仲裁协议无效的,可以向人民法院起诉。当事人应当履行发生法律效力的裁决、仲裁裁决、调解书;拒不履行的,对方可以请求人民法院执行。”

8.2 建设工程监理合同概述

8.2.1 监理合同的概念

根据民事法律关系必须具备三个要素的原则,作为合同这种民事法律关系,也应有权利主体、权利客体和内容,建设工程委托监理合同(以下简称监理合同)是合同的一种,因而它也应该具备三要素。监理合同的主体是工程业主和工程建设监理单位(以下简称监理单位);权利客体是业主委托监理单位对工程建设实施的监理工作,内容则是在实施工程建设过程中双方的权利和义务。根据监理合同的三要素,它的概念应该是:建设工程的业主与监理单位,为完成委托的工程建设监理工作,明确相互权利和义务的协议。

监理委托合同是委托任务履行过程中当事人双方的行为指南，因此内容应全面，用词要严谨。合同条款的组成结构包括以下几个方面：

(1) 合同内所涉及的词语定义和须遵循的法规；

(2) 监理人（监理单位）的义务；

(3) 委托人（业主）的义务；

(4) 监理人（监理单位）的权利；

(5) 委托人（业主）的权利；

(6) 监理人（监理单位）的责任；

(7) 委托人（业主）的责任；

(8) 合同生效、变更与终止的规定；

(9) 监理报酬；

(10) 其他方面的规定；

(11) 争议的解决方式。

8.2.2　监理合同的特点

监理合同是合同的一种，除具有与其他类型合同的共同点外，还具有以下特点：

(1) 监理合同的标的特殊性

合同标的，也就是合同民事法律关系的权利客体。合同标的依据不同类型的合同而异。监理合同的标的是监理单位受工程建设业主的委托实施的监理工作。

监理合同的标的特殊，从两个方面看：

第一，监理合同是技术使用权的转让。在商品买卖关系上实际是一种财产关系。而财产有动产和不动产之分，技术商品属性属于动产范畴，动产又分为有形动产和无形动产，以实物形态可以流动的商品属于有形动产，专利、商标、版权、专有技术及一切有使用价值的知识、技术、经验都属于无形动产。无形动产具有财产的一切特征，与有形动产一样可以买卖、转让、继承，其根本区别在于有形动产交易后，是转移了财产所有权；而无形财产的交易，则是财产使用权的转移。监理单位通过监理合同，以其专业技术、经济知识为业主管理工程，也就是在管理工程实施过程中，转移监理单位的技术、经济知识的使用权。

第二，标的服务对象的单件性和固定性。监理合同的标的是监理单位受工程建设业主委托，对建设工程进行监理工作。这就明确了监理工作是围绕建设工程进行。各类建设工程的使用功能不同、技术要求不同、建筑性质不同、等级标准不同以及受地形地貌、水文、地质、气候条件等自然条件和原材料、能源等资源条件的影响，都要单独设计和施工，即使同类用途的建设，也要受地区特点、民族特点、风俗习惯、政策法律、宗教信仰和建筑标准等社会条件影响单件生产；就是利用标准设计或重复使用图纸的建设工程，也要根据当地的地质、水文、朝向等自然条件，重新计算，采取必要的修改。特别是在大规模建设条件下，各类建设工程使用功能各有差异，艺术造型各有千秋，工艺要求千变万化，建设工程的个体性存在，单件性生产是不可避免的。同时，不论建设工程规模大小，建造何方，它的基础部分都是与大地相连。一切建设工程都与大地不能分离，这就造成了建设工程的固定性和施工生产的流动性。工程监理工作，就是围绕着具有这些特性的建设工程进行，因而监理合同的具体条款内容，也就不能离开这种合同特殊的标的来确定。

（2）监理合同具有从合同性质

所谓“从合同”是指必须以他种合同的存在为前提始能成立的合同。监理工作主要任务是三控制、二管理、一协调。而进行协调、管理和控制的主要依据是工程建设各阶段和各环节的各种合同，如勘察合同、设计合同、施工合同、物资采购合同等，监理工作在某种意义上讲，也就是业主通过监理合同委托监理单位管理这些合同。这些合同存在，监理合同也就存在，如果这些合同部分消灭或全部消灭，则监理合同也就原则上随之消灭，因而监理合同具有从合同的性质。

（3）监理合同履行周期长

监理合同的监理对象是建设工程，由于建设工程的体积庞大，结构复杂，装饰装修标准高，建造工期比较长，整个实施期间内业主和各阶段承包方，包括监理单位都要按照合同签订的内容，办理一切事宜。因此，工程项目实施过程有多长时间，合同履行期也就有多长，而且这还是在正常情况下的实施过程时间，不包括工程实施过程中的各种变化影响的时间，如果包括这些变化情况，工程实施过程还要长，合同的履行期也要随之延长。

（4）监理具有经济合同和技术合同双重性质

经济合同是为实现一定经济目的而订立的合同，而技术合同是为确定各类技术活动所订立的合同。作为监理合同，是工程建设业主委托监理单位对工程进行管理而订立的，工程建设项目的实施，对发展国民经济有着重要意义，因而监理合同的签订与履行，也是为实现一定经济目的的合同。同时，监理单位为业主服务是社会服务的一种，也就是监理单位利用经济、技术知识为业主进行专业技术服务，它们之间订立的合同又具有技术合同性质。因此，监理合同具有经济合同和技术合同双重性质。

8.2.3 订立监理合同的必要性

《建设工程监理规范》（GB 50319—2000）中指出：“监理单位在实施建设工程监理之前，应当与建设单位签订书面建设工程委托监理合同，合同中应包括监理单位对建设工程质量、造价、进度进行全面控制和管理的条款。”这个规定符合国际惯例，也是做好工程项目监理的必要条件。

第一，建设监理的委托与被委托是一种商业行为，签约双方建立的是一种经济关系。因此，必须在事前就双方在合同中的一切事项加以明确，通过签订合同，使双方清楚地认识到自己一方和对方在合同中应承担的责任、义务和权利，包括实施服务的具体内容、所需要支付的费用以及工作需要的条件等等，便于做好工作。

第二，依法成立的合同对双方具有法律约束力，可以有效地保护签约双方的合法权益。法律约束力主要是指：①合同必须全面履行，双方当事人对于承诺合同如果不履行或不适当履行规定的义务，则被视为违约行为；②合同已经签订不得擅自变更或解除，如果客观条件发生变化，乙方要求变更或解除合同时，必须经双方协商达成新的协议之后才能变更或解除合同，否则就是违约行为；③合同是一种法律文书，当事人在履行合同中所发生的争议，都应以合同的条款、约定为依据；④国家强制力是履行合同的保障，除了不可抗力等法律规定的情况外，当事人不履行或不完全履行合同时，就要支付违约赔偿费，或强制违约方履行合同。因此，用书面的形式来明确工程服务的合同，最终是为委托方和被委托方的共同的利益服务的。

8.3 建设工程监理合同示范文本

8.3.1 建设工程监理合同示范文本产生的背景及作用

国家工商行政管理局《关于在全国逐步推行经济合同示范文本制度的请示》中指出："为了进一步贯彻治理整顿和深化改革的方针，完善经济合同制度，规范合同各方当事人的行为，维护正常的经济秩序，我们建议，在全国逐步推行经济合同示范文本制度，即对各类经济合同的主要条款、式样等制定出规范的、指导性的文件，在全国范围内积极倡导、宣传、逐步引导当事人在签订经济合同时采用，以实现经济合同签订的规范化。"

在现阶段监理工作中，由于监理单位缺乏经验和业主对监理工作的不理解，常常使双方在签订监理合同中遇到困难。一些监理单位缺少经济、合同管理方面的人才，往往不会签订合同，不懂得利用合同的手段保护自己的利益。而不少业主，由于对监理工作知之不多，对监理方的工作范围，以及应承担的责任义务不甚了解，也担心自己利益受到损害。因此，不少业主和监理单位要求制定统一的监理合同文本。

制定和推行监理合同示范文本主要作用在于：

第一，有助于签订监理合同当事人了解、掌握有关的法律法规，使经济合同规范化，避免缺款少项和当事人意思表达不准确、不真实。监理合同示范文本是由监理业务主管部门组织有关各方面的专家共同编制，能够比较准确地在法律范围内反映出双方所要实现的意图。推广使用示范文本，可以提高监理合同签订的质量，减少扯皮和合同纠纷。

第二，有利于减少甲乙双方签订监理合同的工作量。监理合同示范文本具有鲜明的示范作用，签订合同的双方，可以以示范文本作为协商、谈判的依据，从而避免在签订合同中的种种扯皮现象，便于双方统一认识、提高效率。

第三，有利于合同管理机关加强监督检查、合同仲裁机关和人民法院及时解决合同纠纷，保护当事人的合法权益。监理合同示范文本是经过严格审查，依据有关法律法规审慎推敲制定的，它完全符合法律法规要求，使用示范文本实际上就是把自己纳入依法办事的轨道，其合法权益可受到法律保护。

8.3.2 监理合同示范文本的构成

《建设工程委托监理合同》示范文本由"建设工程委托监理合同"（下称"合同"）、"标准条件"、"专用条件"组成。

(1)"合同"的主要内容

"合同"是一个总的协议，是纲领性文件。主要内容是当事人双方确认的委托监理工程的概况（工程名称、地点、规模、工程造价、委托范围等）、价款和酬金、合同签订、生效、完成时间，并表示双方愿意遵守规定的各项义务，以及明确监理合同文件的组成。

监理合同除"合同"之外还应包括：①监理委托函或中标函；②监理委托合同标准条件；③监理委托合同专用条件；④在实施过程中双方共同签署的补充与修正文件。

"合同"是一份标准的格式文件，经当事人双方在有限的空格内填写具体规定的内容，并签字盖章后，即发生法律效力。

（2）监理合同标准条件

共49条，其内容涵盖了合同中所用词语定义、适用语言和法规、签约双方的责任、权利和义务、合同变更与终止、监理酬金、风险分担以及履行过程中应遵循的程序及其他一些情况作了详细的规定。它是监理委托合同的通用文本，适用于各类建设工程监理委托，是所有签约工程都应遵守的基本条件。

（3）监理合同的专用条件

由于标准条件适用于所有的工程建设监理委托，因此其中的某些条款规定的比较笼统，需要在签订具体工程项目的监理委托合同时，就地域特点、专业特点和委托监理项目的工程特点，对标准条件中的某些条款进行补充、修正。如对委托监理的工作内容而言，认为标准条件中的条款还不够全面，允许在专用条件中增加合同双方议定的条款内容。

所谓“补充”是指标准条件中的某些条款，在该条款确定的原则下，在专用条件的条款中进一步明确具体内容，使两个条件中相同序号的条款共同组成一条内容完备的条款。

如标准条件中规定“监理合同适用的法规是国家法律、行政条件，以及专用条件中议定的部门规章或工程所在地的地方法规”。这就要求要在专用条件的相同序号条款内写入应遵循的部门规章和地方法规的名称，作为双方都必须遵守的条件。

所谓修改是指标准条件中规定的程序方面的内容，如果双方认为不合适，可以协议修改。如标准条件中规定“业主对监理单位提交的支付通知书中酬金或部分酬金项目提出异议，应在收到支付通知书24小时内向监理单位发出异议的通知”，如果业主方认为这个时间太短，在与监理单位协商达成一致意见后，可在专用条件相同序号的条款内进行延长。

8.4 建设工程监理合同的管理

8.4.1 监理合同管理的两个层次

建设工程监理合同的管理，从广义上讲是指各级政府工商行政管理机关、建设行政主管机关以及工程发包单位、监理单位依照法律和行政法规、规章制度，采取法律的、行政的手段，对监理合同关系进行组织、指导、协调及监督，保护合同当事人的合法权益、处理合同纠纷、防止和制裁违法行为、保证监理合同实施等一系列活动。

监理合同管理分为两个层次：

第一，管理监理合同的国家机关，包括各级政府工商行政管理机关、建设行政主管部门。

第二，管理监理合同的基层组织主要是建设工程业主、监理单位。

8.4.2 业主方的监理合同管理

（1）签订前管理。在业主具备了与监理单位签订监理合同条件的情况下，业主方主要是针对监理单位的资格、资信和履约能力进行预审。预审的主要内容：

①必须有经建设主管部门审查并签发的、具有承担建设监理合同内规定的建设工程资格的资质等级证书；

②必须是经工商行政管理机关审查注册、取得营业执照、具有独立法人资格的正式企业；

③具有对拟委托的建设工程监理的实际能力，包括监理人员素质、主要检测设备情况；

④财务情况，包括资金情况和近几年经营效益；

⑤社会信誉，包括已承接的监理任务的完成情况、承担类似业务的监理业绩、经验及合同的履行情况。

业主只有经过上述几个方面的预审，对监理单位有了充分了解，签订的监理合同才有可靠的保障。对监理单位的资格预审，可以通过招标预审进行，也可以通过社会调查进行。

(2) 谈判签订管理。监理合同谈判和签订是谈判管理的两个程序。谈判是业主经过监理方资格预审后，认为可以将建设工程委托其监理，就可以与其进行签订合同谈判。业主在谈判前，提出监理合同的各项条款，招标工程应将合同主要条款包括在招标文件内，作为要约。不论是直接委托还是招标中标，业主和监理方都要对监理合同的主要条款和应负责任具体谈判，如业主对工程的工期、质量的具体要求必须具体提出。在使用《示范文本》时，要依据“标准条件”结合“专用条件”逐条加以谈判，对“标准条件”的哪些条款要进行修改，那些条款不采用，还应补充哪些条款，以及“标准条件”内需要在“专用条件”内加以具体规定的，如拟委托监理的工程范围，业主为监理单位提供的外部条件的具体内容、业主提供的工程资料及具体时间等等，都要提出具体的要求或建议。在谈判时，对合同内容要具体、责任要明确，对谈判内容双方达成一致的意见，要有准确的文字记载。作为业主，切忌以手中有工程的委托权，而以不平等的原则对待监理方。应该看到，监理工程师良好的服务，能为业主带来巨大的利益。如工程师对承包商完成的工程量进行严格的计量和审核，控制变更工程和额外工程费用，处理索赔事宜等工作，能直接降低工程成本。工程师促使承包商按时或提前完成，能使项目早日产生效益。工程师严格控制工程质量使工程高质量完成，使工程未来的维修费用、运行费用大为减少。工程师提出的改进建议能节省投资等等。总之监理工作的实质是为业主服务的，如果因为外部环境或监理酬金过低而使监理单位不能很好地发挥作用，对业主来说是得不偿失的。

经过谈判后，双方对监理合同内容取得完全一致意见后即可正式签订监理合同文件，经双方签字、盖章后，监理合同即正式签订完毕。

(3) 业主的履约管理。业主在合同履行中主要从以下几个方面进行管理：

①严格按照监理合同的规定履行应尽义务。监理合同内规定的应由业主方负责的工作，是使合同最终实现的基础，如外部关系的协调，为监理工作提供外部条件，为监理单位提供获取本工程使用的原材料、构配件、机械设备等生产厂家名录等等都是监理方做好工作的先决条件，业主方必须严格按照监理合同的规定，履行应尽的义务，才有权要求监理方履行合同。

②按照监理合同的规定行使权力，监理合同中规定的业主的权利，主要是如下三个方面：对设计、施工单位工程的发包权；对工程规模、设计标准的认定权及设计变更的审批权；对监理方履行合同的监督管理权。

③业主的档案管理：在全部工程项目竣工后，业主应将全部合同文件，包括完整的工程竣工资料加以系统整理，按照国家《档案法》及有关规定，建档保管。为了保证监理合同档案的完整性，业主对合同文件及履行中与监理单位之间进行的签证、记录协议、补充合同备忘录、函件、电报、电传等都应系统的妥善保管，认真整理。

8.4.3　监理单位的监理合同管理

合同是监理单位在项目监理过程中的最高行为准则，监理单位在项目监理过程中的一切活动都是为了履行合同责任。所以广义地说，项目监理的实施和管理的全部工作都可以纳入合同管理的范围。合同管理贯穿于工程实施的全过程和工程实施的各个方面。

合同管理的任务必须由一定的组织机构和人员来完成，要提高合同管理水平，必须使合同管理专门化和专业化，在企业和工程项目的组织中设立专门的机构和人员负责合同管理工作。

监理单位合同管理工作的内容大致如下：

(1) 合同谈判和合同的签订；

(2) 进行合同的审查和分析；

(3) 向监理项目派遣合同管理人员；

(4) 对工程进行总体计划和控制；

(5) 处理与业主、与其他方面的重大合同关系；

(6) 索赔；

(7) 对合同实施进行总的指导。

按照实施的先后顺序，合同管理可分为合同签订前管理、谈判签订的管理和合同履行的管理。

8.4.3.1 合同签订前的管理

监理单位在决定是否参加某项业务的竞争并与之签订合同之前，要对工程业主进行了解及对工程合同可行性的调查了解。其内容是：

(1) 对业主的考察了解，看其是否具有签订合同的合法资格。工程项目业主应具备的合法资格是：依法成立，具有法人资格，能够独立参加民事活动并直接承担民事权利和民事义务。

在签订合同中应注意，作为法人的业主，要由法定代表人或经法定代表人授权委托的代理人签订合同，委托代订经济合同应有合法的手续。私人业主签订监理合同也要有上述类似的合法资格。

(2) 具有与签订合同相当的财产和经费，这是履行合同的基础和承担经济责任的前提。

(3) 监理合同的标的要符合国家政策，不违反国家的法律法令及有关规定。同时，作为监理单位还应从自身情况出发，考虑竞争该项目的可行性。

①从本企业出发，实事求是、量力而行。应从本企业的技术力量、监理工程的经验、装备情况等条件出发，考虑承担该项目是否一定有效益；

②考虑是否能发挥本企业的技术优势，做到扬长避短；

③对实行招标的项目，要考虑竞争对手的实力及投标报价的动向，明确此次投标有无取胜的把握，不宜勉强投标，更不能参加“陪标”，以免有损于企业的声誉，影响其他工程的中标。

通常，在下列情况下，应放弃对项目的竞争：

(1) 本单位主营和兼营能力之外的项目；

(2) 工程规模、技术要求超出本单位资质等级的项目；

(3) 本单位监理任务饱满，而准备竞争的监理项目盈利水平较低或风险较大。

8.4.3.2 合同谈判签订的管理

合同是影响利润最主要因素，而合同谈判和签订是获取尽可能多利润的最好机会，如何利用这个机会签订一个有利的合同是每个企业都十分关心的问题。

什么是有利的合同呢？对监理单位来说，有利的合同，可以从如下几方面定性评价：

(1) 合同条款比较优惠有利；

(2) 合同中规定监理酬金较高或适中；

(3) 合同双方责权利关系比较平衡；

(4) 没有苛刻的单方面的约束性条款等。

在这一阶段合同管理的基本任务是：

(1) 进行合同文本审查；

(2) 进行合同风险分析；

(3) 为报价、合同谈判和合同签订提供决策信息。

监理单位在获得业主的招标文件或与业主草签协议之后，应立即对工程所需费用进行预算，提出一个报价，同时对招标文件中的合同文本进行分析、审查。

其具体做法是：

(1) "解剖"合同，使其易于理解，使自己对合同有一个全面的了解；

(2) 检查合同内容上的完整性，看有无遗漏事项；

(3) 分析评价每一合同条款，在使用示范文本时，特别要分析专用条款中双方商定的每一条款执行后的法律后果以及将给监理方带来的风险。为合同谈判和签订提供决策依据。

在合同签订中，监理单位应利用法律赋予的平等权利进行对等谈判，在充分讨论、磋商的基础上，对业主提出的要约，做出是否能够全部承诺的明确答复。

在签订合同过程中，监理单位应积极地争取主动，对业主提出的合同文本，双方应对每个条款都作具体的商讨，对重大问题不能客气和让步，应针锋相对，切不可在观念上把自己放在被动的地位上。在目前的情况下，监理单位在签订合同时，常常会犯这样的错误：①由于竞争激烈，担心监理工程被别家拿走，而接受业主苛刻的合同条件；②初到一个地方急于打开局面，在承接工程中不讲价钱，而草率签订合同等等。应该认识到合同法和其他经济法规赋予合同双方以平等的法律地位和权利，这个地位和权利，要靠企业自己争取，如果合同一方自动放弃这个权利，盲目地、草率地签订合同，不仅会使自己处于不利的地位，还会影响其他兄弟单位正常的利益，这种做法是不可取的。经过谈判，双方就监理合同的各项条款达成一致，即可正式签订合同文件。

8.4.3.3　履行中的管理

由于监理合同管理贯穿于监理单位经营管理的各个环节，因而履行监理合同必须涉及监理单位各项管理工作。监理合同一经生效，监理单位就要按合同规定，行使权力，履行应尽义务。具体履行内容程序如下：

(1) 确定项目总监理工程师，成立项目监理组织

每一个拟监理的工程项目，监理单位都应根据工程项目规模、性质、业主对监理的要求，委派称职的人员担任项目的总监理工程师，代表监理单位全面负责该项目的监理工作。总监理工程师对内向监理单位负责，对外向业主负责。

在总监理工程师的具体领导下，组建项目的监理班子，并根据签订的监理委托合同，制订监理规划和具体的实施计划，开展监理工作。

一般情况下，监理单位在承接项目监理业务时，在参与项目监理的投标，拟订监理方案(大纲)，以及与业主商签监理委托合同时，即应选派称职的人员主持该项目工作。在监理任务确定并签订监理委托合同后，该主持人即可作为项目总监理工程师。这样，项目的总监理工程师在承接任务阶段就早已介入，从而更能了解业主的建设意图和对监理工作的要求，并与后续工作能更好地衔接。

(2) 进一步熟悉情况，收集有关资料，为开展建设监理工作做准备

反映工程项目特征的有关资料：

①工程项目的批文；

②规划部门关于规划红线范围和设计条件通知；

③土地管理部门关于准予用地的批文；

④批准的工程项目可行性研究报告或设计任务书；

⑤工程项目地形图；

⑥工程项目勘测、设计图纸及有关说明。

反映当地工程建设报建程序的有关规定：

①关于工程建设报建程序的有关规定；

②当地关于拆迁工作的有关规定；

③当地关于工程建设应交纳有关税、费的规定；

④当地关于工程项目建设管理机构资质管理的有关规定；

⑤当地关于工程项目建设实行建设监理的有关规定；

⑥当地关于工程建设招投标制的有关规定；

⑦当地关于工程造价管理的有关规定等。

反映工程所在地区技术经济状况及建设条件的资料：

①气象资料；

②工程地质及水文地质资料；

③交通运输（包括铁路、公路、航运）有关的可提供的能力、时间及价格等的资料；

④供水、供电、供热、供燃气、电信有关的可提供的容（用）量、价格等的资料；

⑤勘测设计单位状况；

⑥土建、安装施工单位状况；

⑦建筑材料及构件、半成品的生产、供应情况等。

类似工程项目建设情况的有关资料：

①类似工程项目投资方面的有关资料；

②类似工程项目建设工期方面的有关资料；

③类似工程项目的其他技术经济指标等。

(3) 制定工程项目监理规划

工程项目的监理规划，是开展项目监理活动的纲领性文件，根据业主委托监理的要求，在详细占有监理项目有关资料的基础上，结合监理的具体条件编制的开展监理工作的指导性文件。其内容包括：①工程概况；②监理范围和目标；③监理主要措施；④监理组织；⑤项目监理工作制度等。

(4) 制订各专业监理工作计划或实施细则

在监理规划的指导下，为具体指导投资控制、质量控制、进度控制的进行，还需结合工程项目实际情况，制订相应的实施性计划或细则。

(5) 根据制订的监理工作计划和运行制度，规范化地开展监理工作

作为一种科学的工程项目管理制度，监理工作的规范化体现在：

①工作的时序性。即监理和各项工作都是按一定逻辑顺序先后展开的，从而使监理工作能有效地达到目标而不致造成工作状态的无序和混乱。

②职责分工的严密性。建设监理工作是由不同专业、不同层次的专家群体共同来完成的，他们之间严密的职责分工，是协调进行监理工作的前提和实现监理的目标的重要保证。

③工作目标的确定性。在职责分工的基础上，每一项监理工作应达到的具体目标都应是确定的，完成的时间也应有时限规定，从而能通过报表资料对监理工作及其效果进行检查和考核。

(6) 监理工作总结归档

监理工作总结归档应包括三部分内容：

第一部分是向业主提交监理工作总结。其内容主要包括：监理委托合同履行情况概述；监理任务或监理目标完成情况评价；由业主提供的供监理活动使用的办公用房、车辆、试验设施等清单；表明监理工作终结的说明等。

第二部分是向监理单位提交的监理工作总结。其内容主要包括：监理工作经验，可以是采用某种监理技术、方法的经验；也可以是采用某种经济措施、组织措施的经验；签订监理委托合同方面的经验；如何处理好与业主、承包单位关系的经验等。

第三部分是监理工作中存在的问题及改进的建议，以指导今后的监理工作，并向政府有关部门提出政策建议，不断提高我国工程建设监理的水平。

在全部监理工作完成后，监理单位应注意做好监理合同的归档工作，包括两方面的内容，一是向业主方档案资料的移交，二是监理单位内部的归档。监理合同归档资料应包括：监理合同，包括与合同有关的在履行中与业主之间进行的签证、补充合同备忘录、函件、电报等，监理大纲、监理规划、在监理工作中的程序性文件，包括监理会议纪要、监理日记等。

8.5　建设工程施工合同示范文本

建设工程施工合同是发包方（建设单位或总包单位）和承包方（施工单位）为完成商定的建筑安装工程，明确相互权利、义务关系的协议。

建设工程施工合同是由建筑安装工程承包合同演变发展而成的。合同订立的主要法律依据有：《中华人民共和国合同法》、《建筑安装工程承包合同管理条例》、《建设工程施工合同》(GF－1999－0201)、《建设工程施工合同管理办法》等。施工合同具有以下法律特征：

(1) 施工合同的承包方必须是具有国家认可资质和法人地位的专业建筑安装施工企业或工程总承包公司。

(2) 施工合同的主体之间具有密切的连带性权利义务关系。

(3) 施工合同的订立和履行应有严格的计划性和法定程序。

(4) 施工合同的价款和定价具有多样性。

中标的建设工程，承发包双方必须签订工程承包合同，以明确双方权利和义务，共同保证工程项目按合同要求的工期、质量、造价顺利完成。签订施工合同的必要外部条件有：(1) 合同当事人双方均应具有法人资格和履行合同的能力；(2) 建设项目初步设计和总概算已获批准；(3) 国家投资的项目已列入国家和地方基本建设计划并落实资金；(4) 建筑场地、水源、电源、气源、运输道路等开工条件已具备；(5) 建设物资供应能保证施工连续性。在订立施工合同过程中应遵循：依法签订、严肃履行、等价有偿、条款严密、强制执行和协作履行等原则。

8.5.1 建设工程施工合同的主要内容

在建设工程施工合同法律关系三要素中，主体是指建设单位（发包方）和施工企业（承包方）；客体是指建筑安装工程项目，内容是指合同条款中具体规定的双方权利与义务。

《建设工程施工合同》示范文本由“协议书”、“通用条款”、“专用条款”三部分组成。

（1）文本第一部分“协议书”，包括订立合同双方（主体）的名称，标的工程（客体）的概况、范围、工期和质量标准，组成合同的文件，承包人和发包人的相互承诺，以及合同生效的约定。

（2）文本第二部分“通用条款”，分为11类共47条。11类分别为：

①词语定义及合同文件

词语定义；合同文件及解释顺序；语言文字和适用法律、标准及规范；图纸。

②双方一般权利和义务

工程师；工程师的委派和指令；项目经理；发包人工作；承包人工作。

③施工组织设计和工期

进度计划；开工及延期开工；暂停施工；工期延误；工程竣工。

④质量与检验

工程质量；检查和返工；隐蔽工程和中间验收；重新检验；工程试车。

⑤安全施工

安全施工与检查；安全防护；事故处理。

⑥合同价款与支付

合同价款及调整；工程预付款；工程量的确认；工程款（进度款）支付。

⑦材料设备供应

发包人供应材料设备；承包人采购材料设备。

⑧工程变更

工程设计变更；其他变更；确定变更价款。

⑨竣工验收与结算

竣工验收；竣工结算；质量保修。

⑩违约、索赔和争议

违约；索赔；争议。

⑪其他

工程分包；不可抗力；保险；担保；专利技术和特殊工艺；文物和地下障碍物；合同解除；合同生效与终止；合同份数。

（3）文本第三部分“专用条款”，用于“通用条款”针对本合同工程需要进一步明确约定的各项内容，或者作为补充协议的规范化格式，其各条均与“通用条款”所列条款顺序对应。

8.5.2 施工合同的履行

合同经签署成立后，双方均应严格履行合同义务，并承担违反合同应负的法律责任。

施工合同的履行主要包括五个方面：

8.5.2.1　发包方的义务与权利

发包方应负责按合同规定内容完成以下工作：办理土地征用，房屋拆迁；施工用水、电、交通道路；各种施工所需证件及基础资料；组织图纸会审；协调施工场地周边建筑物的保护等。否则发包方应赔偿承包方的损失及顺延工期。

发包方在完全履行自己的合同义务的同时，有权要求承包方完全履行合同全部义务，并有权通过法律形式维护自身的合法权益。

8.5.2.2　承包方的义务与权利

承包方应负责按合同规定内容完成以下工作：施工组织设计或工程配套设计；向甲方提供进度计划与统计报表；提供施工现场管理、安排甲方代表在施工现场必需的办公生活设施；发生费用由甲方承担；负责对尚未交付甲方的竣工产品保护维修；负责合同规定的施工现场地下管线及邻近建筑物保护管理；保证施工现场安全清洁等。否则承包方应赔偿发包方的工期延误和工程损失。

承包方享有的合法权利有：工期提前奖励要求权，不可抗力发生时的赔偿免除权，不可预见事件发生时的索取补偿权，发包方违约出现不可抗力情况下的索赔权，按合同要求收取合同价款权等。

8.5.2.3　工程分包

分包是指施工合同总承包方委托第三方为其实施部分合同标的行为。分包方式已在我国建筑工程承包实践中广泛采用。

工程分包属于承包的范畴，应当遵守国家经济合同法和建设工程合同法规，还应符合建设部颁发的《建筑企业经营管理条例》和《建筑安装工程分包实施办法》等规定。只有发包方（甲方）和总承包方（乙方）才是建设工程施工合同的当事人。总承包方可按总价合同、单价合同等方式分包合同，但发包方只与总承包方直接发生关系，总承包方应对发包方负完全责任。

总承包方和分包方是分包合同的当事人。分包方依据分包合同享有权利和义务，并受到法律保护。分包合同不能解除承包方的任何义务与责任，分包方的任何违约或过失，均被发包方认为是承包方直接所致。当分包合同与主合同发生抵触时，应以主合同为准。

总包方和分包方均不得将所承包的工程转包给其他单位。转包工程是指建筑安装施工企业以赢利为目的，将所承包的工程转包给其他施工单位，而自身不对工程承担任何技术、质量、经济、法律责任的行为。此外，总包方将工程分包给无证或不具备相应资质的分包单位，或分包单位超越营业范围分包工程等，均属于违法经营行为。

8.5.2.4　工程付款

工程付款是建设工程施工合同的重要履行方式。取得工程价款是承包方履行合同义务后应享受的合法权利；支付工程价款则是发包方履行合同规定应承担的义务。在履行合同付款中应注意以下要点：

（1）付款依据

主要依据经过发包方代表（总监理工程师）确认已完成工程量报告及签证文件支付价款。

(2) 付款内容

分为预付款、工程进度款、竣工结算款、保修扣留金四部分。

(3) 结算方式

施工合同常用三种结算方式：①总价合同。即合同价款为一固定总额的合同，又可分为不可调值和可调值两种不变总价合同；②单价合同。即以工程量表和工程单价表为基础技术合同价款的合同；③成本加酬金合同。即发包方对承包方的开支按实际成本据实报销，另附加一笔双方议定的利润作为合同价款的合同。

(4) 付款期限

指合同当事人双方在协议条款中具体规定的预付款期限，工程进度款付款期限、竣工结算款付款期限、保修扣留金付款期限等。

8.5.2.5 工程验收

工程验收是一项以确认工程是否符合施工合同规定为目的的行为。验收工作分为隐蔽工程和中间验收，试车、竣工验收三类；验收意见分为无保留验收、有保留验收、拒绝验收三种。

8.6 监理工程师对施工合同的管理

8.6.1 工程变更的管理

因施工条件改变、业主要求、监理工程师指令或设计原因使工程或其任何部分的形式、质量或数量发生变更，称之为工程变更。在合同仍然有效的前提下，经监理工程师审查和发包人同意，合同中某些权利义务做出相应修改。

工程变更可分为设计变更、进度计划变更、施工条件变更、新增工程（包括价格变更和工期变更）。

项目监理机构对工程变更的处理程序如下：

(1) 设计单位对原设计存在的缺陷提出的工程变更，应编制设计变更文件；发包人或承包人提出的工程变更，应提交总监理工程师，由总监理工程师组织专业监理工程师审查。审查同意后，应由发包人转交原设计单位编制设计变更文件。当工程变更涉及安全、环保、规划等内容时，应按规定经有关部门批准和审定。

(2) 项目监理机构应了解实际情况并收集有关的资料。

(3) 总监理工程师根据实际情况、设计变更文件和其他有关资料，按照施工合同的有关条款，在指定专业监理工程师完成下列工作后，对工程变更的费用和工期做出评估：

①确定工程变更项目与原工程项目之间的类似程度和难易程度；

②确定工程变更项目的工程量；

③确定工程变更的单价或总价。

(4) 总监理工程师就工程变更费用及工期的评估情况与承包人和发包人进行协调。

(5) 总监理工程师签发工程变更单。

在工程变更的处理中，总监理工程师在工程变更的质量、费用和工期方面取得发包人的授权，可按施工合同规定与承包人进行协商，协商一致，总监理工程师将协商结果向发包人通报，并由发包人在变更文件上签字认可；总监理工程师未经发包人授权，应协助发包人与承包人就工程变更的质量、费用和工期进行协商并取得一致；若双方未能就工程变更的费用等方面达成协议，可由监理方提出一个暂定的价格，作为临时支付工程进度款的依据，工程最终结算时应以承发包双方达成的协议为准。

在总监理工程师签发工程变更单之前，承包人不得实施工程变更。未经总监理工程师审查同意而实施的工程变更，监理方不予以计量。

施工管理中，在科学合理、有利于施工和达到合同目标的前提下，监理工程师应发挥监理单位的技术和经验优势，帮助业主和承包单位，尽量减少工程变更，特别是随意地修改工程设计或盲目追求施工速度而造成不必要的工程浪费。

8.6.2　工程索赔的处理

索赔是在工程承包合同履行过程中，当事人一方由于另一方未履行合同所规定的义务而遭受损失时，向另一方提出赔偿要求的行为。凡是涉及两方（或多方）的合同协议都可能发生索赔问题，索赔是签订合同的双方各自享有的权利。在实际的工程承包过程中，也确实经常发生索赔，由于工程项目复杂多变，现场条件以及气候环境的变化，标书及施工说明中的错误等因素，经常会导致索赔，因此监理工程师对合同双方所提出的索赔要求或可能发生的索赔要求应妥善处理。

8.6.2.1　监理工程师处理索赔的一般原则

（1）监理工程师处理双方所提出的索赔必须以合同为依据

尽管监理工程师受雇于业主，但当其遇到索赔事件时，则必须以完全独立的裁判人的身份，站在客观公正的立场上审查索赔要求的正当性。监理工程师必须对合同条件、协议条款等有详细的了解，以合同为依据来公平处理合同双方的利益纠纷。但有时合同文件本身也会引起索赔，由于合同文件的内容相当广泛，包括合同协议、图纸、合同条件、工程量清单以及许许多多来往的函件和修改变更通知，以致自相矛盾，或者可作不同解释，导致合同纠纷。根据国家工商行政管理局、建设部的建设工程施工合同示范文本，合同文件应能互相解释、互为说明，除合同另有约定外，其组成和解释顺序如下：

①协议条款；

②合同条件；

③洽商、变更等明确双方权利义务的纪要协议；

④招标承包工程的中标通知书、投标书和招标文件；

⑤工程量清单或确定工程造价的工程预算书和图纸；

⑥标准、规范和其他有关技术资料、技术要求。

（2）监理工程师必须注意资料的积累

积累一切可能涉及索赔论证的资料，同施工企业、建设单位研究的技术问题、进度问题和其他重大问题的会议应当做好文字记录，并争取会议参加者签字，作为正式文档资料。应建立严密的监理日志，承包方对监理指令的执行情况、抽查试验记录、工序验收记录、计量记录、日进度记录以及每天发生的可能影响到合同协议的事件的具体情况等，同时还应建立业务往来的文件编号档案等业务记录制度，做到处理索赔时以事实和数据为依据。

（3）及时、合理地处理索赔

索赔发生后，监理工程师必须依据合同的准则及时地对索赔进行处理，任何在中期付款期间，将问题搁置下来，留待以后处理的想法将会带来意想不到的后果。如果承包方合理的索赔要求长时间得不到解决，单项工程的索赔积累下来，有时可能会影响承包方的资金周转，使其不得不放缓速度，从而影响整个工程的进度。此外，在索赔的初期和中期，可能只是普通的信件往来，拖到后期综合索赔，将会使矛盾进一步复杂化，往往还牵涉到利息、预期利润补偿、工程结算以及责任的划分、质量的处理等，因此尽量将单项索赔在执行过程中陆续加以解决。这样做不仅对承包方有益，同时也体现了监理工程师处理问题的独立性；既维护了业主的利益，同时又照顾了承包方的实际情况。监理工程师必须注意双方计算索赔的合理性。如由于业主的原因造成工程停工，承包方提出索赔，机械停工损失按机械台班单价计算、人工窝工按日工资单价计算，显然是不合理的。机械停工由于不发生运行费用，应按折旧费加以补偿；同样对人工窝工，承包方可以考虑将工人调到别的工作岗位，实际补偿的应是工人由于更换工作地点及工种造成的工作效益的降低而发生的费用。

（4）加强主动监理，减少工程索赔

在我国，监理与承包企业是为完成同一项工程而作的不同分工，必须提倡主动监理，不要等到工程完工以后才进行验收。要在工程的实施过程中将预料到的可能发生的问题告诉承包企业，避免由于工程返工造成工程成本上升，这样也可以减轻承包企业的心理压力，减少承包企业想方设法通过索赔途径来弥补工程成本上升所造成的利润损失。另外，监理工程师在项目实施过程中，应对可能引起的索赔进行预测，尽量采取一些措施，进行补救，避免索赔的发生。

8.6.2.2 业主索赔的内容与处理

索赔按照提出方的不同分为业主索赔和施工索赔。

业主索赔是指由于承包单位不履行或不完全履行约定的义务，或者由于承包单位的行为使业主受到损失时，业主向承包单位提出的索赔。

（1）对拖延竣工期限索赔

由于承包方拖延竣工期限，业主要求提出索赔，一般有两种计算方法：一是按清偿损失计算；二是按实际损失计算。

清偿损失额等于承包单位引起的工期延误日数乘以日清偿损失额（在合同中已订明）。

业主采用清偿损失条款的优点是：由于合同中已订明，可以避免承包方提出的关于实际损失带有过多的预测性从而难以补偿的辩护；业主可以避免调查研究，计算和论证实际延误而需要支出的额外费用；业主可以在与承包方解决纠纷的过程中（通常是较长时间的），从对承包方工程价款的陆续支付中扣回清偿损失。采用清偿损失的主要缺点是，清偿损失额通常比业主遭受的实际延误小得多。实际上，业主有可能故意少算，同意采用较低的损失额来计算延误损失。因为业主如果在工程招标时采用较高的、较为准确的损失额，必将引起承包方大幅度地提高报价，甚至拒绝投标。

业主按工期延误的实际损失额向承包方提出索赔一般包括以下内容：

①业主赢利和收入损失。计算此项损失的最好办法是通过与索赔项目尽可能相同的某一工程项目进行比较。

②增大的工程管理费用开支。如业主为工程雇佣监理工程师及职员，由于工程延期而发生的增大支出，以及业主提供的设备在延长期内的租金，由于承包方延误而造成安全和保险费用的增加等等。

③超额筹资的费用。超额筹资的费用常常是业主遭受最为严重的延误费用，业主对承包方

延期引起的任何利息支付都应作为延期损失提出索赔。

④使用设施机会的丧失。在任何情况下，对于如果能按合同期限启用设施而增加的收益，都作为延期损失向承包方提出索赔。

(2) 对不合格的工程拆除和不合格材料运输费用索赔

当承包方未能履行合同规定的质量标准，业主要求运走或调换不合格的材料、拆除或重新做好有缺陷的工程而承包方拒不执行时，业主有权雇佣他人来完成工作，发生的一切费用由承包方负担，业主可以从任何应付给承包方的款项中扣回。

(3) 对承包方未履行的保险费用索赔

如果承包方未能按照合同条款指定的项目投保，并保证保险有效，业主可以投保并保证保险有效，业主所支付的必要的保险费可在应付给承包方的款项中扣回。

(4) 对承包方超额利润的索赔

如果工程量增加很多，使承包方预期的收入增大，而工程量增加，承包方并不增加任何固定成本，合同价应由双方讨论调整，收回部分超额利润。

由于法规的变化导致承包方在工程实施中降低了成本，产生了超额利润，应重新调整合同价格，收回部分超额利润。

(5) 对指定分包企业的付款索赔

在工程的总承包方未能提供已向指定的分包企业付款的合理证明时，业主可以直接按照监理工程师的证明书，将承包方未付给指定分包企业的所有款项（扣除保留金）付给该分包企业，并从应付给承包方的任何款项中如数扣回。

(6) 业主合理终止合同或承包方不正当地放弃工程的索赔

如果业主合理地终止承包方的承包，或者承包方不合理地放弃工程，则业主有权从承包方手中收回由新的承包方完成全部工程所需的工程款与原合同未付部分的差额。

8.6.2.3　施工索赔的内容与处理

施工索赔，系指由于业主或其他有关方面的过失或责任，使承包方在工程施工中增加了额外的费用，承包方根据合同条款的有关规定，以合法的程序要求业主或其他有关方面偿还在施工中所遭受的损失。

1. 施工索赔的内容与注意事项

(1) 不利的自然条件与人为障碍引起的索赔

不利的自然条件是指施工中遇到的实际自然条件比招标文件中所描述的更为困难和恶劣，这些不利的自然条件或人为障碍增加了施工的难度，导致承包方必须花费更多时间和费用，在这种情况下，承包方可向监理工程师提出索赔要求。

①地质条件变化引起的索赔

这种索赔经常会引起的争议。一般情况下，招标文件中的现场描述都介绍地质情况，有的还附有简单的地质钻孔资料。在有些合同条件中，往往写明承包方在投标前已确认现场的环境和性质，包括地表以下条件、水文和气候条件等。即要求承包方承认已检查和考虑了现场及周围环境，承包方不得因误解或误释这些资料而提出索赔。如果在施工期间，承包方遇到不利的自然条件或不利障碍，而这些条件与障碍又是有经验的承包方也不能预见的，则应立即通知监理工程师，如果监理工程师也认为这些不利自然条件或人为障碍，即使是有经验的承包方也不能预见的，则监理工程师应予证明，业主应支付承包方在该情况下所支出的额外费用。但由于对合同条件的理解带有主观性，往往会造成承包方同业主及监理工程师各执其词，监理工程师在处理这种索赔时，应客观公正。

②工程中人为障碍引起的索赔

在挖方工程中，承包方发现地下构筑物或文物，只要是图纸上并未说明的，监理工程师应到现场检查，并与承包方共同讨论处理方案。如果这种处理方案导致工程费用增加（原计划是机械挖土，现在不得不改为人工挖土），承包方即可提出索赔，由于地下构筑物和文物等，确属是有经验的承包人难以合理预见的人为障碍，这种索赔通常较易成立。

对于以上两种情况，监理工程师有可能使业主减少被索赔的费用，控制投资。监理工程师可在承包方对未预知有障碍处的邻近地区施工制订进度计划以前，适时将这种未预知的情况或障碍通知承包方，以便其将额外工作列入进度计划内，并以变更令的方式对这种额外工作确定公平的费率。这就要求监理工程师尽可能多地了解情况，并尽快采取措施。为此监理工程师应做好以下几个方面的工作：一是查证设计人员收集的所有资料是否都已提供给承包方；二是向当地市政工程局、公用局等部门查询已知的公用设施、管道、地下水道的确实位置和数目，并搜集关于未知的公用设施、管道、下水道和其他障碍的本地资料；三是在适当的时候考虑补充勘测。如果监理工程师也不能事先知道这些未预知情况（障碍），为了减少突然发生的未预知情况（障碍）的影响，监理工程师可帮助承包方计划其工作，以便在必须停止一部分工作时，仍有其他工作可做。当未预知的情况（障碍）对承包方的施工产生严重影响时，监理工程师应立即与承包方就解决问题的办法和有关费用达成协议，及时地发出变更通知并确定合理的费率，调整价款。

(2) 工程变更引起的索赔

在工程施工过程中，由于遇到不能预见的情况、环境，或为了节约成本等，在监理工程师认为必要时，可以对工程或其任何部分的外形、质量或数量做出变更。承包方均应按监理工程师的指令执行，但承包方有权对这些变更所引起的附加费用进行索赔。

根据监理工程师的指令完成的变更工程，应以合同中规定的单价和价格确定其费用。如果合同中没有可适用于该项变更工程的单价或价格，则应由监理工程师和承包商共同商定适用的单价或价格。如果双方不能取得一致意见，则由监理工程师确定其认为合理的单价和价格，如果承包方不同意，便会引起索赔。监理工程师一般是通过详细估算实际成本来确定单价的，或比照工程量清单中同类工程的单价来确定。单价确定是否合理常常是引起这类索赔争议的主要原因。

(3) 关于工期延长和延误的索赔

工期延长或延误的索赔通常包括两方面：一是承包方要求延长工期，二是承包方要求偿付由于非承包方原因导致工程延误而造成的损失。一般这两方面的索赔报告要求分别编写，因为工期和费用的索赔并不一定同时成立。例如，由于特殊恶劣气候等原因，承包方可能得不到延长工期的承诺，但是，如果承包方能提出证明其延误造成的损失，就可能有权获得这些损失的赔偿。有时两种索赔可能混在一起，既可以要求延长工期，又可以获得对其损失的赔偿。

(4) 由于业主不正当地终止工程而引起的索赔

由于业主不正当地终止工程，承包方有权要求补偿损失，其数额是承包方在被终止工程上的人工、材料、机械设备的全部支出，以及各项管理费用、保险费、贷款利息、保函费用的支出（减去已结算的工程款），并有权要求赔偿其赢利损失。

(5) 关于支付方面的索赔

工程付款涉及价格、货币和支付方式三个方面的问题，由此引起的索赔也很常见。如价格调整的索赔、货币贬值导致的索赔、拖延支付工程款的索赔等。

2. 施工索赔的资料

索赔的主要依据是合同文件及工程项目资料，资料不完整，监理工程师难以正确处理索赔。一般情况下，承包方为便于向业主进行索赔，都保存有一套完整的工程项目资料，而监理工程师也应保存自己的一套有关详细记录。这样，监理工程师可根据承包方提供的记录及驻地监理工程师所做的记录作出裁决，避免了各执其词，相互扯皮。

(1) 监理工程师要求承包方提供的记录

①施工方面记录：包括施工日志、施工检查员的报告、逐月分项记录、施工工长日报、每日工时记录、同监理工程师的往来通信及文件、施工进度特殊问题照片、会议记录或纪要、施工图纸、同监理工程师或业主的电话记录、投标时的施工进度计划、修正后的施工进度计划、施工质量检查验收记录、施工设备材料使用记录。

②财务方面记录：包括施工进度款支付申请单、工人劳动计时卡、工人或雇用人员工资单、材料设备和配件等采购单、付款收据、收款收据、标书中财务部分的章节、工地的施工预算、工地开支报告、会计日报表、会计总账、批准的财务报告、会计来往信件及文件、通用货币汇率变化表。

根据索赔内容，还要准备上述资料范围以外的证据。

(2) 监理工程师自己准备的资料

监理工程师准备的资料主要是监理工程师的施工记录：

①历史记录：包括工程进度计划及已完工程记录，承包方的机具和人力，气象报告，与承包方的洽谈记录，工程变更令，以及其他影响工程的重大事项。

②工程量和财务记录：包括监理工程师复核的所有工程量和付款的资料，如工程计量单、付款证书、计日工、变更令、各种费率价格的变化，现场的材料及设备的实验报告等。

③质量记录：包括有关工程质量的所有资料以及对工程质量有影响的其他资料。

④竣工记录：包括各单项工程、单位工程的竣工图纸、竣工证书，以及对竣工部分的鉴定证书等。

3. 施工索赔的处理程序

(1) 提出索赔要求，报送索赔资料

承包方根据合同条件的任何条款或其他有关规定（如根据有关合同法）企图索取任何追加付款，都应在引起索赔事件发生的一定时间内将索赔意向通知监理工程师，同时将一份副本呈交业主。

我国建设工程施工合同示范文本（GF－1999－0201）《通用条款》第 36 条规定：发包人未能按合同约定履行自己的各项义务或发生错误以及应由发包人承担责任的其他情况，造成工期延误和（或）承包人不能即时得到合同价款及承包人的其他经济损失，承包人可按下列程序以书面形式向发包人索赔：

①索赔事件发生后 28 天内，向工程师发出索赔意向通知；

②发出索赔意向通知后 28 天内，向工程师提出延长工期和（或）补偿经济损失的索赔报告及有关资料；

③工程师在收到承包人送交的索赔报告和有关资料后，在 28 天之内给予答复，或要求承包人进一步补充索赔理由和证据；

④工程师在收到承包人送交的索赔报告和有关资料后 28 天内未予答复或未对承包人做进一步要求，视为该项已经认可；

⑤当索赔事件持续进行时，承包人应当阶段性向工程师发出索赔意向，在索赔事件终了后 28 天内，向工程师送交索赔的有关资料和最终索赔报告。索赔答复程序与③、④规定相同。

在正式提出索赔要求后（用书面信件形式），承包方应抓紧准备索赔的证据资料，以及计算该项索赔的可能款项，并在索赔意向发出后一定时间内提出。如果索赔事件的影响继续存在，不断发生成本支出，在规定的时间内不可能算出可能的索赔款项时，则经监理工程师同意，可以定期陆续报送索赔证据资料和索赔款项；并在该索赔事件影响结束后的一定时间以内，提出总的索赔论证资料和索赔款项，报送监理工程师，并抄送业主。

进行索赔没有固定的标准形式。一般地承建企业向监理工程师所提交的索赔报告应包括三项内容：索赔的理由和依据，索赔费用，记录和证据。

（2）监理工程师裁决

监理工程师在接到承包方的正式索赔信件后，应立即研究承包方的索赔资料，在没有确认责任归属的情况下，要求承包人论证索赔的原因，重温有关合同条款，并同业主协商，对承包方索赔要求及时地做出答复。如果对索赔款额一时难以表态，亦应原则地通知对方，允诺日后处理。

监理工程师一般应在接到索赔报告资料后的规定时间内提出自己的意见，连同承包方的索赔报告一并报业主审定。如根据承包方所提供的证据，监理工程师认为索赔成立，则应做出决定通知承包方并付款，同时将一份副本呈交业主。

（3）会议协商解决

当索赔要求不能在工地由合同双方及时解决时，要采取会议协商的办法。第一次协商会议一般采取非正式的形式，由业主或监理工程师出面，同承建企业交换意见，了解可能的赔偿款项。双方代表在会前均应做好准备，提出资料及论证根据，明确需要协商的问题，以及可以接受的协商结果。

初次会谈结束时，如问题没有解决，则可商定正式会谈的时间和地点，以便继续讨论确定索赔的结论。对于一个复杂的索赔争论，一次会议很难达成协议，而往往要经过多次谈判，最后达成协议，签署执行。

（4）邀请中间人调解

如果争议双方的直接会谈没有结果，在提交法庭裁决或仲裁之前，还可由双方协商邀请一至数名中间人进行调解，促进双方索赔争议矛盾的解决。

中间人调解工作是争议双方在自愿的基础上进行的，如果任何一方对中间人的工作不满意，或难以达成调整协议时，即可结束调解工作。

（5）提交仲裁

当监理工程师对业主和承包方提出的索赔要求做出的决断意见，得不到双方的同意，经过会谈协商和中间人调解也得不到解决时，索赔一方有权要求将此争议提交仲裁机关裁决，仲裁机关做出的决定为最终裁决，索赔双方必须遵照执行。

8.6.3　合同争议的处理

施工合同当事人双方发生合同纠纷时，应先依据平等协商原则协商解决。协商无效则可采取调解方式。

监理方在接到合同争议的调解要求后应进行以下工作：

(1) 及时了解合同争议的全部情况，包括进行调查和取证；

(2) 及时与合同争议的双方进行磋商；

(3) 在项目监理机构提出调解方案后，由总监工程师进行争议调解；

(4) 当调解未能达成一致时，总监工程师应在合同规定的期限内提出处理该合同争议的意见；

(5) 在争议有效解决过程中，除已达到了施工合同规定的条件之外，施工双方应继续履行施工合同。

在总监工程师签发合同争议处理意见后，业主或承包方在施工合同规定的期限内未对争议处理决定提出异议，在符合施工合同的前提下，此意见应成为最后决定，双方必须执行。若仍不能解决，可申请仲裁。在合同争议的仲裁过程中，监理方接到仲裁机关要求提供有关证据的通知后，应公正地向有关方面提供有关证据。

8.6.4　合同的解除

合同解除是指因双方同意，或原合同基础改变，不可抗力，一方当事人违约或失去履约能力等情况，使原订施工合同已无法履行或无必要履行。

施工合同的解除必须符合法律程序。

施工合同涉及款项的确定：

(1) 当业主违约导致施工合同解除时，监理方应就承包方按施工合同规定得到的款项与业主和承包方进行协商，并按施工合同规定从下列应得的款项中确定承包方的应得款项，并书面通知业主和承包方：

①承包方已完成的工程量表中所列的各项工作所应得的款项；

②按批准的采购计划订购工程材料、设备、构配件的款项；

③承包方撤离施工设备至原基地或其他目的地的合理费用；

④承包单位所有人员的合理遣返费用；

⑤合理的利润补偿；

⑥施工合同规定的业主应支付的违约金。

(2) 由于承包方违约导致施工合同解除时，监理方应按下列程序清理承包方的应得款项，或偿还业主的相关款项，并书面通知业主和承包方：

①施工合同终止时，清理承包方已按施工合同规定实际完成的工作所应得的款项和已经得到支付的款项；

②施工现场剩余的材料、设备及临时工程的价值；

③对已完工程进行检查验收，移交工程资料、该部分工程的清理、质量缺陷修复等所需的费用；

④施工合同规定的承包方应支付的违约金；

⑤总监工程师按施工合同的规定，在与业主和承包方协商后，书面提交承包方应得款项或

偿还业主款项的证明。

(3) 由于不可抗力或非业主、承包方原因导致施工合同终止时，监理方按施工合同规定处理合同解除后的有关事宜。

应当指出，发包方和承包方签订施工合同是一种严肃的法律行为，任何一方不能随意变更和解除合同。必须根据合同管理法规，按合法程序进行合同变更和解除，并承担相应责任。

【思考题】

1. 在建设监理合同中监理单位和业主的权力、责任和义务分别包括哪些？
2. 监理单位在什么情况下可以终止合同？并应履行什么手续？
3. 监理合同标的的特殊性体现在什么方面？
4. 施工合同文件的解释顺序如何规定？
5. 承包人如欲将部分工程分包出去，应在什么时候提出并征得发包人同意？
6. 在施工合同管理中不可抗力的界限如何约定？不可抗力带来的损失与费用，甲乙双方如何分担？
7. 已竣工工程未交付发包人前的成品保护谁负责？若损坏，承包人修理好后费用谁负担？
8. 什么情况下造成的工程延误应向工程师提出，可望得到工期顺延？
9. 工程预付款起什么作用？发包人应如何处理？发包人违约承包人应如何办？
10. 发包人不按合同约定条款支付工程价款时，承包人可采取什么措施？
11. 索赔通知最迟应在什么时候发出？被索赔方多少天内不答复将视为索赔批准？
12. 保修金起什么作用？如何预留？保修期满后如何结算剩余保修金？

第9章　建设工程监理的组织协调

9.1　组织协调概述

在建设工程监理实施过程中，为了实现项目目标，组织协调工作是必不可少的重要内容。通过组织协调，使影响监理目标实现的各方主体之间有机配合，协同工作，从而使建设工作顺利实施和正常运行。

9.1.1　组织协调的基本概念

协调又称协调管理或界面管理，它是指通过协商、沟通、调度、联合所有力量，使各项活动衔接有序地正常展开，以实现预定目标。

当前，随着我国社会主义市场经济体制的逐步完善和建筑市场的形成，建设领域建设项目投资形成了多元化的格局，建设工程项目建设中各方的责、权、利关系发生了较大变化，由此产生了大量的协调问题。如投资方的资金、投资比例、债务分摊、产品及利润分配、产权归属、宏观管理的职责分工等，都要通过协商并以协议形式规定下来。同时，由于招投标制带来了新的甲乙方关系，建设单位和施工单位构筑了在经济合同基础上的新型关系，不属于行政隶属关系。因此，合同双方的责、权、利矛盾，只能通过协商的方法来解决。特别是大中型建设项目，涉及面广、周期长、技术复杂、参与单位多，众多的合同本身不可能没有疏漏，合同履行难免不产生偏差，加之工程变更，施工条件变化，以及不可抗力的作用，都会不同程度地制约着合同履行，都要进行大量的协调工作。

按照系统分析的观点，协调包括人员或单位之间的界面、系统或项目之间的界面以及系统与环境之间的界面，在项目建设的不同阶段、不同部位和参加项目建设的不同单位、不同层次之间，存在着大量的界面和结合部，协调的作用就是沟通和理顺这些结合部的关系，化解各种矛盾，排除各种时空上的干扰，组织好各种工艺、工序之间的衔接，使工程总体建设活动能有机地交叉进行，实现质量高、投资省、工期短的建设目标。

9.1.2　协调的作用

（1）协调可以纠偏和预控错位

在工程施工中，经常出现作业行为偏离合同和规范的标准，如工期超前和滞后，后续工序脱节，由于涉及修改和材料代用给下阶段施工带来的影响与变更，以及水文、地质突然变化带来的影响，或人为因素对工期和质量带来的影响等，都会造成计划与实际的脱节。监理协调的重要作用之一就是及时纠偏，或采取预控措施事前调整错位。

（2）协调是控制进度的关键

在建设工程施工中，许多单位工程是由不同专业的工程组成的，通常由不同的专业化的施工队伍来完成，这就存在着不同专业施工队伍间的相互衔接和相互协调的问题。如果某一专业施工队伍出现工期延误，就会直接影响建设总工期，这就需要监理工程师进行组织与协调，由此可以看出，进度控制的关键是协调。

(3) 协调是平衡的手段

在工程施工中，一些大中型的建设项目，往往由许多施工队伍进行施工，加上设计单位、土建单位、安装单位、设备材料供应单位等，既有纵向的串接又有横向的联合，各自又有不同的作业计划、质量目标，这就存在着上述单位之间的协调问题。监理工程师应当从工程内部分析，既要进行各子系统之间的平衡协调，又要进行队伍之间、上下之间和内外之间的协调。要发挥监理工程师的核心作用，突出协调功能。

工程监理实践证明，一个建设工程项目的顺利完成，是多方配合相互合作的共同成果。参与建设管理的有关部门，包括建设单位、设计单位、施工单位、设备供应单位、材料供应单位、地方政府有关部门、交通运输部门、水电供应单位等，需要多方配合和合作，这就必然要求监理工程师具有良好的人际关系和较强的组织协调能力。

9.1.3 《建设工程监理规范》关于组织协调的有关规定

《建设工程监理规范》涉及到组织协调的有关条款和内容如下：

(1) 调解建设单位与承包单位的合同争议，处理索赔，审批工程延期（3.2.2 条、5.2.2 条）。

(2) 在施工过程中，总监理工程师应定期召开工地例会，解决需协调的事项（5.3.1 条、5.3.2 条）。

(3) 总监理工程师或专业监理工程师应根据需要及时组织专题会议，解决施工过程中的各种专业问题（5.3.3 条）。

(4) 总监理工程师应从造价、项目的功能要求、质量和工期等方面审查工程变更方案，并且在工程变更实施前与建设单位、承包单位协商确定工程变更的价款（5.5.4 条）。

(5) 项目监理机构应及时按施工合同的有关规定进行竣工结算，并应对竣工结算的价款总额与建设单位和承包单位进行协商，当无法协商一致时，应按本规范的 6.5 条规定进行处理（5.5.8 条）。

(6) 总监理工程师就工程变更的费用及工期的评估情况与承包单位和建设单位进行协调（6.2.1 条）。

(7) 项目监理机构在工程变更的质量、费用和工期取得建设单位授权后，应按施工合同规定，与承包单位进行协商，经协商达成一致后，总监理工程师应将协商结果向建设单位通报，并由建设单位与承包单位在变更文件上签字（6.2.2 条）。

(8) 总监理工程师进行费用索赔审查，并在初步确定一个额度后，与承包单位和建设单位进行协商（6.3.3 条）。

(9) 由于承包单位的原因造成建设单位的额外损失，建设单位向承包单位提出费用索赔时，总监理工程师在审查索赔报告后，应公正地与建设单位和承包单位进行协商，并及时作出答复（6.3.5 条）。

(10) 项目监理机构在作出临时工程延期批准或最终工程延期批准之前，均应与建设单位和承包单位进行协商（6.4.3 条）。

(11) 合同争议的调解（6.5 条）

(12) 当建设单位违约导致施工合同最终解除时，项目监理机构应就承包单位按施工合同规定应得到的款项与建设单位和承包单位进行协商（6.6.2 条）。

(13) 总监理工程师按照施工合同的规定，在与建设单位和承包单位协商后，书面提交承包单位应得款项或偿还建设单位款项的证明（6.6.3 条）。

9.1.4　协调工作的指导思想

(1) 坚持以合同契约为依据，以经济调控为手段

建筑业走向市场的一个重要特征是建设领域实行招标承包制。承发包双方通过签署具有法律效力的经济合同，明确各自在建设项目中的责、权、利关系。因此，项目实施中的一些矛盾、干扰和协作配合问题，都必须以合同契约为依据，以经济调控为主要手段，通过平等协商，协调处理好各单位、各部门、各环节之间的关系，以维护合同双方的合法权益，确保项目目标的实现。

(2) 坚持思想工作领先的原则

在社会主义市场经济条件下，虽然各方都带着自己的利益参加项目建设，但全面完成建设目标是各单位的共同目标。因此，在项目协调中，要坚持讲大局，兼顾国家、集体和个人三者利益的统一。从不同角度把各方的利益和项目建设的总目标结合起来，在履行经济合同的基础上，讲团结、强调协作和风格，把全体建设者的思想统一到建设项目的大局上来，一切以是否有利于建设项目为出发点判断、分析和解决问题。

(3) 必要的行政干预

在当前市场经济体制还不完备的情况下，完全依靠经济手段和思想工作，还难以协调所有问题，有些较大的关系调整和工作协作超出了建设、设计、施工和监理单位的权限或能力。在这种情况下，必须采用行政手段，依靠上级政府部门，给予必要的行政干预和协调帮助，以进一步完善经济合同，理顺相互间的关系，促进各方面严格履行合同，保证项目建设快速、高效地完成。在项目协调中，要将上述三种协调方法有机地结合起来，形成一套以经济调控为主体、思想工作为先导、行政干预为补充的综合协调方法。

9.1.5　组织协调的范围和层次

从系统方法的角度看，项目监理机构协调的范围分为系统内部的协调和系统外部的协调，系统外部协调又分为近外层协调和远外层协调（图 9-1 所示的层次Ⅱ和层次Ⅰ）。近外层和远外层的主要区别是，建设工程与近外层关联单位一般有合同关系，与远外层关联单位一般没有合同关系。建设工程监理协调的范围与层次见图 9-1。

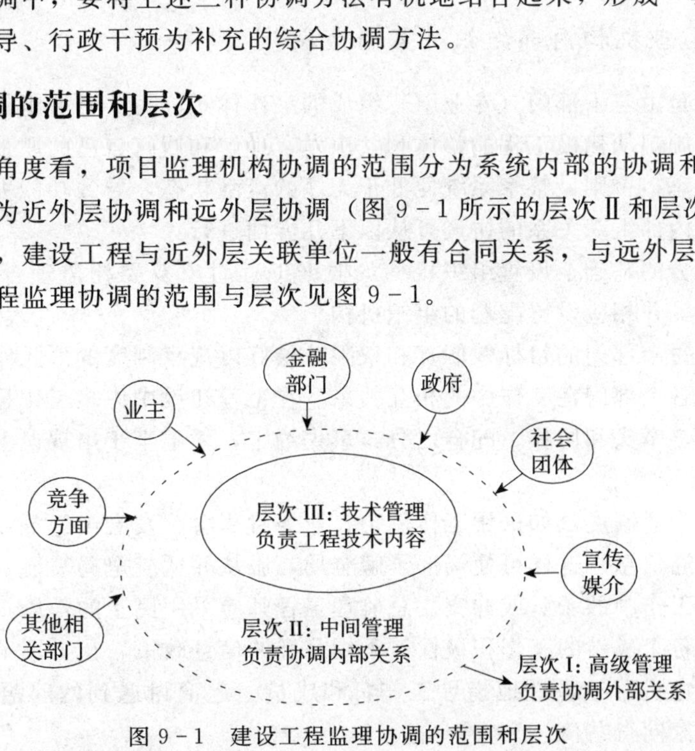

图 9-1　建设工程监理协调的范围和层次

9.2 建设工程监理主要协调内容

9.2.1 项目监理机构内部的协调

9.2.1.1 项目监理机构内部人际关系的协调

项目监理机构是由人组成的工作体系，工作效率很大程度上取决于人际关系的协调程度，总监理工程师应首先抓好人际关系的协调，激励项目监理机构成员。

(1) 在人员安排上要量才录用

对项目监理机构各种人员，要根据每个人的专长进行安排，做到人尽其才。人员的搭配应注意能力互补和性格互补，人员配置应尽可能少而精，防止力不胜任和忙闲不均现象。

(2) 在工作委任上要职责分明

对项目监理机构内的每一个岗位，都应订立明确的目标和岗位责任制，应通过职能清理，使管理职能不重不漏，做到事事有人管，人人有专责，同时明确岗位职权。

(3) 在成绩评价上要实事求是

谁都希望自己的工作做出成绩，并得到肯定。但工作成绩的取得，不仅需要主观努力，而且需要一定的工作条件和相互配合。要发扬民主作风，实事求是评价，以免人员无功自傲或有功受屈，使每个人热爱自己的工作，并对工作充满信心和希望。

(4) 在矛盾调解上要恰到好处

人员之间的矛盾总是存在的，一旦出现矛盾就应进行调解，要多听取项目监理机构成员的意见和建议，及时沟通，使人员始终处于团结、和谐、热情高涨的工作气氛之中。

9.2.1.2 项目监理机构内部组织关系的协调

项目监理机构是由若干部门（专业组）组成的工作体系。每个专业组都有自己的目标和任务。如果每个子系统都从建设工程的整体利益出发，理解和履行自己的职责，则整个系统就会处于有序的良性状态，否则，整个系统便处于无序的紊乱状态，导致功能失调，效率下降。

项目监理机构内部组织关系的协调可从以下几方面进行：

(1) 在职能划分的基础上设置组织机构，根据工程对象及委托监理合同所规定的工作内容，确定职能划分，并相应设置配套的组织机构。

(2) 明确规定每个部门的目标、职责和权限，最好以规章制度的形式作出明文规定。

(3) 事先约定各个部门在工作中的相互关系。在工程建设中许多工作是由多个部门共同完成的，其中有主办、牵头和协作、配合之分，事先约定，才不至于出现误事、脱节等贻误工作的现象。

(4) 建立信息沟通制度，如采用工作例会、业务碰头会、发会议纪要、工作流程图或信息传递卡等方式来沟通信息，这样可使局部了解全局，服从并适应全局需要。

(5) 及时消除工作中的矛盾或冲突。总监理工程师应采用民主的作风，注意从心理学、行为科学的角度激励各个成员的工作积极性；采用公开的信息政策，让大家了解建设工程实施情况、遇到的问题或危机；经常性地指导工作，和成员一起商讨遇到的问题，多倾听他们的意见、建议，鼓励大家同舟共济。

9.2.1.3　项目监理机构内部需求关系的协调

建设工程监理实施中有人员需求、试验设备需求、材料需求等，而资源是有限的，因此，内部需求平衡至关重要。需求关系的协调可从以下环节进行：

（1）对监理设备、材料的平衡

建设工程监理开始时，要做好监理规划和监理实施细则的编写工作，提出合理的监理资源配置，要注意抓住期限上的及时性、规格上的明确性、数量上的准确性、质量上的规定性。

（2）对监理人员的平衡

要抓住调度环节，注意各专业监理工程师的配合。一个工程包括多个分部分项工程，复杂性和技术要求各不相同，这就存在监理人员配备、衔接和调度问题。如土建工程的主体阶段，主要是钢筋混凝土工程或预应力钢筋混凝土工程；设备安装阶段，材料、工艺和测试手段就不同；还有配套、辅助工程等。监理力量的安排必须考虑到工程进展情况，作出合理的安排，以保证工程监理目标的实现。

9.2.2　监理工程师与业主的协调

监理实践证明，监理目标的顺利实现和监理工程师与业主协调的好坏有很大的关系。

我国长期的计划经济体制使得业主合同意识差、随意性大，主要体现在：一是沿袭计划经济时期的基建管理模式，搞“大业主，小监理”，在一个建设工程上，业主的管理人员要比监理人员多或管理层次多，对监理工作干涉多，并插手监理人员应做的具体工作；二是不把合同中规定的权力交给监理单位，致使监理工程师有职无权，发挥不了作用；三是科学管理意识差，在建设工程目标确定上压工期、压造价，在建设工程实施过程中变更多或时效不按要求，给监理工作的质量、进度、投资控制带来困难。因此，与业主的协调是监理工作的重点和难点。监理工程师应从以下几方面加强与业主的协调：

（1）监理工程师首先要理解建设工程总目标，理解业主的意图。对于未能参加项目决策过程的监理工程师，必须了解项目构思的基础、起因、出发点，否则可能对监理目标及完成任务有不完整的理解，会給他的工作造成很大的困难。

（2）利用工作之便做好监理宣传工作，增进业主对监理工作的理解，特别是对建设工程管理各方职责及监理程序的理解；主动帮助业主处理建设工程中的事务性工作，以自己规范化、标准化、制度化的工作去影响和促进双方工作的协调一致。

（3）尊重业主，让业主一起投入建设工程全过程。尽管有预定的目标，但建设工程实施必须执行业主的指令，使业主满意。对业主提出的某些不适当的要求，只要不属于原则问题，都可先执行，然后利用适当时机、采取适当方式加以说明或解释；对于原则性问题，可采取书面报告等方式说明原委，尽量避免发生误解，以使建设工程顺利实施。

9.2.3　监理工程师与承包商的协调

监理工程师对质量、进度和投资的控制都是通过承包商的工作来实现的，所以做好与承包商的协调工作是监理工程师组织协调工作的重要内容。

9.2.3.1 坚持原则，实事求是，严格按规范、规程办事，讲究科学

监理工程师在监理工作中应强调各方面利益的一致性和建设工程总目标；监理工程师应鼓励承包商将建设工程实施状况、实施结果和遇到的困难和意见向他汇报，以寻找对目标控制可能的干扰。双方了解得越多越深刻，监理工作中的对抗和争执就越少。

9.2.3.2 协调不仅是方法、技术问题，更多的是语言艺术、感情交流和用权适度问题

有时尽管协调意见是正确的，但由于方式或表达不妥，反而会激化矛盾。而高超的协调能力则往往能起到事半功倍的效果，令各方面都满意。

9.2.3.3 施工阶段协调工作的内容

施工阶段协调工作的主要内容如下：

(1) 与承包商项目经理关系的协调

从承包商项目经理及其工地工程师的角度来说，他们最希望监理工程师是公正、通情达理并容易理解别人的；希望从监理工程师处得到明确而不是含糊的指示，并且能够对他们所询问的问题给予及时的答复；希望监理工程师的指示能够在他们工作之前发出；他们可能对本本主义者以及工作方法僵硬的监理工程师最为反感。这些心理现象，作为监理工程师来说，应该非常清楚。一个既懂得坚持原则，又善于理解承包商项目经理的意见，工作方法灵活，随时可能提出或愿意接受变通办法的监理工程师肯定是受欢迎的。

(2) 进度问题的协调

由于影响进度的因素错综复杂，因而进度问题的协调工作也十分复杂。实践证明，有两项协调工作很有效：一是业主和承包商双方共同商定一级网络计划，并由双方主要负责人签字，作为工程施工合同的附件；二是设立提前竣工奖，由监理工程师按一级网络计划节点考核，分期支付阶段工期奖。如果整个工程最终不能保证工期，由业主从工程款中将已付的阶段工期奖扣回并按合同规定予以罚款。

(3) 质量问题的协调

在质量控制方面，应实行监理工程师质量签字认可制度。对没有出厂证明、不符合使用要求的原材料、设备和构配件，不准使用；对工序交接实行报验签证；对不合格的工程部位不予验收签字，也不予计算工程量，不予支付工程款。在建设工程实施过程中，设计变更或工程内容增减是经常出现的，有些是合同签订时无法预料和明确规定的。对于这种变更，监理工程师要认真研究，合理计算价格，与有关方面充分协商，达成一致意见，并实行监理工程师签证制度。

(4) 对承包商违约行为的处理

在施工过程中，监理工程师对承包商的某些违约行为进行处理是一件须慎重而又难免的事情。当发现承包商采用一种不适当的方法进行施工，或是用了不符合合同规定的材料时，监理工程师除了立即制止外，可能还要采取相应的处理措施。遇到这种情况，监理工程师应该考虑的是自己的处理意见是不是监理权限以内的，根据合同要求，自己应该怎么做等等。在发现质量缺陷并需要采取措施时，监理工程师必须立即通知承包商。监理工程师要有时间期限的概念，否则承包商有权认为监理工程师对已完成的工程内容是满意或认可的。

监理工程师最担心的可能是工程总进度和质量受到影响。有时，监理工程师会发现，承包商的项目经理或某个工地工程师不称职。此时明智的做法是继续观察一段时间，待掌握足够的证据时，总监理工程师可以正式向承包商发出警告。万不得已时，总监理工程师有权要求撤换承包商的项目经理或工地工程师。

（5）**合同争议的协调**

对于工程中的合同争议，监理工程师应首先采用协商解决的方式，协商不成时才由当事人向合同管理机关申请调解。只有当对方严重违约而使自己的利益受到重大损失且不能得到补偿时才采用仲裁或诉讼手段。如果遇到非常棘手的合同争议问题，不妨暂时搁置，等待时机，另谋良策。

（6）**对分包单位的管理**

主要是对分包单位明确合同管理范围，分层次管理。将总包合同作为一个独立的合同单元进行投资、进度、质量控制和合同管理，不直接和分包合同发生关系。对分包合同中的工程质量、进度进行直接跟踪监控，通过总包商进行调控、纠偏。分包商在施工中发生的问题，由总包商负责协调处理，必要时，监理工程师帮助协调。当分包合同条款与总包合同发生抵触，以总包合同条款为准。此外，分包合同不能解除总包商对总包合同所承担的任何责任和义务。分包合同发生的索赔问题，一般由总包商负责，涉及到总包合同中业主义务和责任时，由总包商通过监理工程师向业主提出索赔，由监理工程师进行协调。

（7）处理好人际关系

在监理过程中，监理工程师处于一种十分特殊的位置。业主希望得到独立、专业的高质量服务，而承包商则希望监理单位能对合同条件有一个公正的解释。因此，监理工程师必须善于处理各种人际关系，既要严格遵守职业道德，礼貌而坚决地拒收任何礼物，以保证行为的公正性，也要利用各种机会增进与各方面人员的友谊与合作，以利于工程的进展。否则，便有可能引起业主或承包商对其可信赖程度的怀疑。

9.2.4　监理单位与设计单位的协调

监埋单位必须协调与设计单位的工作，以加快工程进度，确保质量，降低消耗。

（1）真诚尊重设计单位的意见，在设计单位向承包商介绍工程概况、设计意图、技术要求、施工难点等时，注意标准过高、设计遗漏、图纸差错等问题，并将其解决在施工之前；施工阶段，严格按图施工；结构工程验收、专业工程验收、竣工验收等工作，邀请设计代表参加；若发生质量事故，认真听取设计单位的处理意见等等。

（2）施工中发现设计问题，应及时向设计单位提出，以免造成大的直接损失；若监理单位掌握比原设计更先进的新技术、新工艺、新材料、新结构、新设备时，可主动向设计单位推荐。为使设计单位有修改设计的余地而不影响施工进度，协调各方达成协议，约定一个期限，争取设计单位、承包商的理解和配合。

（3）注意信息传递的及时性和程序性。监理单位的工作联系单、工程变更单的传递，要按规定的程序进行。

这里要注意的是，在工程监理的条件下，监理单位与设计单位都是受业主委托进行工作的，两者之间并没有合同关系，所以监理单位主要是和设计单位做好交流工作，协调要靠业主的支持。设计单位应就其设计质量对建设单位负责，因此《建筑法》指出：工程监理人员发现工程设计不符合建筑工程质量标准或者合同约定的质量要求的，应当报告建设单位要求设计单位改正。

9.2.5 监理单位与政府部门及其他单位的协调

一个建设工程的开展还存在政府部门及其他单位的影响，如政府部门、金融组织、社会团体、新闻媒介等，它们对建设工程起着一定的控制、监督、支持、帮助作用，这些关系若协调不好，建设工程实施也可能严重受阻。

9.2.5.1 与政府部门的协调

（1）工程质量监督站是由政府授权的工程质量监督的实施机构，对委托监理的工程，质量监督站主要是核查勘察设计单位、施工单位和监理单位的资质，监督这些单位的质量行为和工程质量。监理单位在进行工程质量控制和质量问题处理时，要做好与工程质量监督站的交流和协调。

（2）发生重大质量和安全事故时，在承包商采取急救、补救措施的同时，应敦促承包商立即向政府有关部门报告情况，接受检查和处理。

（3）建设工程合同应送公证机关公证，并报政府建设管理部门备案；征地、拆迁、移民要争取政府有关部门的支持和协作；现场消防设施的配置，必须由消防部门检查认可；要敦促承包商在施工中注意防止环境污染，坚持做到文明施工。

9.2.5.2 与社会团体的协调

一些大中型建设工程建成后，不仅会给业主带来效益，还会给该地区的经济发展带来好处，同时给当地人民的生活带来方便，因此必然会引起社会各界的关注。业主和监理单位应把握机会，争取社会各界对建设工程的关心和支持。这是一种争取良好社会环境的协调。

对本部分的协调工作，从组织协调的范围看是属于远外层的管理。根据目前的工程监理实践，对远外层关系的协调，应由业主主持，监理单位主要是协调近外层关系。如业主将部分或全部远外层关系协调工作委托监理单位承担，则应在委托监理合同专用条件中明确委托的工作和相应的报酬。

监理组织与社会团体关系的协调中接触的社会团体很多，其性质、任务、权限各不相同。与项目有一定关系的社会团体主要有：金融组织、服务部门、新闻单位等。监理组织协调好和这些社会团体的关系，有助于工程项目的实施。

（1）监理组织与金融组织关系的协调

监理组织与金融组织关系最密切的是开户建设银行。建设银行既是金融机构，又代行部分政府职能。建筑安装工程价款，甲乙双方都要通过开户建设银行进行结算。工程承包合同副本应报送开户银行审查，认为不符合有关规定的条款，甲乙双方应协商修改，否则银行可不予拨款。若遇到在其他专业银行开户的建设单位拖欠工程款，监理组织可商请开户建设银行协助解决拨款问题。

（2）监理组织与服务部门关系的协调

工程建设离不开社会服务部门的服务，监理组织应主动联系，求得他们对工程项目建设的支持和帮助。例如，为解决施工运输和当地交通部门争道路、争时间问题，应主动上门协商，作出双方都能接受的统筹安排；为解决施工高峰期机具设备和周围作业用料不足问题，可提前与当地租赁服务单位取得联系，预约租赁，求得满意的租赁服务；为解决地方采购材料的货源问题，可和当地的建材生产、供应单位取得联系，请它们帮助落实货源，组织材料供应服务到现场。

9.3 建设工程监理组织协调的方法

监理工程监理组织协调的具体方法有多种形式，以下是几种常见的形式。

9.3.1 会议协调法

9.3.1.1 第一次工地会议

第一次工地会议是施工单位、监理工程师进人工地后的第一次会议，是建设单位、施工单位、监理工程师建立良好合作关系的一次机会。第一次工地会议的目的，在于监理工程师对工程开工前的各项准备工作进行全面检查，确保工程实施有一个良好开端。第一次工地会议宜在正式开工前召开，并应尽早举行。会议的组织由监理工程师负责，监理工程师应事前将会议议程及有关事项通知建设单位、施工单位和有关单位，必要时可以先召开一次预备会议，使参加会议的有关方面做好资料准备。在会议进行中，如果某些问题达不到目的，形不成一致意见，可以暂时休会，待条件具备时再行复会。

（1）参加人员的组成

第一次工地会议由建设单位主持，监理单位、施工单位的授权代表必须出席会议，各方将要担任职务的项目负责人及指定的分包人参加会议。会议纪要由项目监理机构负责整理，并经与会各方代表签认，监理单位作为资料存档。

（2）会议的主要内容

①介绍人员及组织机构。建设单位或其代表应就其实施建设工程项目期间的职能机构、职责、范围及主要人员名单提出书面文件，并就有关细节进行说明。

总监理工程师向总监理工程师代表和专业监理工程师授权，并声明自己保留的权利，书面将授权书、组织机构图、职责范围及全体监理人员名单提交施工单位及建设单位。

施工单位应书面将项目经理或工地代表授权书、主要人员名单、职能机构框图、职责范围及有关人员资质材料提交监理工程师，以取得监理工程师的批准。监理工程师应在本次会上进行审查并口头批准（或有保留地批准），会后正式予以书面确认。

②介绍施工进度计划。施工单位的施工进度计划应在中标通知发出后合同规定的时间内提交监理工程师。在第一次工地会议上，监理工程师就施工进度计划作出如下说明：施工进度计划可于何日批准或哪些分项已获得批准；根据批准或将要批准的施工进度计划，施工单位何日进行哪些施工，有无其他条件限制，有哪些重要的或复杂的分项工程还应单独编制进度计划提交批准。

③施工单位介绍施工准备情况。施工单位应就施工准备情况按如下内容提出陈述报告，监理工程师应逐项予以澄清、检查和评述。

主要施工人员包括项目负责人、主要技术人员、主要机械操作人员，是否进场或将何日进场。

用于工程的进口材料、机械、仪器和设备、设施是否进场或将何日进场，是否会对施工产生影响，并提交进场计划和清单。

用于工程的本地材料来源是否落实，并提交进场计划和清单。

施工驻地及临时工程建设进展情况如何，并提交施工驻地及临时工程建设计划和分布图。

工地实验室、流动实验室及设备是否准备就绪，将于何日安装，并提交实验室布置图、流动实验室分布图及仪器设备清单。

施工测量的基础资料是否已经落实并通过复核，施工测量是否进行或将何日完成，并应提供施工测量计划及有关资料。

履约保函和动员预付款保函及各种保险是否已办理或将何日办理完毕，提交有关已办理的手续副本。

为监理工程师提供的住房、交通、通讯、办公等设备服务设施是否具备或将何日具备，并提交有关安排计划和清单。

其他与开工条件有关的内容和事项。

④建设单位说明开工条件。建设单位代表就工程占地、临时用地、临时道路、拆迁以及其他开工条件有关的问题进行说明。监理工程师应根据批准或将要批准的施工进度计划的安排，对上述事项提出建议和要求。

⑤明确施工监理例行程序。监理工程师应沟通与施工单位之间的联系渠道，明确工作例行程序并提出有关表格及说明；一般包括：质量控制的主要程序、表格及说明；施工进度控制的主要程序、图表及说明；投资控制的主要程序、表格及说明；工程计量程序、报表及说明；索赔的主要程序、报表及说明，工程变更的主要程序、图表及说明；工程质量事故及安全事故的报告程序、报表及说明；函件的往来传递交接程序、报表及说明；确定施工过程中的工地会议举行时间、地点及程序；其他有关的制度规定等。

9.3.1.2 工地例会

工地例会属于工程开工后举行的一种例行会议，用于解决施工中存在的问题。工地例会的目的在于监理工程师对工程实施中的进度、质量、投资的执行情况进行全面检查，为正确决策提供依据，确保工程顺利进行。

工地例会由总监理工程师主持，定期召开，其具体时间间隔可根据施工中存在问题的程度由总监理工程师决定，工地例会应在开工后整个活动期内定期举行，会议纪要由监理机构负责起草，并经与会代表会签。

(1) 主要参加人员

会议参加者应为总监理工程师、专业监理工程师及有关助理人员；施工单位驻地授权代表、指定分包单位及有关助理人员；建设单位代表及有关助理人员。

(2) 会议的主要内容

会议按既定的例行议程进行，一般应由施工单位逐项陈述并提出问题和建议；监理工程师逐项组织讨论并作出决定或决议意向。会议一般按下列议程进行讨论和研究：

①检查上次会议议定情况，分析未完成的原因。

②检查建设工程项目进度计划完成情况，主要是关键线路上的施工进展情况及影响施工进度的因素，提出下一阶段进度目标及其落实措施。

③检查分析工程质量状况，主要是针对存在的质量问题提出改进措施。

④检查工程量核定及工程款支付情况。

⑤检查施工现场安全状况，主要是对发生的安全事故、事故隐患以及不安全因素提出问题

及措施，对交通和民众的干扰提出问题及措施。

⑥解决需要协调的有关事项。

⑦其他事项。

9.3.1.3　现场协调会

在整个建设工程施工期间，应根据具体情况定期或不定期地召开不同层次的施工现场协调会。现场协调会的目的在于监理工程师对日常或经常性的施工活动进行检查、协调落实，使监理工作和施工活动密切配合。会议由监理工程师主持，施工单位或代表出席，有关监理工程师及施工技术人员酌情参加。会议只对近期建设工程施工中的问题进行证实、协调和落实，对发现的施工质量问题及时予以纠正，对其他重大问题只提出而不进行讨论，另安排专门会议或在工地会议上进行研究处理。会议的主要内容包括施工单位报告近期的施工活动，提出近期的施工计划安排，简要陈述发生或存在的问题。监理工程师就施工进度和施工质量予以简要评述，并根据施工单位提出的施工活动安排，安排监理工程师或助理监理人员进行旁站、巡视、平行检验、抽样试验、检测验收、测算、计算等施工监理工作，对执行施工合同有关其他问题交换意见。

现场协调会以协调工作为主，讨论和证实有关问题，及时发现工程施工中的问题，一般对出现的问题不作出决议，重点对日常工作发出指令。监理工程师和施工单位通过现场协调会彼此交换意见，交流信息，促使监理工程师和施工单位双方保持良好的关系，以利于工程建设活动的开展。

9.3.1.4　专业性监理会议

除定期召开工地监理例会以外，还应根据需要组织召开一些专业性协调会议，例如加工订货会、业主直接分包的工程承包单位与总包单位之间的协调会、专业性较强的分包单位进场协调会等，均由监理工程师主持会议。

9.3.2　交谈协调法

在实践中，并不是所有问题都需要开会来解决，有时可采用“交谈”这一方法。交谈包括面对面的交谈和电话交谈两种形式。

无论是内部协调还是外部协调，这种方法使用频率都是相当高的。其作用在于：

(1) 保持信息畅通。由于交谈本身没有合同效力及其方便性和及时性，所以建设工程参与各方之间及监理机构内部都愿意采用这一方法进行。

(2) 寻求协作和帮助。在寻求别人帮助和协作时，往往要及时了解对方的反应和意见，以便采取相应的对策。另外，相对于书面寻求协作，人们更难于拒绝面对面的请求。因此，采用交谈方式请求协作和帮助比采用书面方法实现的可能性要大。

(3) 及时发布工程指令。在实践中，监理工程师一般都采用交谈方式先发布口头指令，这样，一方面可以使对方及时地执行指令，另一方面可以和对方进行交流，了解对方是否正确理解了指令。随后，再以书面形式加以确认。图 9－2 为工程协调事项办理单的格式。

工程协调事项办理单

提出协调事项的单位
要求协调解决的时间
需具体协调的事项及原因 提出协调事项的单位： 年　月　日
监理协调意见 监理工程师/总监理工程师： 年　月　日
协调落实情况 承办单位（盖章）： 负责人： 年　月　日

图 9-2　工程协调事项办理单格式

9.3.3　书面协调法

当会议或者交谈不方便或不需要时，或者需要精确地表达自己的意见时，就会用到书面协调的方法。书面协调方法的特点是具有合同效力，一般常用于以下几方面：

（1）不需双方直接交流的书面报告、报表、指令和通知等。

（2）需要以书面形式向各方提供详细信息和情况通报的报告、信函和备忘录等。

（3）事后对会议记录、交谈内容或口头指令的书面确认。

9.3.4　访问协调法

访问法主要用于外部协调中，有走访和邀访两种形式。走访是指监理工程师在建设工程施工前或施工过程中，对与工程施工有关的各政府部门、公共事业机构、新闻媒介或工程毗邻单位等进行访问，向他们解释工程的情况，了解他们的意见。邀访是指监理工程师邀请上述各单位（包括业主）代表到施工现场对工程进行指导性巡视，了解现场工作。因为在多数情况下，这些有关方面并不了解工程，不清楚现场的实际情况，如果进行一些不恰当的干预，会对工程产生不利影响。此时，采用访问法是一个相当有效的协调方法。

9.3.5　情况介绍法

情况介绍法通常是与其他协调方法紧密结合在一起的，它可能是在一次会议前，或是一次交谈前，或是一次走访或邀访前向对方进行的情况介绍。形式上主要是口头的，有时也伴有书面的。介绍往往作为其他协调的引导，目的是使别人首先了解情况。因此，监理工程师应重视任何场合下的每一次介绍，要使别人能够理解你介绍的内容、问题和困难、你想得到的协助等。

总之，组织协调是一种管理艺术和技巧，监理工程师尤其是总监理工程师需要掌握领导科学、心理学、行为科学方面的知识和技能，如激励、交际、表扬和批评的艺术，开会的艺术，谈话的艺术，谈判的技巧等等。只有这样，监理工程师才能进行有效的协调。

【思考题】

1. 为什么说监理组织协调的作用很重要？
2. 监理组织协调的类型有哪些？
3. 监理组织协调的内容是什么？
4. 请说出监理组织协调有哪几种方法，各有何特点？

第10章 建设工程监理的信息管理

10.1 建设工程监理信息管理概述

10.1.1 信息的基本概念

信息是内涵和外延不断变化、发展着的一个概念。人们对它下了很多的定义。一般认为，信息是以数据形式表达的客观事实，它是对数据的解释，反映着事物的客观状态和规律。数据是人们用来反映客观世界而记录下来的可鉴别的符号，如数字、字符串等。数据本身是一个符号，只有当它经过处理、解释，对外界产生影响时才成为信息。

建设工程信息是对参与建设各方主体（如业主、设计单位、施工单位、供货厂商和监理企业等）从事建设工程项目管理（或监理）提供决策支持的一种载体，如项目建议书、可行性研究报告、设计图纸及其说明、各种建设法规及建设标准等。在现代建设工程中，能及时、准确、完善地掌握与建设有关的大量信息，处理和管理好各类建设信息，是建设工程项目管理（或监理）的重要内容。

10.1.2 建设工程信息的性质

由于建设工程及其技术经济的特点，使建设工程信息具有如下的性质：

(1) 真实性

真实性是建设工程信息的最基本性质。如果信息失真，不仅没有任何可利用的价值，反而还会造成决策失误。

(2) 时效性

时效性又称适时性。它反映了建设工程信息具有突出的时间性的特点。某一信息对某一建设目标是适用的，但随着建设进程，该信息的价值将逐步降低或完全丧失。因此，信息的时效性是反映信息现实性的关键，对决策的有效性产生重大的影响。

(3) 系统性

信息本身需要全面地掌握各方面的数据后才能得到。因此，在工程实际中，不能片面地处理数据，片面地产生和使用信息，信息也是系统中的组成部分之一，必须用系统的观点来对待各种信息。

(4) 不完全性

由于使用数据的人对客观事物认识的局限性，使得信息具有不完全性。

(5) 层次性

信息对使用者是有不同的对象的，不同的管理需要不同的信息，因此必须针对不同的信息需求分类提供相应的信息。通常可以将信息分为决策级、管理级、作业级三个层次。

10.1.3 建设工程监理的信息分类

不同的监理范畴，需要不同的信息，可按照不同的标准将监理信息进行归类划分，来满足不同监理工作的信息需求，并有效地进行管理。

监理信息的分类方法通常有以下几种：

10.1.3.1 按建设监理控制目标分类

建设工程监理的目的是对工程进行有效的控制，按控制目标将信息进行分类是一种重要的分类方法。按这种方法，可将监理信息划分如下：

(1) **投资控制信息**：是指与投资控制直接有关的信息。属于这类信息的有与工程投资有关的投资标准，如类似工程造价、物价指数、概算定额、预算定额等；有工程项目计划投资的信息，如工程项目投资估算、设计概预算、合同价等；有项目进行中产生的实际投资信息，如施工阶段的支付账单、投资调整、原材料价格、机械设备台班费、人工费、运杂费等；还有对以上这些信息进行分析比较得出的信息，如投资分配信息、合同价格与投资分配的对比分析信息、实际投资与计划投资的动态比较信息、实际投资统计信息、项目投资变化预测信息等。

(2) **质量控制信息**：是指与质量控制直接有关的信息。属于这类信息的有与工程质量有关的标准信息，如国家有关的质量政策、质量法规、质量标准、工程项目建设标准等；有与计划工程质量有关的信息，如工程项目的合同标准信息、材料设备的合同质量信息、质量控制工作流程、质量控制的工作制度等；有项目进展中实际质量信息，如工程质量检验信息、材料的质量抽样检查信息、设备的质量检验信息、质量和安全事故信息。还有由这些信息加工后得到的信息，如质量目标的分解结果信息、质量控制的风险分析信息、工程质量统计信息、工程实际质量与质量要求及标准的对比分析信息、安全事故统计信息、安全事故预测信息等。

(3) **进度控制信息**：是指与进度控制直接有关的信息。这类信息有与工程进度有关的标准信息，如工程施工进度定额信息等；有与工程计划进度有关的信息，如工程项目总进度计划、进度控制的工作流程、进度控制的工作制度等。有项目进展中产生的实际进度信息；有上述信息加工后产生的信息，如工程实际进度控制的风险分析、进度目标分解信息、实际进度与计划进度对比分析、实际进度与合同进度对比分析、实际进度统计分析、进度变化预测信息等。

10.1.3.2 按照工程建设不同阶段分类

(1) **项目建设前期的信息**：项目建设前期的信息包括可行性研究报告提供的信息、设计任务书提供的信息、勘察与测量的信息、初步设计文件的信息、招投标方面的信息等，其中大量的信息与监理工作有关。

(2) **工程施工中的信息**：施工中由于参加的单位多，现场情况复杂，信息量最大。其中有从业主方来的信息。业主作为工程项目建设的负责人，对工程建设中的一些重大问题不时要表达意见和看法，下达某些指令；业主对合同规定由其供应的材料、设备，需提供品种、数量、质量、试验报告等资料。有承包商方面的信息，承包商作为施工的主体，必须收集和掌握施工现场大量的信息，其中包括经常向有关方面发出的各种文件，向监理工程师报送的各种文件、报告等。有设计方面来的信息，如根据设计合同及提供图纸协议发送的施工图纸，在施工中发出的为满足设计意图对施工的各种要求，根据实际情况对设计进行的调查和设计个性等。项目监理内部也会产生许多信息，有直接从施工现场获得有关投资、质量、进度和合同管理方面的信息，还有经过分析整理后对各种问题的处理意见等等。还有来自其他部门如地方政府、环保部门、交通部门等的信息。

(3) 工程竣工阶段的信息。在工程竣工阶段，需要大量的竣工验收资料，其中包含了大量的信息，这些信息一部分是在整个施工过程中，长期积累形成的，一部分是在竣工验收期间，根据积累的资料整理分析而形成的。

10.1.3.3 按照监理信息的来源分类

(1) 来自工程项目监理组织的信息：如监理的记录、各种监理报表、工地会议纪要、各种指令、监理试验检测报告等。

(2) 来自承包商的信息：如开工申请报告、质量事故报告、形象进度报告、索赔报告等。

(3) 来自业主的信息：如业主对各种报告的批复意见。

(4) 来自其他部门的信息：如政府有关文件、市场价格、物价指数、气象资料等。

10.1.3.4 其他的一些分类方法

(1) 按照信息范围的不同，把建设监理信息分为精细的信息和摘要的信息两类。

(2) 按照信息时间的不同，把建设监理信息分为历史性的信息和预测性的信息两类。

(3) 按照监理阶段的不同，把建设监理信息分为计划的、作业的、核算的及报告的信息。

(4) 按照对信息的期待性不同，把建设监理信息分为预知的和突发的信息两类。

(5) 按照信息的性质不同，把建设监理信息分为生产信息、技术信息、经济信息和资源信息等。

(6) 按照信息的稳定程度不同，把建设监理信息分为固定信息和流动信息等。

10.1.4 建设工程监理信息系统

(1) 系统的概念

系统是一个有相互关联的多个要素，按照特定的规律集合起来，具有特定功能的有机整体，它又是另一个更大系统的一部分。

(2) 信息系统的概念

信息系统是由人和计算机等组成，以系统思想为依据，以计算机为手段，进行数据收集、传递、处理、存储、分发，加工产生信息，为决策、预测和管理提供依据的系统。

信息系统是一个系统，具有系统的一切特点，信息系统的目的是对数据进行综合处理，得到信息，它也是一个更大系统的组成部分。信息系统能够再分多个子系统，与其他子系统有相关性，也与环境有联系。它的对象是数据和信息，通过对数据的加工得到信息，而信息是为决策、预测、管理服务的，是他们的工作依据。

(3) 建设工程监理信息系统

监理信息系统是建设工程信息系统的一个组成部分，建设工程信息系统由建设方、勘察设计方、建设行政管理方、建设材料供应方、施工方和监理方各自的信息系统组成，监理信息系统只是监理方的信息系统，是主要为监理工作服务的信息系统。监理信息系统是建设工程信息系统的一个子系统，也是监理单位整个管理系统的一个子系统。作为前者，它必须从建设信息系统中得到政府、建设、施工、设计等各方提供的必需的数据和信息，也必须送出相关单位需要的相关的数据和信息；作为后者，它也从监理单位得到必要的指令、帮助和所需要的数据与信息，向监理单位汇报建设工程项目的信息。

10.2　建设工程监理信息管理的内容、方法和手段

10.2.1　建设工程信息管理的概念

建设工程信息管理是指在建设工程的各个阶段，对所产生的面向建设工程管理业务的信息进行收集、传输、加工、储存、维护和使用等的信息规划及组织管理活动的总称。信息管理的目的是通过有效的建设工程信息规划及其组织管理活动，使参与建设各方能及时、准确地获得有关的建设工程信息，以便为建设项目全过程或各个建设阶段提供建设项目决策所需要的可靠信息。监理工程师作为项目管理者，承担着项目信息管理的任务。

10.2.2　建设工程监理信息管理的内容

作为建设工程监理单位，为了达到信息管理的目的，必须把握监理过程中和项目监理工作结束后信息管理的各个环节，包括信息来源、信息分类、建立信息管理系统、正确应用信息管理手段、掌握信息流程的不同环节等。建设工程监理信息管理主要由监理项目部内部的信息管理、监理公司对各项目部的信息管理、监理公司内部各管理部门的信息管理等组成。建设工程监理信息管理要做到组织内部职能分工的明确化、日常业务的标准化、报表文件的规范化、数据资料的完整和代码化。

例如：某监理公司的管理模式如图 10－1 所示。

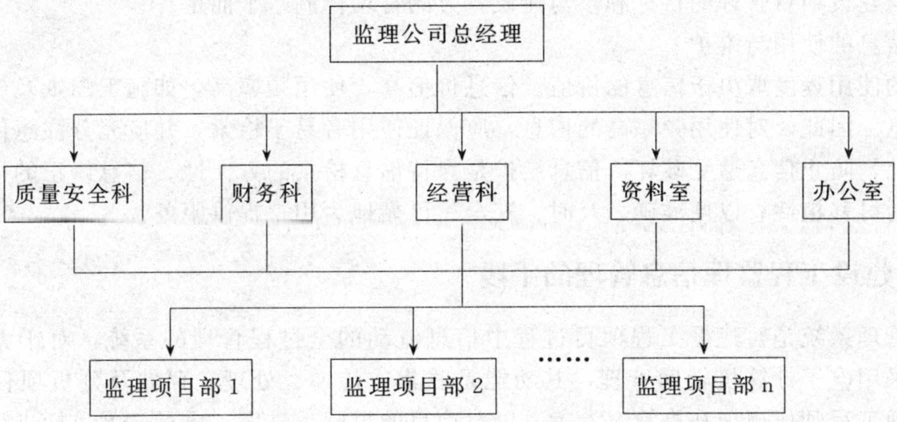

图 10－1　某监理公司的管理模式

10.2.3　建设工程监理信息管理的方法

在建设工程信息管理中，重点应抓好信息的收集、信息的传递、信息的加工、信息的存储，以及信息的利用与维护等项工作。

(1) 信息的收集

信息的收集首先应根据项目管理的目标，通过对信息的识别，制定对建设工程信息的需求规划，即确定对信息需求类别及各类信息量的大小，再通过调查研究，采用适当的收集方法来获得所需要的建设工程信息。

(2) 信息的传递

信息的传递就是把信息从信息的占有者传送给信息的接收者的过程。为了保证信息传递不至于产生“失真”，在信息传递时，必须要建立科学的信息传递渠道体系，包括信息传递类型及信息量、传递方式、接收方式，以及完善信息传递的保障体系，以防止信息传递产生“失真”和“泄密”，影响信息传递质量。

(3) 信息的加工

信息的收集和信息的传递是数据获取过程。要使获取的数据能成为具有一定价值且可以作为管理决策依据的信息，还需要对所获取的数据进行必要的加工处理，这种过程称为信息加工。信息加工的方式，包括对数据的整理、数据的解释、数据的统计分析，以及对数据的滤波和浓缩等。不同的管理层次，由于具有不同的职能、职责和工作任务，对信息加工的浓度也不尽相同。一般地，高层管理者要求对信息浓缩程度大，信息加工浓度也大；基层管理者对信息要求的细化程度高，对信息加工浓度较小。信息加工总原则是：由高层向低层对信息要求应逐层细化；由低层向高层对信息要求应逐层浓缩。

(4) 信息的存储

信息存储的目的是将信息保存起来以备将来使用。对信息存储基本要求是应对信息进行分类，有规律地存储，以便使用者检索。建设工程信息存储方式、存储时间、存储部门或单位等，应根据建设项目管理的目标和参与建设各方的管理体制水平而定。

(5) 信息的使用与维护

信息的使用程度取决于信息的价值。信息价值高，使用频率高，如施工图纸及施工组织设计这类信息。因此，对使用频率高的信息，应保证使用者易于检索，并应充分注意信息的安全性和保密性，防止信息遭受破坏。信息维护是保持信息检索的方便性、信息修正的可扩充性及信息传递的可移植性，以便准确、及时、安全、可靠地为用户提供服务。

10.2.4 建设工程监理信息管理的手段

信息管理系统是对建设工程项目过程中信息流动的全过程管理的系统，对于大中型的项目，应该采用电子计算机辅助管理，其功能是收集、传递、处理、存储及分析项目的有关信息，供监理工程师作规划和决策时参考，以对项目的投资、进度、质量三大目标进行控制。

通过建立工程项目信息管理的过程，可以归纳出信息管理的主要手段如图 10-2 所示。

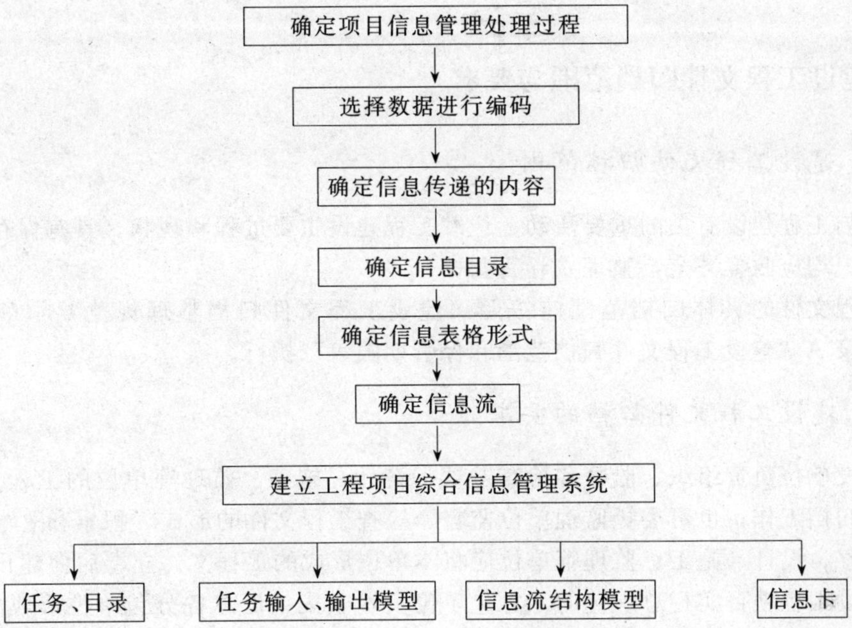

图 10-2　信息管理的主要手段

10.3　建设工程文件、档案及归档要求

10.3.1　建设工程文件档案资料的概念

10.3.1.1　建设工程文件概念

建设工程文件是指在工程建设过程中形成的各种形式的信息记录，包括工程准备阶段文件、监理文件、施工文件、竣工图和竣工验收文件，也可简称为工程文件。

(1) 工程准备阶段文件是工程开工以前，在立项、审批、征地、勘察、设计、招投标等工程准备阶段形成的文件。

(2) 监理文件是监理单位在工程设计、施工等阶段监理过程中形成的文件。

(3) 施工文件是施工单位在工程施工过程中形成的文件。

(4) 竣工图是工程竣工验收后，真实反映建设工程项目施工结果的图样。

(5) 竣工验收文件是建设工程项目竣工验收活动中形成的文件。

10.3.1.2　建设工程档案概念

建设工程档案是指在工程建设活动中直接形成的具有归档保存价值的文字、图表、声像等各种形式的历史记录，也可简称工程档案。

10.3.1.3　建设工程文件档案资料概念

建设工程文件和档案组成建设工程文件档案资料。

10.3.2　建设工程文件归档范围与要求

10.3.2.1　建设工程文件归档范围

（1）对与工程建设有关的重要活动、记载工程建设主要过程和现状、具有保存价值的各种载体的文件，均应收集齐全，整理立卷后归档。

（2）工程文件的具体归档范围应按照《建设工程文件归档整理规范》（GB/T50328－2001）中附录A“建设工程文件归档范围和保管期限表”执行。

10.3.2.2　建设工程文件归档的要求

（1）建设单位负责组织、监督和检查勘察、设计、施工、监理等单位的工程文件的形成、积累和立卷归档工作；也可委托监理单位监督、检查工程文件的形成、积累和立卷归档工作。

（2）勘察、设计、施工、监理等单位应将本单位形成的工程文件立卷后向建设单位移交。

（3）建设工程项目实行总承包的，总包单位负责收集、汇总各分包单位形成的工程档案，并应及时向建设单位移交；各分包单位应将本单位形成的工程文件整理、立卷后及时移交总承包单位。建设工程项目由几个单位承包的，各承包单位负责收集、整理、立卷其承包项目的工程文件，并应及时向建设单位移交。

（4）勘察、设计单位应在任务完成时，施工、监理单位应在工程竣工验收前，将各自形成的有关工程档案向建设单位归档。

（5）勘察、设计、施工、监理等单位向建设单位移交档案时，应编制移交清单，双方签字、盖章后方可交接。

（6）建设单位向城建档案馆（室）移交工程档案时，应办理移交手续，填写移交目录，双方签字、盖章后交接。

（7）在工程竣工验收前，建设单位应提请当地的城建档案管理机构对工程档案进行预验收，验收合格后，城建档案管理机构出具工程档案认可文件，对未取得工程档案认可文件，建设单位不得组织工程竣工验收。

（8）工程文件档案应采用耐久性强的书写材料，一般不少于2套，一套由建设单位保管，一套（原件）在工程竣工验收后3个月内移交至当地的城建档案馆（室）。

（9）对工程文件中文字材料应用A4幅面，对于竣工图应是新蓝图并加盖竣工图章（示意图见图10－3），若利用施工图改绘竣工图，必须标明变更修改依据，若施工图结构、工艺、平面布置等有重大改变，或变更部分超过图面1/3的，应当重新绘制竣工图。

（10）一个建设工程由多个单位工程组成时，工程文件应按单位工程组卷，对卷内文件，文字材料按事项、专业顺序排列。同一事项的请示与批复、同一文件的印本与定稿、主件与附件不能分开，并按批复在前、请示在后，印本在前、定稿在后，主件在前、附件在后的顺序排列；图纸按专业排列，同专业图纸按图号顺序排列；对于既有文字材料又有图纸的案卷，文字材料在前，图纸在后。

（11）工程文件档案的保管期限分为永久、长期、短期三种期限。永久是指需永久保存，长期是指保存期限等于该工程的使用寿命，短期是指保存 20 年以下。

（12）停建、缓建建设工程的档案，暂由建设单位保管。

（13）工程文件的立卷按建设程序划分为工程准备阶段的文件、监理文件、施工文件、竣工图、竣工验收文件 5 部分。

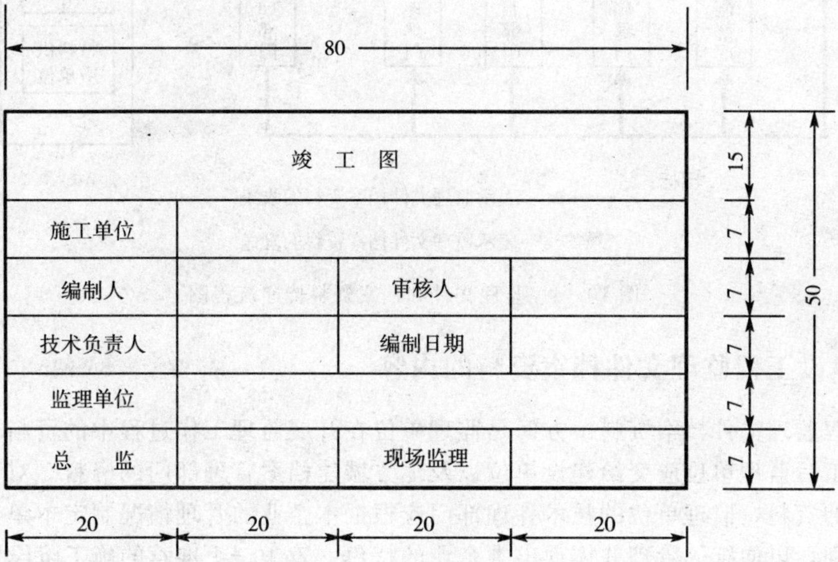

图 10－3　竣工图章示意图

10.4　建设工程监理文件档案资料管理

10.4.1　建设工程监理文件档案资料管理的基本概念

所谓建设工程监理文件档案资料的管理，是指监理工程师受建设单位委托，在进行建设工程监理的工作期间，对建设工程实施过程中形成的与监理相关的文件和档案进行收集积累、加工整理、立卷归档和检索利用等一系列工作。建设工程监理文件档案资料管理的对象是监理文件档案资料，它们是建设工程监理信息的主要载体之一。

10.4.2　建设工程监理文件档案资料的传递过程

项目监理部的信息管理部门是专门负责建设工程项目信息管理工作的，其中包括监理文件档案资料的管理。因此在工程全过程中形成的所有资料，都应统一归口传递到信息管理部门，进行集中加工、收发和管理，如图 10－4 所示。信息管理部门是监理文件和档案资料传递渠道的中枢。

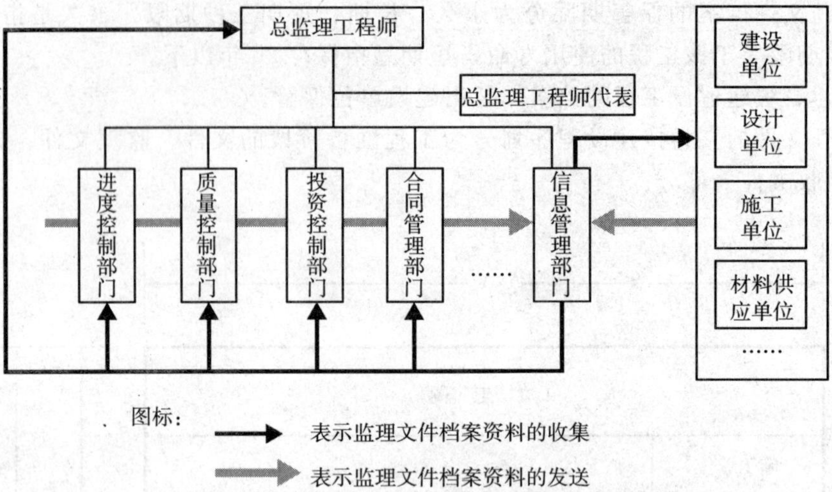

图 10－4 监理文件和档案资料传递流程图

10.4.3 建设工程监理文件档案资料的内容

建设工程监理文件档案资料一方面是监理单位在开展监理工作过程中的资料，另一方面是工程项目竣工后监理单位应交给建设单位以及地方城建档案管理部门的资料。对于在开展监理工作过程中的资料，监理单位的技术管理部门应根据本企业的管理情况制定本单位文件档案资料管理的原则，以便统一管理并体现出本企业的特色。表 10－1 推荐的施工阶段监理文件和档案分类方法供监理单位在使用中参考。

表 10－1 某监理单位资料系统划分及编码表

分类	文件名称	文件主要内容	文件类型
合同文件 A	监理合同 A_1	建设工程委托监理合同、补充协议	原件
	监理规划 A_2	监理规划	原件
		监理实施细则（含安全文明实施细则）	原件
		旁站方案	原件
	项目监理机构人员资料 A_3	总监理工程师任命书及监理机构设立文件	原件
		监理人员名单及岗位资格证书	复印件加盖公章
	勘察设计文件 A_4	地质勘察报告	复印件
		图纸审查意见及对图纸审查意见答复资料	复印件
		图纸会审记录、设计变更单	原件
	施工合同文件及施工组织设计（方案）报审资料 A_5	施工招标文件（含施工招标答疑）、施工投标书	复印件
		建设工程施工承包合同及补充协议（含分包单位）	复印件

（续表）

分类	文件名称	文件主要内容	文件类型
A	A_5	施工单位资格报审（含分包单位，包括资质证书、营业执照、项目组织机构人员上岗证等）	报审表原件其他复印件加盖企业公章
		进场设备报审表及合格证、检定证书（含分包单位）	报审表原件其他复印件
		施工组织设计报审表及施工组织设计	原件
		施工方案报审表及专项施工方案（含安全施工方案）	原件
进度控制 B	工程开工/复工资料 B_1	规划许可证、施工许可证	复印件
		工程开工/复工审批表	原件
		工程开工报告、开工令、复工令、暂停令	原件
	原件进度计划监控资料 B_2	工程总进度计划报审表及工程总进度计划、月进度计划报审表及月进度计划	原件
		监理对总进度计划的监控计划、月施工进度计划调整审批资料	原件
	工程延期审批资料 B_3	工程临时延期申报表	原件
		工程最终延期审批表	原件
质量控制 C	施工测量放线报验 C_1	工程定位、高程、轴线报验	原件
		沉降观测记录资料	原件
	工程材料、构配件、设备出厂质量证明文件 C_2	工程材料报验单及材料、构配件报验资料：包括出厂证明文件、出厂试验报告、准用证和相关质量证明文件	报审表原件其他复印件
	工程报验资料 C_3	工程报验单及内容：按单位、子单位、分部、子分部、分项、检验批（含隐蔽工程验收记录）	原件
	工程质量与安全评估报告 C_4	单位工程安全评估报告、单位工程质量评估报告、主体分部质量评估报告、基础分部质量评估报告	原件
	质量检测报告及安全与功能检测报告 C_5	结构实体检测报告、环境检测报告以及其他安全与功能检测报告	复印件
	见证取样试验报告 C_6	原材料、焊接、砂浆试块、混凝土试块试验报告（含配合比单）、回填土	复印件

（续表）

分类	文件名称	文件主要内容	文件类型
C	质量问题 C_7	质量问题（事故）报告单、质量问题（事故）处理方案报审表、质量问题（事故）处理资料及试验检查资料等	原件
	相关记录 C_8	旁站监理记录、平行检查记录、巡视记录	原件
投资控制D	工程款支付控制资料 D_1	工程款支付申请表、月度工程计量计价申报审核表、工程款支付证书、月度工程款支付审核汇总表	原件
	变更费用及索赔资料 D_2	工程变更费用申请审批表、费用索赔申请表、费用索赔审批表	原件
	结算资料 D_3	工程结算申报及审核意见书等相关资料	原件
综合管理E	日常记录 E_1	监理日志、监理月报	原件
	会议记录 E_2	工地例会、专题会议记录	原件
	来往函件资料 E_3	监理工程师通知单及通知回复单、收（发）文登记簿、监理工作联系单、建设单位来函、承包单位来函	原件
	监理工作总结 E_4	监理工作总结（含建筑物外观及关键部位资料照片）、业务手册、工程质量验收监督综合表	原件

对于文件主要内容的编码可根据文件名称的编码相应编制。如：A_{11}、A_{12}、A_{21}、A_{22} 等，其他以此类推。文件类型尽可能用原件，只能用复印件的材料，监理工程师在施工现场应查对原件。对于工程项目竣工后监理单位交给建设单位以及地方城建档案管理部门的资料，只是监理工作中需要和产生文件和档案的一小部分。根据《建设工程文件归档整理规范》（GB/T50328－2001），监理单位的归档资料和保管期限如表 10－2。

表 10－2　监理单位文件归档资料和保管期限表

序号	归档文件	保存单位和保管期限				
		建设单位	施工单位	设计单位	监理单位	城建档案馆
一	监理委托合同	长期			长期	√
二	工程项目监理机构及负责人名单	长期			长期	√
三	监理规划					
1	监理规划	长期			短期	√
2	监理实施细则	长期			短期	√
3	监理部总控制计划等	长期			短期	
四	监理月报中的有关质量问题	长期			长期	√

（续表）

序号	归档文件	保存单位和保管期限				
		建设单位	施工单位	设计单位	监理单位	城建档案馆
五	监理会议纪要中的有关质量问题	长期			长期	√
六	进度控制					
1	工程开工/复工审批表	长期			长期	√
2	工程开工/复工暂停令	长期			长期	√
七	质量控制					
1	不合格项目通知	长期			长期	√
2	质量事故报告及处理意见	长期			长期	√
八	造价控制					
1	预付款报审与支付	短期				
2	月付款报审与支付	短期				
3	设计变更、洽商费用报审与签认	长期				
4	工程竣工决算审核意见书	长期				√
九	分包单位					
1	分包单位资质材料	长期				
2	供货单位资质材料	长期				
3	试验等单位资质材料	长期				
十	监理通知					
1	有关进度控制的监理通知	长期			长期	
2	有关质量控制的监理通知	长期			长期	
3	有关造价控制的监理通知	长期			长期	
十一	合同与其他事项管理					
1	工程延期报告及审批	永久			长期	√
2	费用索赔报告及审批	长期			长期	
3	合同争议、违约报告及处理意见	永久			长期	√
4	合同变更材料	长期			长期	√
十二	监理工作总结					
1	专题总结	长期			短期	
2	月报总结	长期			短期	
3	工程竣工总结	长期			长期	√
4	质量评价意见报告	长期			长期	√

注："√"表示应向城建档案馆移交

10.5 建设工程监理施工阶段表格体系

建设工程监理在施工阶段的基本表式按照《建设工程监理规范》（GB 50319—2000）附录执行。该类表式可一表多用，适合建设、监理、施工、供货各方，适合各个行业、各个专业的统一表式。根据该规范共有三大类 18 种表，其分类和适用情况如表 10 - 3。

表 10 - 3 施工阶段的基本表式及适用情况

<table>
<tr><th colspan="2">分 类</th><th>表式名称</th><th>适用情况</th></tr>
<tr><td rowspan="10">A</td><td>A_1</td><td>工程开工/复工报审表</td><td rowspan="10">承包单位用表，是承包单位与监理单位之间的联系表，由承包单位填写，向监理单位提交申请或回复。</td></tr>
<tr><td>A_2</td><td>施工组织设计（方案）报审表</td></tr>
<tr><td>A_3</td><td>分包单位资格报审表</td></tr>
<tr><td>A_4</td><td>______报验申请表</td></tr>
<tr><td>A_5</td><td>工程款支付申请表</td></tr>
<tr><td>A_6</td><td>监理工程师通知回复单</td></tr>
<tr><td>A_7</td><td>工程临时延期申请表</td></tr>
<tr><td>A_8</td><td>费用索赔申请表</td></tr>
<tr><td>A_9</td><td>工程材料/构配件/设备报审表</td></tr>
<tr><td>A_{10}</td><td>工程竣工报验单</td></tr>
<tr><td rowspan="6">B</td><td>B_1</td><td>监理工程师通知单</td><td rowspan="6">为监理单位用表，是监理单位与承包单位之间的联系表，由监理单位填写，向承包单位发出的指令或批复。</td></tr>
<tr><td>B_2</td><td>工程暂停令</td></tr>
<tr><td>B_3</td><td>工程款支付证书</td></tr>
<tr><td>B_4</td><td>工程临时延期审批表</td></tr>
<tr><td>B_5</td><td>工程最终延期审批表</td></tr>
<tr><td>B_6</td><td>费用索赔审批表</td></tr>
<tr><td rowspan="2">C</td><td>C_1</td><td>监理工作联系单</td><td rowspan="2">为各方通用表，是工程项目监理单位、承包单位、建设单位等各有关单位之间的联系表。</td></tr>
<tr><td>C_2</td><td>工程变更单</td></tr>
</table>

10.6 工程项目管理常用软件简介

建设工程项目管理软件是指在项目管理过程中使用的各类软件，这些软件主要用于收集、综合和分发项目管理过程的输入和输出的信息。传统的项目管理软件包括时间进度计划、成本控制、资源调度和图形报表输出等功能模块，但从项目管理的内容出发，项目管理软件还应该包括合同管理、采购管理、风险管理、质量管理、索赔管理、组织管理等功能，如果把这些软件的功能集成、整合在一起，即构成了建设工程项目管理信息系统。

10.6.1　建设工程项目管理软件分类

目前在项目管理过程中使用的项目管理软件数量很多，应用面很广，几乎覆盖了建设工程项目管理全过程的各个阶段和各个方面。总的来说对建设工程项目管理软件可按表 10－4 进行分类。

表 10－4　建设工程项目管理软件分类

分类	适用阶段分	适用于某个阶段特殊用途的项目管理软件
		普遍适用于各个阶段的项目管理软件
		对各个阶段进行集成管理的软件
	基本功能分	进度计划管理软件
		费用管理软件
		资源管理软件
		风险管理软件
		交流管理软件
		过程管理软件
		多功能集成的项目管理软件套件
	工程对象分	大型、复杂的工程项目的项目管理软件
		中小型和企业事务管理的项目管理软件

10.6.2　常用项目管理软件应用简介

10.6.2.1　综合进度计划管理软件

(1) Primavera Project Planner（简称 P3）

P3 项目管理软件是由美国 Primavera 公司开发，用于项目进度计划、动态控制、资源管理和费用控制的综合进度计划管理软件，也是目前国内大型项目中应用最多的进度计划管理软件。

P3 拥有较为完善的管理复杂、大型建设工程项目的手段，拥有完善的编码体系，包括 WBS（工作分解结构）编码、作业代码编码、作业分类码编码、资源编码和费用科目编码等，这些编码以及这些编码所带来的分析、管理手段给项目管理人员的管理以充分的回旋余地，项目管理人员可以从多个角度对工程进行有效管理。

(2) Primavera Project Planner for Enterprise（简称 P3e）

P3e 项目管理软件是 Primavera 公司在项目级的 P3 后又推出的项目管理套件 Primavera Enterprise 的核心，与原 P3 相比，有了很大的变化。该软件的特点有：

①首次在项目管理软件中增加了企业项目结构（简称 EPS）；

②提供了完善的编码结构体系；

③提供了丰富的图表。P3e 提供了 100 多种标准的报表格式和便利的报表管理方式，同时还提供了报表生成向导功能，以帮助项目管理人员随时定制自己所需要的报表。

④支持基于 EPS、WBS 的“自上而下”预算分摊；

⑤提供了专业的、结合进度的资源分析和管理工具；

⑥内置了风险管理功能；

⑦内置了临界值的管理与问题追踪功能；

⑧支持大型关系数据库 Oracle、MS SQl Server，为企业和建设工程项目管理信息系统的构建提供了极大的便利；

⑨与原 P3 相比，拥有更为直观易用的操作界面和更为全面的在线帮助。

(3) Microsoft project

由 Microsoft 公司推出 Microsoft project 软件是到目前为止在全世界范围内应用最为广泛的、以进度计划为核心的项目管理软件，Microsoft project 可以帮助项目管理人员编制进度计划、管理资源的分配，生成费用预算，也可以绘制商务图表，形成图文并茂的报告。

借助 Microsoft project 和其他辅助工具，可以满足一般要求不是很高的项目管理的需求，但如果项目比较复杂，或对项目管理的要求很高，那么该软件可能很难让人满意。

(4) Welcom Open Plan

该软件是由美国 Welcom 公司开发，具有如下一些功能：

①进度计划管理；

②资源管理与资源优化；

③项目管理模板；

④风险分析；

⑤开放的数据结构。

10.6.2.2 合同事务管理与费用控制软件

(1) Primavera Expedition 合同管理软件

由 Primavera 公司开发的合同管理软件 Expedition。Expedition 以合同为主线，通过对合同执行过程中发生的诸多事务进行分类、处理和登记，并和相应的合同有机地关联，使用户可以对合同的签订、预付款、进度款和工程变更进行控制；同时，可以对各项工程费用进行分摊和反检索分析；可以有效处理合同各方的事务，跟踪有多个审阅回合和多人审阅的文件审批过程，加快事务的处理进程；可以快速检索合同事务文档。

Expedition 可用于建设工程项目管理的全过程。该软件同时也具有很强的拓展能力，用户可以利用软件本身的工具进行二次开发，进一步增强该软件的适用性，以达到适应建设工程项目建设要求的目的。

(2) Prolog Manager

Prolog Manager 是 Meridian 公司开发的以合同事务管理为主线的项目管理软件，该软件可以处理项目管理中除进度计划管理外的大部分事务，该软件的典型功能包括：合同管理、费用管理、采购管理、文档管理、工程事务管理、标准化管理等，同时该软件可以输入输出相关数据，可以与其他应用软件相互读写信息；既可将进度作业输出到有关进度软件，又可将进度计划软件的作业输入到该软件中。

(3) Cobra 成本控制软件

Cobra 是由 Welcom 公司开发的成本控制软件，该软件主要功能有：费用分解结构、费用计划、实际执行反馈、执行情况评价、预测分析、进度集成等，同时该软件数据结构完全开放，可以方便地与用户自己的管理系统连接。

10.6.2.3　国内某些智能项目管理集成系统

这些系统由智能项目管理动态控制系统、建设项目投资控制系统、机具设备管理系统、合同管理与动态控制系统、材料管理系统、图纸管理系统和安全管理系统组成，可对建设工程项目进行全方位的管理。

这些软件的典型特点包括：

(1) 灵活方便的作图功能，可以在计算机屏幕上直接制作网络图，还可以采用文本输入方式制作网络图，包括双代号输入法，紧前关系输入法和紧后关系输入法；

(2) 瞬间即可生成流水网络；

(3) 方便实用的网络图分级管理功能（子网络功能），可以根据工程的实际情况分为多级网络，使不同的管理层对应不同级别的网络，实现分级网络管理；

(4) 利用前锋线功能实现对工程的动态控制；

(5) 资源费用优化控制：可以将资源按人工、材料、施工机械分开管理，可按不同属性进行分布，还可根据定额分别计算出人工、材料、施工机械费用及总费用；资源可按不同种类管理，可自定义名称，通过网络可做出各种资源的分布曲线及报表；对资源及数据可进行优化计算；根据不同分布曲线可分别做出用工计划、机具安排计划、材料供应计划及费用投资计划等。

(6) 综合控制功能；

(7) 提供了合同及图纸等工程信息的管理，并内置了针对这些信息的自动预警体系；

(8) 支持双代号网络等。

【思考题】

1. 信息的概念是什么？
2. 建设工程监理信息管理的内容、方法和手段如何？
3. 建设工程文件归档范围如何？
4. 《建设工程文件归档整理规范》(GB/T50328－2001) 中监理单位的归档资料有哪些？
5. 常用项目管理软件有哪几种，各具什么特点？

附：建设工程监理案例分析

案例一

某单位工程26层，属于二等房屋建筑工程，监理单位A以监理单位B的名义承担了该工程施工阶段的监理，A，B监理单位的资质等级分别为丙级和乙级。工程建设过程中发生了如下一些事件：

一、签订的监理合同中明确：业主与监理单位实行合作监理；业主代表可以向承包商下达任何指令。

二、由于工程地下水位较高，在土方开挖前，必须进行降水，施工单位刘工对现场监理说：对于降水方案，我们经验不足，再说我们编制的方案还要报给你们审核，你们给编一下就行了，我们可付一点费用给你们。

三、在工地例会上，业主代表说：监理单位是我们委托的，监理费由我们支付，因此监理单位只能维护业主的利益；监理单位仅进行质量控制，并且质量控制必须做到事前控制，不要到事后再去控制，而进度与投资控制由业主负责；承包商应根据监理合同接受监理。

四、工程在施工过程中，施工单位发现有一悬臂梁的设计有误，施工单位叫监理下一个通知改变一下，而监理单位黄工说，你们直接找设计院，他们下个设计变更就行了。

五、一次监理巡视过程中，总监代表对施工单位的材料质量表示怀疑，随即下了停工令，同时监理机构内部的人员有矛盾，总监代表对小王意见很大，把小王与另外一个工程的监理人员小张进行了调换。

六、在装饰过程中，根据施工合同，塑钢窗由施工单位包工包料，业主现场代表介绍了他的朋友分包了该塑钢窗工程（未签分包合同），材料进场并部分安装后，监理发现第二批进场的50樘窗的衬钢厚度达不到要求，并且发现已安装的部分窗的密封胶开裂、脱胶、渗漏等现象，监理随即给施工单位下发了通知，施工单位认为这是业主介绍来的，与他们无关。

七、工程竣工验收时，参加单位有质量监督站、设计院、施工单位、建设单位、监理单位等，在验收前质量监督站新来的质量监督员小汤检查了参加验收人员的资格和部分工程资料，他发现"综合验收结论"一栏为空白，就说："林总监，这一栏你怎么还没有填写？下面的总监你也未签名。"

【问题】

1. 监理单位A和B的行为有何不妥，如何处罚？
2. 监理合同内容有何不妥？
3. 第一次工地例会和工地例会由谁主持召开？会议纪要由谁负责起草？
4. 事件二至事件五中有何不妥？
5. 事件六业主现场代表的做法是否正确？为什么？监理应按什么程序协调有关方的关系？
6. 事件七的正确做法如何？
7. 单位工程质量验收合格应具备的条件？

8. 单位工程竣工验收的程序如何?

【参考答案】

问题1.（1）监理单位A超越本企业资质等级承揽监理业务，责令停止违法行为，处合同约定的监理酬金1倍以上2倍以下的罚款；可以责令停业整顿，降低资质等级；情节严重的，吊销资质证书；有违法所得的，予以没收。

（2）监理单位B允许其他单位以本企业名义承揽监理业务，责令改正，没收违法所得，处合同约定的监理酬金1倍以上2倍以下的罚款；可以责令停业整顿，降低资质等级；情节严重的，吊销资质证书。

问题2.“业主与监理单位实行合作监理”不妥，业主代表向承包商的指令必须通过监理进行。

问题3.第一次工地例会由建设单位主持召开，工地例会由总监理工程师主持召开，会议纪要均由项目监理机构负责起草，并经与会各方代表会签。

问题4.事件二：专项施工方案应由施工单位负责编制，监理审核。监理单位也可在施工单位编制时进行指导和提出建议，收取施工单位的费用违法。

事件三：业主代表的说法有以下不妥：

①“监理单位只能维护业主的利益”不妥，监理单位应公正、独立、自主地开展监理工作，维护建设单位和承包单位的合法权益。

②“监理单位仅进行质量控制”不妥。任何建设工程都有投资、进度、质量三大目标，这三大目标之间存在既对立又统一的关系。

③“质量控制必须做到事前控制，不要到事后再去控制”不妥。事前控制、事中控制和事后控制都是质量控制的措施，尽量做到事前控制，但有时事中控制和事后控制达到的效果更好。

④“承包商应根据监理合同接受监理”不妥。承包商应根据施工承包合同的约定接受监理。

事件四：“监理下发通知改变结构设计，施工单位直接找设计院变更设计”均不妥。施工单位应填写《工程变更单》报监理单位，监理单位审核后报建设单位，由建设单位请设计单位变更设计。

事件五：下停工令和对监理人员的调换是总监的职责，不是总监代表的职责。

问题5.业主现场代表的做法不正确，原因如下：

①业主现场代表自行肢解工程进行分包，承包合同违约；

②业主现场代表自行选择分包单位，监理合同违约。

监理方应按下列程序进行协调：

①总监理工程师签发监理通知，召开有关方协调会，终止甲方违约行为；

②由监理单位对分包单位进行审核和确认，并报甲方；

③对审核不符合要求的分包单位严禁施工。

④由总包单位与分包单位签订分包合同。

⑤第二批进场的50樘窗的衬钢厚度达不到设计要求，由设计单位重新验算，若不符合要求，清退出场。

⑥已安装的部分窗密封胶开裂、脱胶、渗漏等现象，要拆除重新施工。

问题6.“综合验收结论”是验收组各方成员共同协商，对工程质量是否符合设计和规范要求以及总体质量水平作出的综合评价，建设单位、监理单位、施工单位、设计单位都同意验收后，各单位的项目负责人签字，并加盖法人单位公章，注明签字验收的时间。

问题7. 单位工程质量验收合格应具备的条件：

①单位工程所含分部（子分部）工程的质量均应验收合格。

②质量控制资料应完整。

③单位工程所含分部工程有关安全和功能的检测资料应完整。

④主要功能项目的抽查结果应符合相关专业质量验收规范的规定。

⑤观感质量验收应符合要求。

问题8. 单位工程竣工验收的程序如下：

①单位工程完工后，施工单位应自行组织有关人员进行检查评定，并向建设单位提交工程验收报告。

②建设单位收到工程验收报告后，应由建设单位（项目）负责人组织施工（含分包单位）、设计、监理等单位（项目）负责人进行单位工程验收。

③单位工程有分包单位施工时，分包单位对所承包的工程项目应按《建筑工程施工质量验收统一标准》（GB50300－2001）的标准规定的程序检查评定，总包单位应派人参加。分包工程完成后，应将工程有关资料交总包单位。

④当参加验收各方对工程质量验收意见不一致时，可请当地建设行政主管部门或工程质量监督机构协调处理。

⑤单位工程质量验收合格后，建设单位应在规定时间内将工程竣工验收报告和有关文件，报建设行政管理部门备案。

案例二

某住宅小区工程，分三期开发，业主与监理单位签订了该小区的施工阶段的监理合同，在监理过程中发生了如下一些事件：

一、在监理二期工程时，业主认为监理单位还在现场，一期的保修，三期的报建手续，以及三期的设计质量和工程概算，应该由监理单位负责；

二、监理合同中明确，监理时间为2年，监理费按每月2万元计取，非监理人的原因引起的监理时间的延长，按监理费计取方式相应增加，在施工过程中，基础工程量增加，延长工期1个月，春节以及连续的雨雪天气，延长工期2个月，由于建设单位的资金问题，中途停工2个月，为恢复监理业务，监理单位花费0.5万元；

三、在监理过程中，发现部分脚手架的连墙杆松动，安全网破损，临边防护高度不够，监理单位立即下发了监理通知，并要求限期整改，对检测时间即将到期的测量仪器和计量器具要求重新检测校正，在监理二期工程时，发现6＃楼二层部分柱钢筋偏位较严重，监理单位要求施工单位报处理方案，经审查后方可实施，施工单位处理该质量问题，处理费用1万元；

四、为加快施工进度，施工单位采用商品混凝土，商品混凝土与自拌混凝土相比多花费1万元，建设单位为保证屋面防水质量，要求施工单位增加一道防水层，多花费5万元，监理单位对某一层的混凝土质量表示怀疑，要求施工单位对混凝土回弹，回弹结果合格，回弹费用0.2万元。

【问题】

1. 事件一中业主行为是否正确？为什么？

2. 事件二中哪些为附加工作？哪些为额外工作？监理总费用为多少？

3. 事件三中哪些为主动控制？哪些为被动控制？处理费用 1 万元由谁承担？

4. 事件四中的费用由谁承担？施工单位应得多少费用？

【参考答案】

问题 1. 业主行为不正确。因为监理合同为施工阶段的监理，一期的保修，三期的报建手续，以及三期的设计质量和工程概算，不属于施工阶段的工作内容。

问题 2. 基础工程量增加的工作内容是附加工作，建设单位的资金问题停工后恢复监理业务的工作内容是额外工作。

监理总费用为：24×2+1×2+2×2+2×2+0.5=58.5 万元。

问题 3. 对发现部分脚手架的连墙杆松动，安全网破损，临边防护高度不够，监理单位立即下发了监理通知，并要求限期整改；对检测时间即将到期的测量仪器和计量器具要求重新检测校正为主动控制。

对 6#楼二层部分柱钢筋偏位较严重，监理单位要求施工单位报处理方案，经审查后方可实施为被动控制。

处理费用 1 万元由施工单位承担，由于该质量问题是施工单位的自身原因造成的。

问题 4. 混凝土多花费 1 万元为施工单位自行的赶工措施，由施工单位承担；屋面防水多花费 5 万元，由建设单位的变更引起，由建设单位承担；对工程质量表示怀疑，监理要求复测，若复测合格，费用由建设单位承担，反之，由施工单位承担，因此 0.2 万元由建设单位承担。施工单位应得的费用为 5.2 万元。

案例三

某业主投资建设一工程项目，该工程是列入城市档案管理部门接受范围的工程。该工程由 A、B、C 三个单位工程组成，各单位工程开工时间不同。该工程由一家承包单位承包，业主委托某监理公司进行施工阶段监理。监理工程师在审核承包单位提交的“工程开工报审表”时，要求承包单位在“工程开工报审表”中注明各单位工程的开工时间。监理工程师审核后认为具备开工条件时，由总监理工程师或由经授权的总监理工程师代表签署意见，报建设单位。

【问题】

1. 监理单位的以上做法有何不妥？应该如何做？监理工程师在审核“工程开工报审表”时，应从哪些方面进行审核？

2. 建设单位在组织工程验收前，应组织监理、施工、设计各方进行工程档案的预验收。建设单位的这种做法是否正确？为什么？

3. 监理单位在进行本工程的监理文件档案资料归档时，下列监理文件：①监理大纲 ②监理实施细则 ③监理总控制计划 ④预付款报审与支付。这 4 项监理文件中，哪些不应由监理单位作短期保存？监理单位作短期保存的监理文件应有哪些？

【参考答案】

问题 1. 监理单位的做法不妥之处有：

①“要求承包单位在工程开工报审表中注明各单位工程开工时间”不妥；

②“由总监理工程师或由经授权的总监理工程师代表签署意见”不妥。

监理单位应该：

①“要求承包单位在每个单位工程开工前都应填报一次工程开工报审表”；

②“由总监理工程师签署意见”，不得由总监理工程师代表签署。

监理工程师在审核“工程开工报审表”时应从以下各方面进行审核：

①工程所在地（所属部委）政府建设主管单位已签发施工许可证；

②征地拆迁工作已能满足工程进度的需要；

③施工组织设计已获总监理工程师批准；

④测量控制桩、线已查验合格；

⑤承包单位项目经理部现场管理人员已到位，机具、施工人员已进场，主要工程材料已落实；

⑥施工现场道路、水、电、通信等已满足开工要求。

问题 2. 建设单位的这种做法不正确。

原因：建设单位在组织工程竣工验收前，应提请城建档案管理部门对工程档案进行预验收。

问题 3. 不应由监理单位作短期保存的有：监理大纲和预付款报审与支付。

监理单位作短期保存的监理文件有：监理规划，监理实施细则，监理总控制计划，专题总结，月报总结。

案例四

某厂与某建筑公司和某监理公司分别签订了建设工程承包合同和监理合同。开工后一个月，厂方因资金紧缺，业主要求监理单位口头通知建筑公司暂停施工，建筑公司也口头答应同意停工一个月。工程复工后，在施工过程中，该建筑公司没有做屋面防水的专门技术，按照合同约定，提出将屋面防水工程分包。为了保证施工质量，赶在雨季前做完屋面防水，甲方代表选择了一家专业防水施工队，将屋面防水工程分包了出去（合同未签），并向施工单位和监理单位发了通知，要求建筑公司配合防水单位施工。工程按合同规定期限验收时，厂方发现地坪质量存在问题，要求返工。两个月后，返工完毕。结算时，厂方认为建筑公司迟延交付工程，应偿付逾期违约金。建筑公司认为：厂方要求临时停工并不得顺延完工日期，建筑公司为抢工期才出现了质量问题，因此迟延交付的责任不在建筑公司。厂方则认为：临时停工和不顺延工期是当时建筑公司答应的，其应当履行承诺，承担违约责任。

【问题】

1. 甲方代表的做法是否正确？为什么？

2. 建筑公司提出异议，监理方应按什么程序协调有关方的关系？

3. 分包单位施工完毕后，向监理单位报送了工程款支付申请和工程结算书，你认为监理方应如何处理？

4. 此争议依据合同法律规范应如何处理？

【参考答案】

问题1：甲方代表的做法不正确，原因如下：

①甲方代表自行肢解工程进行分包，承包合同违约；

②甲方代表未通过监理方直接向施工单位发通知，监理合同违约；

③甲方代表自行选择分包单位，监理合同违约。

问题2. 监理方应按下列程序进行协调：

①总监理工程师签发监理通知，召开有关方协调会，中止甲方违约行为；

②由监理单位对分包单位进行审核和确认，并报甲方；

③由总包单位与分包单位签订分包合同。

问题3. 监理方应作如下处理：

①退回分包单位的申请，监理方不直接审核分包单位的工程款；

②发监理通知，督促总包单位对分包单位的工程质量进行验收；

③分包单位与总包单位进行结算。

问题4. 此争议依据合同法律规范应作如下处理：

①《合同法》规定，变更合同应当采取书面形式，本案中厂方要求临时停工并不得顺延工期，是与建筑公司的口头协议；其变更协议的形式违法，是无效的变更，双方仍应按原合同规定执行。

②施工期间，厂方未能及时支付工程款，应对停工承担责任，故应当赔偿建筑公司停工一个月的实际损失。

③工程因质量问题返工，造成逾期交付，责任在建筑公司，故建筑公司应当支付逾期违约金。

案例五

某施工单位承包国内某工程项目，甲乙双方签订的关于工程价款的合同内容有：

1. 建筑安装工程造价660万元，主要材料费占施工产值的比重为60%；

2. 工程预付款为建筑安装工程造价的20%；

3. 工程进度款逐月计算；

4. 工程保修金为建筑安装工程总造价的5%，保修金1年返还；

5. 经确认材料价格平均上涨10%，（在6月份一次调补）工程各月实际完成产值如表：

月份	二	三	四	五	六
完成产值（万元）	55	110	165	220	110

【问题】

1. 通常工程竣工结算的前提是什么？

2. 该工程的工程预付款、起扣点为多少？

3. 该工程 2 月～5 月每月拨付工程款为多少？累计工程款为多少？

4. 6 月份办理工程竣工结算，该工程结算总造价为多少？甲方应付工程结算款为多少？

5. 工程保修期间发生屋面漏水，甲方多次催促乙方维修，乙方一再拖延，最后甲方另请施工单位维修，维修费 5 万元，该维修费如何处理？

【参考答案】

问题 1：工程竣工结算的前提是按照合同规定的内容全部完成所承包的工程；经验收质量达到合同规定的质量等级；竣工验收报告被批准。

问题 2：工程预付款为：660 万元×20%＝132 万元

起扣点为：660 万元－132 万元/60%＝440 万元

问题 3：二月：工程款 55 万元，累计工程款 55 万元

三月：工程款 110 万元，累计工程款 165 万元

四月：工程款 165 万元，累计工程款 330 万元

五月：工程款 220 万元－（220 万元＋330 万元－440 万元）×60%＝154 万元，累计工程款 484 万元

问题 4：工程结算总造价为 660 万元＋660 万元×0.6×10%＝699.6 万元

甲方应付工程结算款 699.6 万元－484 万元－（699.6 万元×5%）－132 万元＝154 万元

问题 5：5 万元维修费从乙方（承包方）的保修金中扣除。

案例六

某建筑公司（乙方）于某年 4 月 20 日与某厂（甲方）签订修建建筑面积为 30000m^2 工业厂房（带地下室）的施工合同。乙方编制的施工方案和进度计划已获得监理工程师批准。该工程的基坑开挖土方量为 4500m^3，假设直接费单价为 4.2 元/m^3，综合费率为直接费的 20%。该基坑施工方案规定：土方工程采用租赁一台斗容量为 1m^3 的反铲挖掘机施工（租赁费 450 元/台班）。甲、乙双方合同约定 5 月 11 日开工，5 月 20 日完工，在实际施工中发生了如下几项事件：

一、因租赁的挖掘机大修，晚开工 2 天，造成人员窝工 10 个工日；

二、施工过程中，因遇软土层，接到监理工程师于 5 月 15 日停工的指令。进行地质复查时配合用工 15 个工日；

三、5 月 19 日接到监理工程师于 5 月 20 日复工令，同时提出基坑开挖深度加深 2m 的设计变更通知单，由此增加土方开挖量 900m^3；

四、5 月 20 日～5 月 22 日，因遇罕见的特大暴雨，迫使基坑开挖暂停，造成人员窝工 10 个工日；

五、5 月 23 日用 30 个工日修复冲坏的永久性道路；5 月 24 日恢复挖掘工作，最终基坑于 5 月 30 日开挖完毕。

【问题】

1. 从风险管理的角度，建筑公司应如何处理上述事件？并说明原因。

2. 每项事件工期索赔多少天？总计工期索赔多少天？

3. 假设人工单价为 23 元/工日，因增加用工所需的管理费为增加人工费的 30%，则合理的费用索赔总额是多少？

4. 建筑公司应向监理提供的索赔文件有哪些？

【参考答案】

问题 1：事件一；不能提出索赔要求，因为租赁的挖掘机大修延迟开工，属承包商的责任。

事件二：可提出索赔要求，因为地质条件变化属于业主应承担的责任。

事件三：可提出索赔要求，因为设计变更引起的。

事件四：可提出索赔要求，因为大雨迫使停工，需推迟工期。

事件五：可提出索赔要求，因为雨后修复冲坏的永久道路，是业主的责任。

问题 2：事件二：可索赔工期：5 天

事件三：可索赔工期：$900m^3$/（$4500m^3$/10d）＝2d

事件四：可索赔工期：3d

事件五：可索赔工期：1d

小计：可索赔工期：5d＋2d＋3d＋1d＝11d

问题 3：事件二：（1）人工费：15 工日×23 元/工日（1＋30%）＝448.5 元

（2）机械费：450 元/台班×5 天＝2250 元

事件三；（$900m^3$×4.2 元/m^3）（1＋20%）＝4536 元

事件五：（1）人工费：30 工日×23 元/工日×（1＋30%）＝897 元

（2）机械费：450 元/台班×1 天＝450 元

可索赔费用总额为：448.5 元＋2250 元＋4536 元＋897 元＋450 元＝8581.5 元

问题 4：建筑公司向监理提供的索赔文件有：索赔意向通知，索赔报告，索赔证据，详细计算书等。

案例七

某国际工程有可能存在以下几种风险：在政治方面有政局的不稳定性，战争、动乱；国内的民族保护主义倾向等；在社会方面有宗教信仰的影响、社会风气等。在经济方面有通货膨胀；银根紧缩、延迟付款；外汇汇率的变化等；在技术方面有技术能力、设计风险、劳务供应、材料和设备等；在自然方面有地理环境、地质条件、水源与气候、施工现场条件、不可抗力等。

【问题】

作为承包商从风险管理的角度，应采取哪些风险控制对策？试分析说明。

【参考答案】

对上述所有风险均可采取风险降低（减少）的控制对策。对战争、动乱的风险还可采取风险回避的控制对策；对通货膨胀、延迟付款的风险还可采取风险分离的控制对策；对技术能力、设计风险的风险也可采取风险分散的控制对策；对设计风险、劳务供应、材料和设备、地质条件的风险也可采取风险转移的控制对策；对材料和设备、不可抗力可采取风险的财务转移控制对策；对水源与气候、不可抗力也可采取风险自留的控制对策。

案例八

某工程施工网络计划如图 11－1 所示。

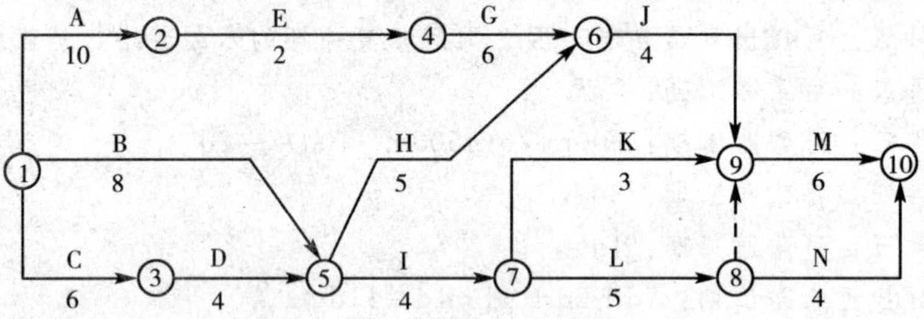

图 11－1 施工网络进度计划

【问题】

1. 该网络计划的计算工期为多少天？哪些工作为关键工作？

2. 如果由于工作 A、D、J 共用一台施工机械而必须顺序施工时，该网络计划应如何调整？调整后网络计划中的关键工作有哪些？

3. 如果没有施工机械的限制，在按原计划执行过程中，由于业主原因使工作 B 拖延 6 天，不可抗力原因使工作 H 拖延 5 天，承包商自身原因使工作 G 拖延 10 天，承包商提出工程延期申请，监理工程师应批准工程延期多少天？为什么？

4. 在上述问题 3 中，如果工作 G 拖延 10 天是由于与业主签订了供货合同的材料供应商未能按时供货而引起的话（其他条件同上），监理工程师应批准工程延期多少天？为什么？

【参考答案】

问题 1. 计算工期为 28 天，关键工作有 A、E、G、J、M。

问题 2. 按 A—D—J 顺序施工，网络计划调整为图 11－2 所示。

关键工作有 A、D、H、J、M。

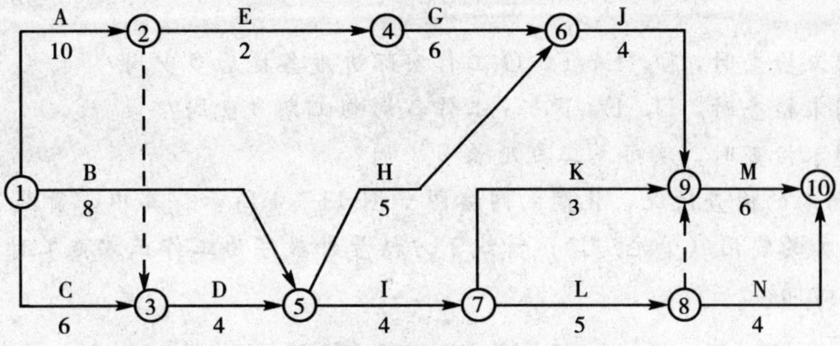

图 11-2 调整后的双代号网络计划

问题 3. 监理工程师应批准工程延期 6 天。因工作 B 是由于业主原因造成拖延 6 天，应当给予工期补偿，但由于其为非关键工作，有 5 天的总时差，故影响工期 1 天。工作 H 由于不可抗力原因造成拖延 5 天，也应给予工期补偿，其虽为非关键工作，原有 3 天总时差，但由于工作 B 拖延 6 天，已用完 3 天时差，故影响工期 5 天，监理工程师应批准补偿工期 6 天。工作 G 是由于承包商原因造成拖期，故不给予补偿。

问题 4. 监理工程师应批准工期延长 10 天。因工作 G 拖延 10 天是非承包商原因造成的，应给予补偿。工作 G 为关键工作，影响工期 10 天。工作 B 因工作 G 拖延，其总时差增加为 15 天，故其拖延 6 天不影响工期。工作 H 的总时差增加为 13 天，因工作 B 拖延已用去 4 天时差，工作 H 的时差变为 9 天，其拖延 5 天也不会影响工期，所以监理工程师应批准工程延期 10 天。

案例九

某工程项目的时标网络计划如图 11-3 所示，当计划执行到第 6 周末及第 12 周末时，检查实际进度如图中前锋线所示。

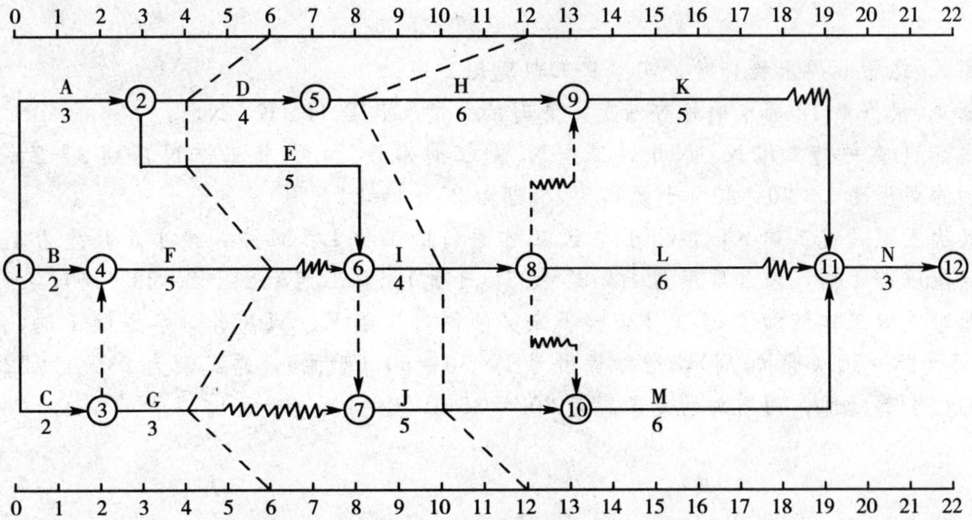

图 11-3 某工程项目的时标网络计划图

【问题】

1. 在第 6 周末检查时，D，E，F，G 工作实际进度各拖后多少周？

2. 在第 6 周末检查时，D，E，F，G 工作各影响工期多少周？

3. 在第 6 周末检查时，实际总工期延长多少周？

根据第 12 周末的检查情况，化简的网络图如图 11－4 所示。其中，箭线上方数字为工作缩短一周所需增加的费用（千元/周）；箭线下方括号外数字为工作正常施工时间，括号内数字为工作最快施工时间。

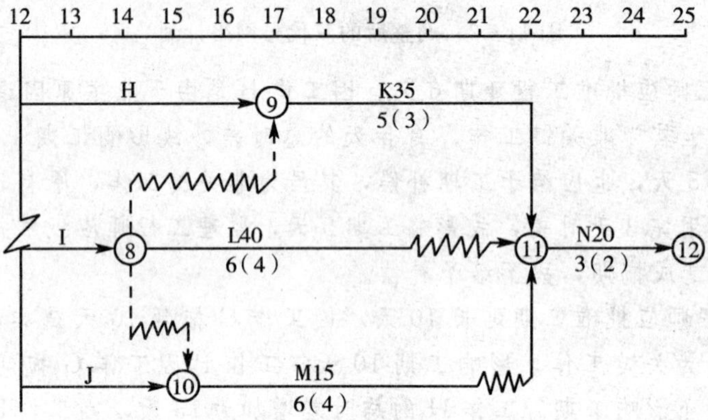

图 11－4　化简后的工程网络图

4. 当前条件下哪些工作是关键工作？

5. 在第 12 周末时如何对计划进行调整，使其既经济又能保证在原计划工期 22 周内完成（假设此时 H，I，J 工作已不能再压缩）。

【参考答案】

问题 1. 在第 6 周末检查时，D 工作实际进度拖后 2 周，E 工作实际进度拖后 2 周，F 工作没有拖后，G 工作实际进度拖后 2 周。

问题 2. 在第 6 周末检查时，D 工作影响工期 1 周，E 工作影响工期 2 周，F、G 工作没影响工期。

问题 3. 在第 6 周末检查时，实际总工期延长 2 周。

问题 4. 根据第 12 周末的检查情况，此时的关键工作是 H、K、N。

问题 5. ①在关键工作 K、N 中，工作 N. 赶工费率最低，故将工作 N 压缩 3－2＝1（周）因此增加的费用为 1×20＝20（千元），总工期为 25－1＝24（周）。

②其次压缩关键工作 K，但由于与 K 工作平行的工作 L、M 中，最小总时差为 1 周，故 K 工作只能压缩 1 周，增加费用为 1× 35＝35（千元），总工期为 24－1＝23（周）。

③此时关键工作增加了 M 工作，接下来必须同时压缩 K、M 工作，各压缩 1 周，赶工费率和为 35＋15＝50（千元/周），增加费用为 1×50＝50（千元），总工期为 23－1＝22（周）。此时工期已全部赶回，而增加的赶工费为 20 ＋ 35 ＋ 50＝105（千元）。

案例十

某业主将一栋22层的综合办公大楼，2万m^2广场和2km长的场区道路委托给A监理公司进行施工阶段的监理，该三项工程同时开工，经过招标业主选择了B、C、D建筑公司分别承包该三项工程，B建筑公司经过批准将综合办公楼的水电、暖通工程分包给E安装公司。

【问题】

1. 该工程的承发包模式和监理模式如何？

2. 根据工程的特点，总监理工程师组建了直线制监理组织结构，并任命了总监理工程师代表，给出监理组织结构示意图，并说明直线制监理组织结构在信息管理中的优缺点。

3. 在讨论制定监理规划的会议上，认为其主要编制原则和依据是：

①必须符合监理大纲的要求；

②必须符合监理合同的要求；

③必须结合项目的具体实际情况；

④监理规划的作用应为监理单位的经营目标服务；

⑤依据包括政府的批文、国家和地方的法律、法规、规范、标准等；

⑥建设工程监理规划应对影响目标实现的多种风险进行分析，并考虑采取相应的措施。

以上编制原则和依据哪些是正确的？哪些是错误的？

4. 在项目实施过程中，部分材料由业主提供，项目合同关系如图11-5，该合同关系是否正确？若不正确，正确的合同关系如何？

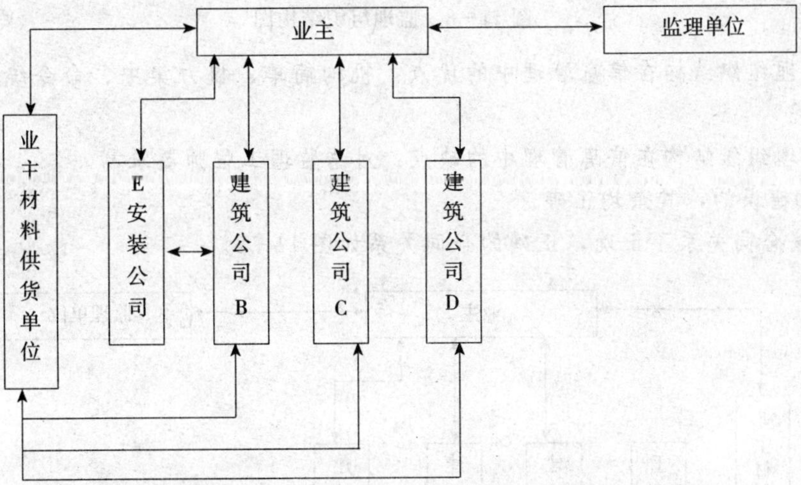

图11-5 项目合同关系

【参考答案】

问题1. 该工程为平行承发包模式，其承发包模式和监理模式如图11-6、11-7。

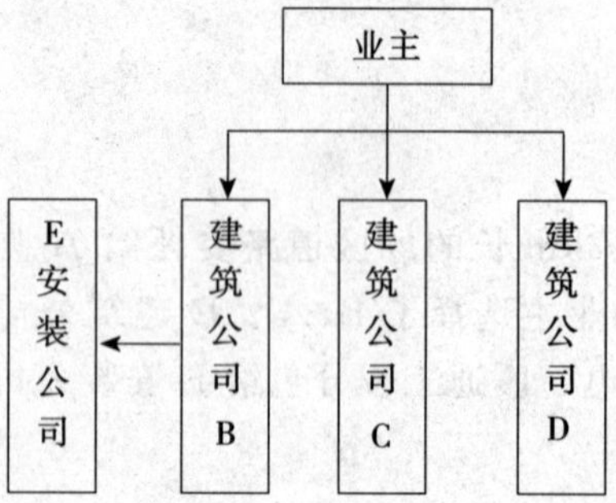

图 11-6 承发包模式

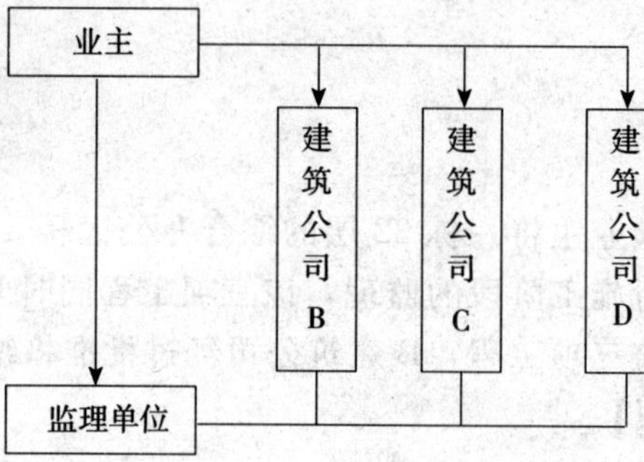

图 11-7 监理模式

问题 2. 监理组织结构示意图如图 11-8。

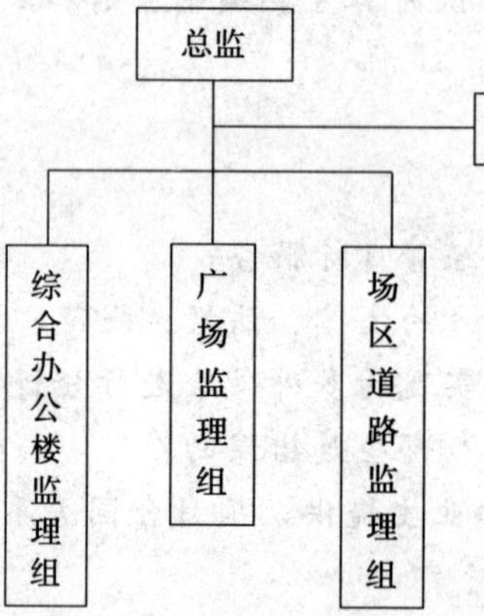

图 11-8 监理组织结构图

直线制监理组织结构在信息管理中的优点：机构简单、权力集中、命令统一、职责分明、隶属关系明确。

直线制监理组织结构在信息管理中的缺点：对总监理工程师要求高。

问题 3. ④错误的，其余均正确。

问题 4. 该合同关系不正确，正确的合同关系如图 11-9。

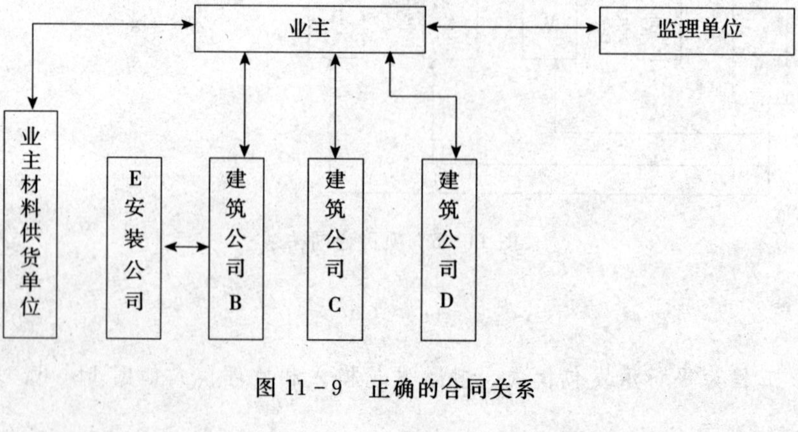

图 11-9 正确的合同关系

案例十一

某高层建筑监理单位与业主签订了施工阶段的监理合同，监理部设总监理工程师 1 人和专业监理工程师若干人，监理工程师在监理过程中，发现以下问题：

1. 施工单位正准备浇筑基础底板混凝土时，现场搅拌棚挂出的混凝土配合比强度等级与设计不符，现场计量装置无检测合格证；

2. 一层钢筋混凝土墙体，由于绑扎钢筋困难，无法施工，施工单位未通报监理工程师就把墙体门洞移动了位置。

3. 三层施工时，由建设方购买到现场的 100 吨钢筋，虽然有正式的出厂合格证，但现场抽样检验不合格；

4. 五层一钢筋混凝土柱，钢筋绑扎已验收，模板经过预检验收，浇筑混凝土过程中及时发现模板胀模。

5. 在八层柱梁施工时，由于构件截面减小，施工单位布筋困难，而通过“等强代换”原则，改变了柱梁节点的梁的钢筋直径与数量；

6. 十层钢筋混凝土墙体，钢筋绑扎后未经检查验收，即擅自合模封闭，正准备浇筑混凝土。

7. 十二层楼板钢筋经监理工程师检查验收后，即进行浇筑楼板混凝土，混凝土浇筑完成后，发现楼板中设计的预埋电线暗管，未通知电气专业监理工程师检查验收。

8. 十六层钢筋电焊时经检查发现部分电焊工没有持证上岗。

9. 二十层混凝土施工时预留试块经检验达不到设计混凝土强度等级；

10. 某楼层钢门框经检查符合设计要求，日后检查发现门销已经焊接，门扇已经安装，门扇反向，经检查施工符合设计图纸要求。

11. 施工单位把地下室防水工程分包给一专业分包单位施工，该分包单位未经资质验证认可，即进场施工，并已施工了 $200m^2$ 的防水工程。

【问题】

监理工程师应如何分别处理以上各项问题？

【参考答案】

1. 总监理工程师指令停工，要求施工单位按设计要求的混凝土配合比强度等级进行配料，并对现场计量装置进行检测核定，合格后方可浇筑混凝土。

2. 指令停工，该部位后续施工不应进行，应与设计单位联系变更设计。若与变更不符，通知施工单位按图返工，经隐检认可后方可施工。

3. 指令停止使用该 100 吨钢筋；通知业主共同研究处理方案；如该批钢筋经检验不能用于工程上，指令调出现场；如可降级用于工程次要部位，应会同业主、设计、施工共同明确处置规定。

4. 指示该部位停工（停止继续浇灌混凝土），检查胀模原因，对模板采取加固措施，模板经检查认可，通知继续施工，若停工时间超过终凝时间，应采取处理施工缝措施，待拆模后，剔除胀模部分混凝土，做好记录。

5. 指令停工，要求施工单位提出设计变更（工程变更）申请单，监理审查认为确有必要，签署意见报建设单位，会同建设单位提请设计单位进行设计变更，要求施工单位按设计变更通知及其变更设计图纸施工，并签署复工令。

6. 指令停工，必须拆除封闭模板，使满足检查要求，审查自检记录和隐检申请报告，经隐检认可，通知复工。

7. 电气专业工程师报总监指令停工，审查自检记录和隐检申请报告，检查电气管线施工情况，若检查电盒符合要求，埋管通过穿线符合要求，隐检认可，可以通知复工，若电盒和埋管不符合要求则应返工。因多种隐检必须经各专业监理工程师会签（土建监理，要待各专业监理签证后，再签证）。

8. 停止无证人员施工，指令施工单位安排有资质资格的工人进行生产操作，并全部检查已完成焊接的焊接质量。

9. 指令停工，对该层混凝土结构进行强度检测，如检测符合要求，指令复工，同时要求加强混凝土施工质量控制，如检测结果不符合要求，会同有关部门研究处理方案，若无有效方案，指令返工。

10. 汇报业主，与设计单位联系，要求变更设计，所造成的损失，应给予施工单位补偿。

11. 通知施工单位防水工程立即停工，检查完成部位，责成施工单位报送分包资质资料。若审查合格认可，通知施工单位分包可以进场施工；若审查资质不符合要求，通知施工单位分包必须立即退场，对所完工程进行质量鉴定。

案例十二

某工程项目业主与监理单位、施工单位分别签订了监理合同和施工合同。施工合同中规定，除空间钢桁架屋盖可分包给专业工程公司外，其他部分不得分包（除非业主同意）。本项目合同工期为22个月。

在工程开工前，施工单位在合同约定的日期内向总监理工程师提交了施工总进度计划（如图11-10所示）。

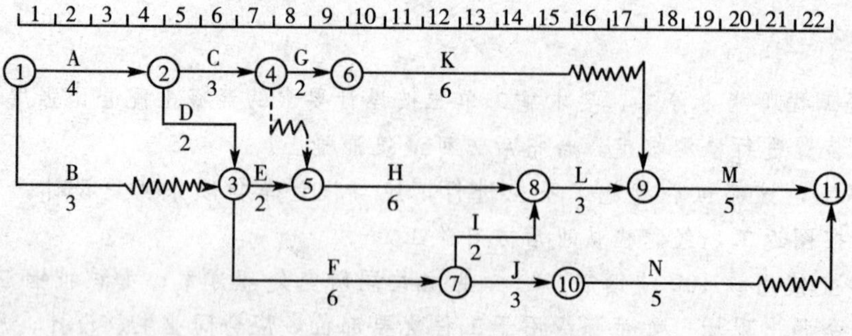

图11-10 施工总进度计划

总监理工程师对施工单位提交的施工进度计划和工程报告进行了审核。施工单位在按总监理工程师确认的进度计划执行进程中，K工作施工0.5个月后，因业主要求需要修改设计，致使工作K（混凝土工程）停工待图2.5个月。设计变更后，施工单位及时通过总监理工程师向业主提出索赔申请表如下：

序号	内容	数量	费用计算	备注
1	新增混凝土工程量	300m³	300×200=60000 元	混凝土工程量 单价 200 元/m³
2	混凝土搅拌机闲置补偿	60 台班	60×100=6000 元	台班费 100 元/台班
3	人工窝工补偿	1800 工日	1800×28=50400 元	工日费 28 元/工日

在施工过程中，部分施工机械由于运输原因未能按时进场，致使工作 H 的实际进度在第 12 月底时拖后 1 个月。

在工作 F 进行过程中，发生质量事故，总监理工程师下令停工，组织召开现场会议，分析事故原因。该质量事故是由于施工单位施工工艺不符合施工规范要求所致。总监理工程师责成施工单位返工，工作 F 的实际进度在第 12 月底时拖后 1 个月。

【问题】

1. 为了确保本项目工期目标的实现，施工进度计划中哪些工作应作为重点控制对象？为什么？

2. 施工单位在索赔申请表中所列的内容和数量，经监理工程师审查后均属真实，但费用计算有不妥之处，请说明费用计算不妥的项目及理由。

3. 监理工程师在处理质量事故时所需的资料有哪些？

4. 请用前锋线表示出第 12 月底时工作 K、H 和 F 的实际进展情况，并分析进度偏差对工程总工期的影响。

5. 如果施工单位提出工期顺延 2.5 个月的要求，总监理工程师应批准工程延期多少？为什么？

【参考答案】

问题 1. 工作 A、D、E、H、L、M、F、I 应作为重点控制对象。（或 A、D、E、H、L、M 和 A、D、F、I、L、M 也可）。因为它们是关键工作（总时差为零）。

问题 2. 第 2、3 项费用计算不妥。因为设备闲置不能按台班费计算（应按折旧费，或租赁费，或闲置补偿费计算），人工窝工不能按工日费计算（应按窝工补偿费计算）。

问题 3. 处理质量事故时所需资料：

(1) 与工程质量事故有关的施工图；

(2) 与工程施工有关的资料、记录；

(3) 事故调查分析报告

问题 4. 前锋线如图 11-11 所示：

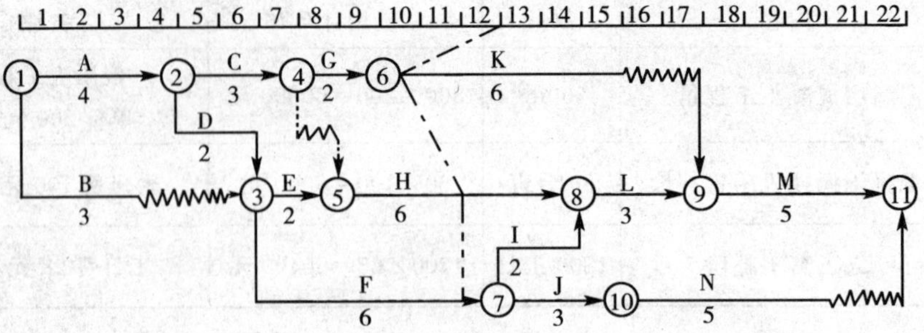

图 11-11 第 12 月底时工作 K、H 和 F 的实际进展情况

从上图看出：

(1) 工作 K 拖后 2.5 个月，将影响工期 0.5 个月。

(2) 工作 H 拖后 1 个月，将使工期延长 1 个月。

(3) 工作 F 拖后 1 个月，将使工期延长 1 个月。

综上所述，由于工作 K、H 和 F 的拖后，工期将延长 1 个月。

问题 5. 监理工程师应批准工程延期 0.5 个月。因为工作 H、F 的拖后属施工单位自身原因，只有工作 K 的拖后可以考虑给予工程延期。

由于工作 K 原有总时差为 2 个月，2.5－2＝0.5（月），故监理工程师应批准工程延期 0.5 个月。

案例十三

某单位工程为单层钢筋混凝土排架结构，共有 60 根柱子，32m 空腹屋架，监理工程师批准的网络计划如图 11-12 所示（图中工作持续时间以月为单位）：

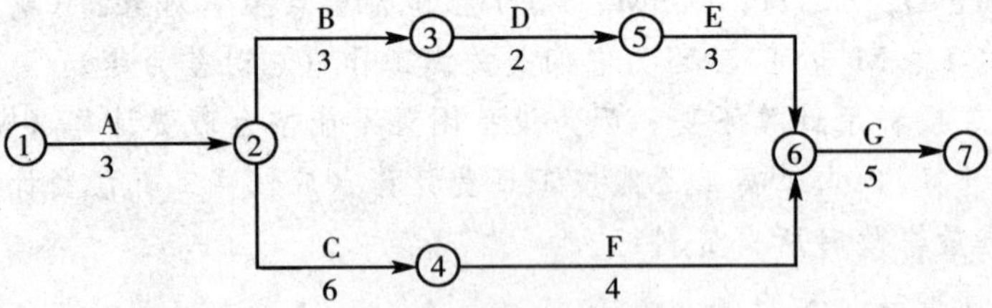

图 11-12 单层钢筋混凝土排架结构网络计划

该工程施工合同工期为 18 个月，施工合同中规定，土方工程单价为 16 元/m^3，土方估算工程量为 22000m^3，混凝土工程单价为 320 元/m^3，混凝土估算工程量为 1800m^3。当土方工程和混凝土工程工程量任何一项增加超出该项原估算工程量的 15％时，该项超出部分结算单价可进行调整，调整系数为 0.9。

在施工过程中监理工程师发现刚拆模的钢筋混凝土柱子存在工程质量问题。在发现有质量问题的 10 根柱子中，有 6 根蜂窝、露筋较严重；有 4 根柱子蜂窝、麻面轻微，且截面尺寸小于设计要求。截面尺寸小于设计要求的 4 根柱子经原设计单位验算，可以满足结构安全和使用功能要求可不加固补强。在监理工程师组织的质量事故分析处理会议上，承包方提出了如下几个处理方案：

方案一：6 根柱子加固补强，补强后不改变外形尺寸，不造成永久性缺陷；4 根柱子不加固补强。

方案二：10 根柱子全部砸掉重做。

方案三：6 根柱子砸掉重做；4 根柱子不加固补强。

在工程按计划进度进行到第 4 个月时，业主、监理工程师与承包方协商同意增加一项工作 K，其持续时间为 2 个月，该工作安排在 C 工作结束以后开始（K 是 C 的紧后工作），E 工作开始前结束（K 是 E 的紧前工作）。由于 K 工作的增加，增加了土方工程量 $3500m^3$，增加了混凝土工程量 $200m^3$。

工程竣工后，监理组织了该单位工程的预验收，在业主组织正式竣工验收前，业主已提前使用该工程。业主使用中发现房屋屋面漏水，要求承包方修理。

【问题】

1. 以上对柱子工程质量问题的三种处理方案中，哪种处理方案最为经济合理？为什么？

2. 由于增加了 K 工作，承包方提出了顺延工期 2 个月的要求，该要求是否合理？监理工程师应该签证批准的顺延工期应是多少？

3. 由于增加了 K 工作，相应的工程量有所增加，承包方提出对增加工程量的结算费用为：

土方工程：$3500m^3 \times 16$ 元/$m^3 = 56000$ 元。

混凝土工程：$200m^3 \times 320$ 元/$m^3 = 64000$ 元。

合计：120000 元。

你认为该费用是否合理？监理工程师对这笔费用应签证多少？

4. 在工程未正式验收前，业主提前使用是否可认为该单位工程已验收？对出现的质量问题，承包方是否承担保修责任？

【参考答案】

问题 1. 方案一最为经济合理。尺寸小于设计要求的 4 根柱子虽然没有达到设计要求，但经原设计单位验算，可以满足结构安全和使用功能要求，可不加固补强。其余 6 根柱子需要加固补强。

问题 2. 承包方提出顺延工期 2 个月的要求不合理。监理工程师应批准顺延工期 1 个月。因为增加 K 工作后，计算工期为 19 个月，19－18＝1 个月。

问题 3. 承包方提出的增加工程量的结算费用不合理，监理工程师应签证的费用为：

土方工程：$3500m^3 > 22000m^3 \times 15\% = 3300m^3$，超出部分应调价。

$3300m^3 \times 16$ 元/$m^3 + 200m^3 \times 16$ 元/$m^3 \times 0.9 = 55680$ 元。

混凝土工程：$200m^3 < 1800m^3 \times 15\% = 270m^3$，不调价。

$200m^3 \times 320$ 元/$m^3 = 64000$ 元。

合计：119680 元。

问题 4. 不认为该单位工程已验收。对出现的质量问题应进行责任鉴定，如系业主使用造成的，承包方不承担保修责任；如系施工方造成的，承包方应承担保修责任。

案例十四

某工程的施工进度计划时标网络图如图 11－13，合同工期为 12 周，假定各项工作匀速施工。在工程进行到第 6 周末检查发现：B 工作已经完成，但由于设计修改，实际工程量为 1200m³，A、C、D 三项工作按照计划工程量完成；E 工作实际完成工程量 300m³；G 工作完成 1 周的工程量；H 工作由于业主提供图纸原因，刚刚开始，由此承包商设备闲置 10 个台班[500 元/台班，其中折旧费 100 元，人员窝工 30 工日（折减的工日单价为 15 元/工日）]，部分工程量清单及报价见下表。

工作名称	工程量（m³）	综合单价（元/m³）	工作名称	工程量（m³）	综合单价（元/m³）
A	900	200	D	800	300
B	600	500	E	900	100
C	300	1000	G	400	1500

【问题】

1. 在网络图中绘制实际进度的前锋线，并分析 H 工作进度变化对于工期的影响。
2. 如果承包商针对 H 工作提出工期延长要求，监理工程师应批准多少？为什么？
3. 承包商针对 H 工作提出了费用索赔，金额是多少？
4. 第 6 周末承包商可以得到的进度款是多少？

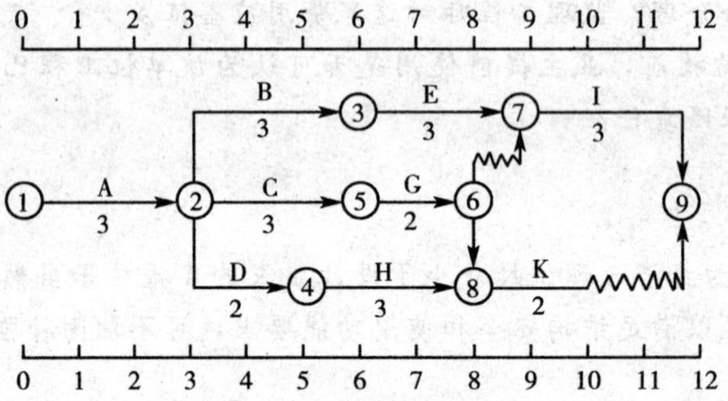

图 11－13 施工进度计划时标网络图

【参考答案】

问题 1. 第 6 周检查时实际进度前锋线如图 11－14 所示。E 的工程量为 900m³，持续时间为 3 周，第 6 周检查时完成 300m³，说明 E 完成了 1 周的工作量。由于 H 工作拖延了 1 周，但是 H 工作有 2 周的总时差，因此 H 工作的进度变化对工期不会产生影响。

问题 2. 监理工程师不应批准承包商提出的工期索赔要求，因为承包商的工期并没有受到影响。

问题 3. 承包商的费用索赔为：

机械窝工费：10×100＝1000 元；

人员窝工费：30×15＝450 元；

费用索赔为 1450 元。

问题 4. 第 6 周末承包商可以得到的进度款为：1650000 元。

A：900×200＝180000 元；

B：1200×500＝600000 元；

C：300×1000＝300000 元；

D：800×300＝240000 元；

E：300×100＝30000 元；

G：200×1500＝300000 元。

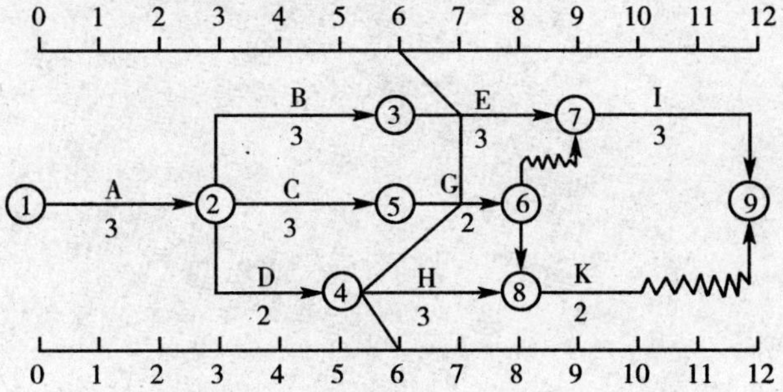

图 11－14 第 6 周检查时实际进度前锋线

参考文献

1. 中国建设监理协会组织编写．建设工程监理概论．北京：知识产权出版社，2004

2. 中国建设监理协会．建设工程监理相关法规文件汇编．北京：知识产权出版社，2004

3. 中国建设监理协会组织编写．建设工程质量控制．北京：中国建筑工业出版社，2004

4. 中国建设监理协会组织编写．建设工程进度控制．北京：中国建筑工业出版社，2004

5. 中国建设监理协会组织编写．建设工程投资控制．北京：知识产权出版社，2004

6. 中国建设监理协会组织编写．建设工程合同管理．北京：知识产权出版社，2004

7. 中国建设监理协会组织编写．建设工程信息管理．北京：中国建筑工业出版社，2004

8. 中华人民共和国国家标准．建筑工程施工质量验收统一标准（GB50300—2001）．北京：中国建筑工业出版社，2001

9. 中华人民共和国标准．建设工程监理规范（GB50319—2000）．北京：中国建筑工业出版社，2001

10. 全国注册咨询工程师培训教材编写委员会．工程项目组织与管理．北京：中国计划出版社，2003

11. 从培经．工程项目管理．北京：中国建设工业出版社，2003

12. 陆惠民．工程项目管理．南京：东南大学出版社，2003

13. 成虎．工程项目管理．南京：中国建筑工业出版社，2000

14. 杨晓林．建设工程监理．北京：机械工业出版社，2004

15. 李惠强．建设工程监理．北京：中国建筑工业出版社，2003

16. 林密．土木工程监理概论．北京：科学出版社，2004

17. 詹炳根、殷为民．工程建设监理．北京：中国建筑工业出版社，2003

18. 李清立．建设工程监理案例分析．北京：清华大学出版社，2004

19. 齐锡晶．全国监理工程师执业资格考试应试辅导及模拟题．人民交通出版社，2005

20. 徐占发．建设工程监理与案例．北京：中国建材工业出版社，2004

21. 全国造价工程师执业资格考试培训教材编审委员会．工程造价管理基础理论与相关法规．北京：中国计划出版社．2003

高等学校土木工程专业系列教材

- 建筑力学(Ⅰ) 刘安中
- 建筑力学(Ⅱ) 吴　约
- 计算结构力学 干　洪
- 土力学与地基基础 宛新林
- 工程弹性力学基础 周道祥
- 工程结构荷载与设计方法 马芹永
- 土木工程材料 翟红侠
- 建筑结构 李美娟
- 砌体结构 雷庆关
- 基础工程 张　威
- 钢结构设计原理 肖亚明
- 建筑钢结构设计 肖亚明
- 高层建筑结构设计 沈小璞
- 测量学 张晓明
- 地形图测绘实习指导(附测量总实习报告书) 程晓杰
- 工程地质 邵　艳
- 路基路面工程 朱　林
- 桥梁工程 汪　莲
- 道路勘测设计 赵　青
- 建筑工程定额预算与工程量清单计价 褚振文
- 建设工程监理(附案例分析) 何夕平
- 工程项目管理 杨兴荣
- 建设工程合同管理 陈　燕
- 土木工程专业实践教学教程(上册:实习实验篇) 丁克伟
- 土木工程专业毕业设计指导——道路工程分册 汪　莲
- 土木工程专业毕业设计指导——桥梁工程分册 汪　莲
- 土木工程专业英语 王顶堂
- 工程教育教学法 孙　强